视频版

Go语言
从入门到项目实战

刘瑜　萧文翰　董树南◎著

电子工业出版社
Publishing House of Electronics Industry
北京·BEIJING

内 容 简 介

Go 语言是近几年广受关注的一门新兴编程语言，在设计之初就致力于解决 C 语言的低效问题，以及 C++语言的晦涩、难用等缺陷。Go 语言吸收了 C、C++强大的开发功能优势，继承了 C、C++的编程风格，被广泛应用于构建数字基础设施类软件，以及图形/图像处理、移动应用、人工智能、机器学习等领域，广受国内外大型 IT 公司的推崇和关注。

本书除了讲解 Go 语言的基本开发知识，还提供了 3 个完整的实战项目及 131 个源码示例。另外，本书提供对应的练习与实验，方便读者对所学知识进行巩固和检验。

本书适合高等院校学生阅读，适合程序员自学，也适合培训机构使用。

图书在版编目（CIP）数据

Go 语言从入门到项目实战：视频版 / 刘瑜，萧文翰，董树南著. —北京：电子工业出版社，2022.8

ISBN 978-7-121-43976-6

Ⅰ．①G… Ⅱ．①刘… ②萧… ③董… Ⅲ．①程序语言－程序设计 Ⅳ．①TP312

中国版本图书馆 CIP 数据核字（2022）第 127821 号

责任编辑：孙奇俏　　　特约编辑：田学清
印　　刷：三河市龙林印务有限公司
装　　订：三河市龙林印务有限公司
出版发行：电子工业出版社
　　　　　北京市海淀区万寿路 173 信箱　　邮编：100036
开　　本：787×980　　1/16　　印张：23　　字数：515.2 千字
版　　次：2022 年 8 月第 1 版
印　　次：2022 年 8 月第 1 次印刷
定　　价：108.00 元

凡所购买电子工业出版社图书有缺损问题，请向购买书店调换。若书店售缺，请与本社发行部联系，联系及邮购电话：（010）88254888，88258888。

质量投诉请发邮件至 zlts@phei.com.cn，盗版侵权举报请发邮件至 dbqq@phei.com.cn。

本书咨询联系方式：（010）51260888-819，faq@phei.com.cn。

前　言

Go 语言是 Google 公司推出的一门新兴编程语言，它继承了 C、C++的优点，同时适当规避了它们的缺点，受到国内外"IT 大厂"的广泛推崇，可用于数据分析、人工智能、移动应用、Web 应用、物联网应用等领域，在编程语言排行榜中位居前列，并有继续上升的趋势。

本书作者刘瑜在 2016 年就开始注意到 Go 语言的优点和发展趋势，认为其简练的语法及强大的开发功能，必将使其在编程领域具有很强的竞争力，并被广大程序员喜爱。如今，Go 语言已经"大放异彩"，被大量的国内外 IT 企业采用。作为践行通俗易懂、理论与实践结合、涵盖故事情节写作风格的技术作者，刘瑜老师希望能为 Go 语言的普及做一些力所能及的工作。于是，他与既是高级开发工程师又是多部 IT 图书作者的萧文翰老师，以及 Go 语言实战项目经理董树南老师，协同完成了本书的策划、编写工作。

写作特点

本书的写作特点如下。

（1）秉持"由浅入深、由易到难"的原则安排内容。第 1 部分为 Go 语言编程基础，从入门开始，逐步介绍其基础语法、基本功能、基本配套工具的使用，满足 Go 语言初学者打基础的要求；第 2 部分为 Go 语言项目实战，涵盖 3 个完整的项目，仔细分析每个项目的开发原理，让读者体验实际项目的实现过程，使读者具备初步的实战经验。

（2）书中融入"三酷猫"故事情节。每章的案例里都会出现"三酷猫"角色，带领读者一起开发每个案例。"三酷猫"是 Three Cool Cats 的中文译名，本书作者刘瑜在跟他的孩子一起观看电影《九条命》时，发现插曲 *Three Cool Cats* 非常酷，于是灵光一闪，决定让那只"三酷猫"陪伴大家快乐编程。

（3）内容展现形式丰富。本书为读者提供了图、表、注释、代码等丰富的内容展现形式，有利于读者更好地理解本书的内容。

学习帮助

本书提供了丰富的辅助学习资源及服务支持，具体如下。

- 本书提供 QQ 群在线服务，读者可以在线交流，群号为 497474643。加入读者群，可免费获取以下资源。

    ➢ 电子版练习及实验手册（含答案），可以进一步巩固所学知识，提高动手能力。

    ➢ 教学大纲、PPT、配套短视频，有利于学校教学和个人自学。

- 对于学校老师，本书作者将提供定向服务支持。

作者介绍

刘瑜，高级信息系统项目管理师、软件工程硕士、CIO、硕士研究生企业导师，拥有 20 多年的 C、ASP、Basic、Foxbase、Delphi、Java、C#、Python、Go 等语言编程经验。曾开发商业项目 20 余个，承担省部级项目 5 个，发表论文 10 余篇。出版图书《战神——软件项目管理深度实战》《NoSQL 数据库入门与实战》《Python 编程从零基础到项目实战（微课视频版）》《Python 编程从数据分析到机器学习实践》《算法之美——Python 语言实现》《Python Django Web 从入门到项目实战（视频版）》。

萧文翰，高级测试工程师，拥有 9 年的实战经验。曾参与开发多个项目，涉及通信、在线教育、在线医疗等领域，产品形态涵盖 Android、iOS、Web 等。出版图书《Flutter 从 0 基础到 App 上线》《打造流畅的 Android App》《深入浅出 Android Jetpack》，参与校对 *Android App Hook and Plug-In Technology*。4 项国内专利发明人，CSDN 博客专家，知乎专栏作家，腾讯课堂认证讲师。

董树南，工程力学硕士，西安近代化学研究所副研究员，从事软件开发工作 7 年，主要研究方向有 Web 3D 程序开发、数据分析及可视化等，主要技术栈有 Python 科学计算、Go 语言 Web 开发，以及基于 Vue 和 Three.js 的 Web 3D 程序设计与实现。

致谢

本书的编写受到了国内 IT 领域专家、高等院校相关专业的老师们的关注和支持，特此表示感谢。本书也受到了刘瑜老师、萧文翰老师的广大读者和粉丝的关注，在此一并表示感谢。同时，向为本书编写提供指导的孙奇俏老师致以谢意。虽然我们在本书的写作过程中做了反复检查，但是受能力所限，书中仍然可能存在疏漏和不足之处。若读者发现本书内容的瑕疵，请在 QQ 群里告知作者，我们将不胜感激！

目　录

Contents

第 1 部分　Go 语言编程基础

part one

第 1 部分

本书整体内容安排分为两大部分，第 1 部分为 Go 语言编程基础，第 2 部分为 Go 语言项目实战。第 1 部分主要面向 Go 语言初学者，为其提供基本的 Go 语言基础知识。只有基础打好了，才能深入项目实战。

第 1 部分内容包括：

Go 语言编程基础

第 1 章

Go 语言入门知识

编程语言是通过计算机解决问题的一类工具，不同的编程语言具有各自的使用特点。本书所讲述的 Go 语言是编程领域的"新起之秀"，受到了国内外众多优秀 IT 公司的推崇和关注。如今，Go 语言广泛应用于构建数字基础设施类软件，以及图形/图像处理、移动应用、人工智能、机器学习等领域。因此，Go 语言可以说是一门通用的语言。

本章首先为初学者介绍 Go 语言的产生、特点与优势，以及 Go 语言开发工具的安装，然后尝试编写和运行第一个 Go 语言程序，安装和使用集成开发环境，最后介绍 Go 语言中的关键字和保留字，并为代码添加注释。通过本章的学习，读者将体验并掌握编写和运行 Go 语言程序的一般步骤。

1.1 Go 语言简介

Go 语言是如何诞生的？与其他编程语言相比，Go 语言有什么特点呢？本节我们将回答上述问题，带领大家了解 Go 语言。

1.1.1 Go 语言的产生

Go 语言（又称 Golang 语言）是一门开源的程序设计语言，意在让人们能够方便地构建简单、可靠、高效的软件。（摘自 Go 语言官方网站。）

Go 语言核心开发者为罗伯特·格瑞史莫（Robert Griesemer）、罗勃·派克（Rob Pike）及肯·汤普逊（Ken Thompson），他们都是国际顶级 IT 技术"大牛"。

　　罗伯特·格瑞史莫是贝尔实验室 UNIX 团队成员，C 语言、UNIX 和 Plan 9①的创始人之一。

　　罗勃·派克是贝尔实验室 UNIX 团队成员，Go 语言项目总负责人，还参与了 Plan 9、Inferno 操作系统、Limbo 编程语言的设计。

　　肯·汤普逊是 Google 公司的资深程序员，参与了 Java 虚拟机 HotSpot、Chrome 浏览器等的设计。

　　他们都承认 C 语言的低效，以及 C++语言在编译及内存资源释放等方面存在诸多缺点。那么，能不能开发一门既兼顾 C、C++语言的功能强大、运行速度快等优点，又兼顾 Python 等语言的易学、高效等优点的开发语言呢？于是，这几个"大牛"一拍即合，从 2006 年 1 月开始设计全新的 Go 语言，于 2009 年 11 月将其开源，并在 2012 年 3 月发布第一个稳定版本 Go 1。截至 2022 年 4 月，Go 语言的最新稳定版本是 Go 1.18。

　　根据著名的编程语言排行网站 TIOBE 2022 年 4 月的最新排名（截至本书写作完成时），Go 语言进入排名 13 的位置，作为后起之秀，发展潜力很大。

　　目前，很多国内外知名 IT 企业都在使用 Go 语言，如 Google、Facebook、腾讯、百度、360、京东、小米、七牛云等。

　　Go 语言的标志是一只可爱的囊地鼠，如图 1.1 所示，由罗勃·派克的妻子——才华横溢的插画师蕾妮·弗伦奇（Renee French）设计。

图 1.1　Go 语言的标志

1.1.2　Go 语言的特点与优势

　　Go 语言是对 C、C++等类似语言的一次重大改进，它不但可以开发基于底层的操作系统，还为应用系统开发提供了强大的网络编程、并发编程等支持。

---

① Plan 9，来自贝尔实验室，分布式多用户操作系统，被定义为新型下一代操作系统。

1. 简单易学

当读者面对 C、C++、Java、C#、PHP、R、Python、Ruby、Perl 等一长串编程语言清单时，选择一款易学且功能强大的编程语言是首要任务，也是罗伯特·格瑞史莫他们深入思考的问题。于是，他们在设计 Go 语言时，充分吸收了 C、C++语言的优点，如快速编译执行，并采用了它们的语法格式风格，保留了它们强大的面向操作系统的开发功能；避免了让人头疼的古怪指针的用法，将手动处理内存垃圾转变为自动处理，进一步统一并保证了语法的简练性；同时，根据最新发展趋势，增加了简单易用的并发处理、网络开发功能等。

如果学习 C、C++语言需要花费半年的时间，才能进入项目开发状态，那么学习 Go 语言只需要花费两个月的时间，这就是 Go 语言吸引人的地方。

2. 功能强大

这里仅对 Go 语言的功能特点进行简单罗列，其详细、强大的功能将在后续各章中逐步得到体现。

1）自带垃圾回收（Garbage Collection，GC）功能

程序员无须关心在内存里执行完的代码如何被清理，因为 Go 语言自带垃圾回收功能。而在 C、C++语言中，这是需要程序员考虑并处理的，很容易出错，是这类编程语言的一大缺陷。

2）快速编译功能

Go 语言自带编译器，用于一次性把代码转换为二进制（或字节）形式的可执行命令包。在 Windows 下，编译器是指扩展名为 ".exe" ".dll" 的可执行程序。先编译再执行软件功能的过程叫作编译执行。边把代码翻译成机器码边执行代码功能的过程叫作解释执行。显然，在软件功能执行效率上，解释执行不如编译执行。另外，Go 语言的编译速度要快于 Java 这样的编译语言（Java 最早是脚本语言，后续增加了编译器）。

显然，Go 语言吸收了 C、C++编译器的优点。

3）简洁的设计思路

Go 语言的语法简洁，没有对象、类等复杂的概念和实现要求，这显然是针对 C、C++来说的。它借鉴了 Python 简洁的语言设计风格，但是语法简洁并不等同于功能简单，很多强大的功能都可以通过新方法来体现。例如并发功能，只需要使用一个关键字就可以实现，这在其他编程语言中是不可想象的。

4）突出最新发展需求——并发

在大数据、云平台、人工智能、物联网技术快速发展的情况下，利用并发技术提高运算力是当前的一种需求和趋势。罗伯特·格瑞史莫他们抓住了这个细分市场需求，确定了 Go 语言在多核 CPU 并发运行方面的设计优势，使其从底层支持并发，而且简单易用，可以说 "Go 语言为并发而生"。

5）提供快速 Web 开发功能

网站（Web）是针对当今业务系统的一种主流开发模式。Go 语言提供了强大的 Net/HTTP 功能开发模块，只需要几行语句，就可以实现一个高性能的网站后台服务功能，非常具有吸引力。

6）支持交叉编译

所谓交叉编译，就是使用 Go 语言开发的代码可以在不同类型的操作系统下编译并运行。例如，在 Windows 下开发的代码可以在 Linux 下编译并运行。

7）第一门完全支持 UTF-8 的编程语言

UTF-8 可以兼容全球不同语言，如中文、日文、蒙古语等。Go 语言对其提供了完整的支持，真正做到了国际化。

3. 应用领域广泛

Go 语言的应用领域非常广泛，如 Web 开发、分布式和微服务开发、网络编程、数据库系统及容器虚拟化开发、人工智能、云平台开发、游戏开发、爬虫开发、数据分析及科学计算、系统运维等。

1.2　Go 语言开发工具的安装

在使用 Go 语言编程前，必须先安装 Go 语言开发工具，其主要使用环境为 Windows、Linux、macOS。我们需要先到官方网站下载 Go 安装包。

进入如图 1.2 所示的 Go 安装包下载页面，其中包括 "Microsoft Windows" "Apple macOS" "Linux" "Source" 4 种安装方式。截至本书写作完成时，Go 安装包的最新稳定版本（Stable versions）为 1.17.1 版本，建议安装最新稳定版本。

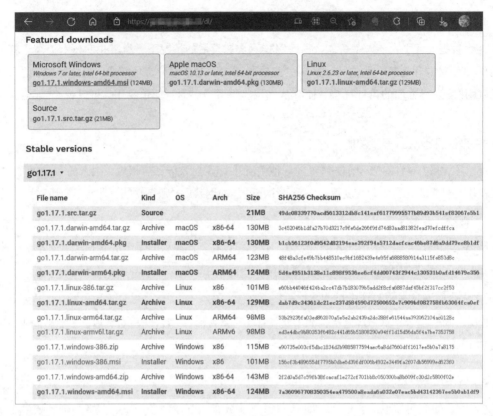

图 1.2　Go 安装包下载页面

1.2.1　Windows 下的安装

这里以 64 位的 Windows 10 为例（本书后续的案例均在 Windows 环境中进行操作），操作步骤如下。

第一步，下载 Go 安装包。

在图 1.2 中，单击"Microsoft Windows"安装方式中的"go1.17.1.windows-amd64.msi"链接，在弹出的"新建下载任务"对话框中选择保存该安装包的文件夹，单击"下载"按钮，完成 Go 安装包的下载。

🔊 **注意**

> 目前，Windows 分为 64 位、32 位两类操作系统。对于 32 位的操作系统，我们需要选择图 1.2 中的 go1.17.1.windows-386.msi 来安装。Linux 也存在类似问题。

第二步，安装。

双击"go1.17.1.windows-amd64.msi"安装包进行安装，具体安装过程如图 1.3 所示。

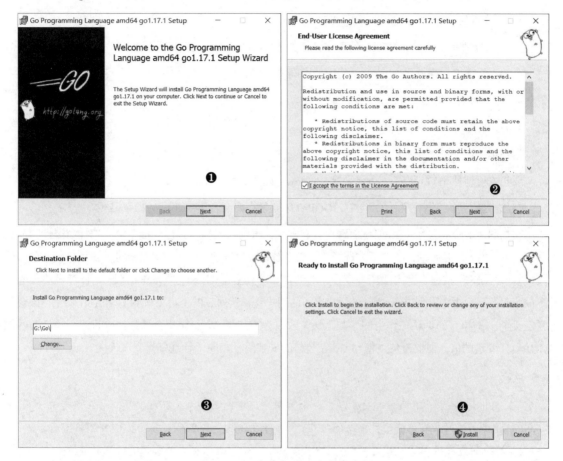

图 1.3　Go 安装包的具体安装过程

在运行安装包时进入界面❶，单击"Next"按钮进入界面❷（确保勾选"I accept the terms in the License Agreement"复选框），单击"Next"按钮进入界面❸。默认安装路径为 C 盘，建议安装到其他硬盘分区中，如界面❸的设置——单击"Change"按钮，选择 G 盘下的 Go 空文件夹。然后单击"Next"按钮进入界面❹，单击"Install"按钮正式进入安装状态（绿色进度条）。最后单击"Finish"按钮，完成安装。

安装完成后，就可以在对应的安装路径（本例为图 1.3 中的 G:\Go\）下发现以下文件夹内容。

- api 文件夹，存放不同版本的 API 差异说明。

- bin 文件夹，存放 Go 编译器、gofmt 语言格式化工具。
- doc 文件夹，存放英文版 Go 语言使用文档。
- lib 文件夹，存放 time 相关的库文件。
- misc 文件夹，存放杂项用途的库文件，如 Android 开发平台的编译文件等。
- pkg 文件夹，存放供 Windows 使用的中间文件包。
- src 文件夹，存放 Go 语言源码文件。
- test 文件夹，存放用于测试的文件。

第三步，设置环境变量。

要想方便地使用 Go 语言，必须设置 Windows 下的环境变量。

Go 语言的环境变量名为 GOPATH，GOPATH 变量指向开发需要用到的项目路径。

在如图 1.4 所示的 Windows 桌面❶上，右击"此电脑"图标，弹出快捷菜单，选择"属性"命令，进入"关于"界面❷，在右下方选择"高级系统设置"选项，进入"系统属性"对话框❸，单击"环境变量（N）"按钮，弹出"环境变量"对话框，在其上半部分的"Wenhan（根据计算机的环境不同，此处显示为登录到 Windows 的用户名）的用户变量"列表框里可以看到 GOPATH 变量。该变量定义了 Go 语言的默认工作空间，其默认参数值为当前与 Windows 会话的用户目录。建议调整 GOPATH 变量的值，但要避免该值与 Go 安装包的安装路径相同，且最好是空文件夹。

◀» 注意

> 在 Windows 中，有两种环境变量，分别为用户环境变量和系统环境变量。若在前者中设置 GOPATH 变量，则只有当前用户可以使用 Go 语言开发环境；若在后者中设置 GOPATH 变量，则当前系统中的所有用户均可以使用 Go 语言开发环境。请读者根据自身需求进行设置。

单击"系统变量（S）"列表框下面的"新建（W）"按钮，在弹出的"新建系统变量"对话框中的"变量值"文本框中输入正确的硬盘分区文件夹地址（可以单击"浏览目录（D）..."按钮进行可视化路径选择），单击"确定"按钮，并在另外两个界面上依次单击"确定"按钮，完成 GOPATH 变量的设置。

第四步，验证 Go 语言开发工具安装及环境变量设置是否成功。

通过 Windows 10 的"开始"菜单打开"命令提示符"窗口，在其中输入"go env"命令，按 Enter 键，若显示如图 1.5 所示的执行结果，则说明 Go 语言开发工具安装及环境变量设置成功。

图 1.4　GOPATH 变量设置

图 1.5　命令执行结果

📖 **说明**

> 设置环境变量的关键在于，GOPATH 变量指向的路径必须与 GOROOT 变量指向的路径不一致。GOPATH 变量指向项目代码的开发路径，GOROOT 变量指向 Go 安装包的保存路径。

1.2.2 Linux 下的安装

图 1.2 所示的下载页面提供了 Linux 下的最新稳定版本的 Go 安装包，其扩展名为.tar.gz，这里以 Ubuntu 系统为例，进行如下操作。

第一步，下载 Go 安装包。

在图 1.2 中，单击"Linux"安装方式中的"go1.17.1.linux-amd64.tar.gz"链接，下载 64 位 x86 架构的 Go 安装包，在弹出的"新建下载任务"对话框中选择保存该安装包的文件夹，单击"下载"按钮，完成 Go 安装包的下载。

📢 **注意**

> 目前，Linux 分为 64 位、32 位操作系统，以及支持 ARM 和 x86 架构处理器的版本。如果是 32 位的操作系统，请选择 go1.17.1.linux-386.tar.gz。如果需要在 ARM 架构的设备上使用，请根据具体的 ARM 架构，通过合适的链接完成下载。

第二步，校验 Go 安装包的 Hash 值并解压。

在操作系统里校验 Go 安装包的 Hash 值，以保证文件下载的正确性。如果使用的是带有图形化桌面的 Ubuntu 系统，则在 Go 安装包所在文件夹的空白位置处右击，弹出快捷菜单，执行在此处打开命令行程序的操作；如果使用的是没有图形化桌面的 Ubuntu Server 版本，则使用 cd 命令进入 Go 安装包所在的路径，并输入以下内容：

```
sha256sum go1.17.1.linux-amd64.tar.gz
```

执行上述操作后，我们会在命令行中得到一串 SHA256 校验码，如图 1.6 所示。

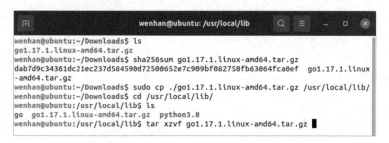

图 1.6 SHA256 校验码

在命令行中依次输入以下内容，即可将 Go 安装包复制并解压缩到 Ubuntu 系统的/usr/local/lib 路径下：

```
sudo cp ./go1.17.1.linux-amd64.tar.gz /usr/local/lib/
cd /usr/local/lib
sudo tar xzvf go1.17.1.linux-amd64.tar.gz
```

当然，也可以将其复制到当前用户在/home 下的个人路径下。两者的区别在于，若将其复制到系统的/usr/local/lib 路径下，则通过设置系统环境变量，我们可以让使用这台计算机的所有用户使用 Go 语言开发环境，否则只有当前用户可以使用。读者可以根据个人具体情况来选择。

当把扩展名为.tar.gz 的 Go 安装包解压缩后，/usr/local/lib 路径下会出现一个名称为 go 的文件夹，如图 1.7 所示。

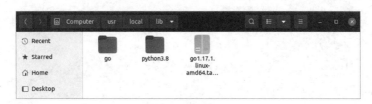

图 1.7　go 文件夹

第三步，设置环境变量。

使用 root 身份或 sudo 命令，在命令行中使用 vim 编辑器编辑/etc/profile 文件，输入以下命令：

```
sudo vim /etc/profile
```

若提示 vim 未安装，则先输入"sudo apt install vim"，安装 vim 编辑器，再输入以上命令。

进入 vim 编辑器界面后，按 I 键进入编辑模式，使用键盘方向键将光标移动到文件末尾，输入以下内容：

```
export GOROOT=/usr/local/lib/go
export GOBIN=/home/gopher/Program/gopath/bin
export GO111MODULE=auto
export GOPATH=/home/gopher/Program/gopath
export PATH=$GOROOT/bin:$GOBIN:$PATH
```

输入完成后，先按 Esc 键，再输入":wq"，保存并退出。若在该过程中发生输入错误，不想保存文件，则先输入":q!"，强制非保存退出，再重新编辑即可。下面简单解释一下向/etc/profile 文件中追加的内容的含义。

- export GOROOT=/usr/local/lib/go 代表 Go 语言编译器所在的根路径。

- export GOBIN=/home/gopher/Program/gopath/bin 代表编译 gopath 中的包后产生的可执行文件路径。

- export GO111MODULE=auto 代表 gomod 模式的状态，auto 代表自动，on 代表开启 gomod 模式，off 代表关闭 gomod 模式。

- export GOPATH=/home/gopher/Program/gopath 代表用户开发 Go 语言时的路径。

- export PATH=$GOROOT/bin:$GOBIN:$PATH 代表将需要让系统自动检测到的可执行文件路径追加到系统的 PATH 环境变量下，如将 Go 语言的二进制编译器程序文件/usr/local/lib/go/bin/go 添加到系统环境变量下，这样在命令行输入"go"后，即可执行 go 这个二进制可执行文件，而不必输入"/usr/local/lib/go/bin/go"。

除了上述这些环境变量，还可以通过设置"export GOPROXY"的值来使用国内的镜像源，如此便可以顺利获取和安装 Go 语言官方提供的源码包了。

第四步，测试安装。

重启系统，使/etc/profile 文件中的更改生效。若希望刚刚设置的环境变量立即生效，可以通过命令行执行以下命令：

```
source /etc/profile
```

随后，在命令行中输入如下内容：

```
go env
```

即可获取 Go 安装包被正确安装后的各项配置内容，如图 1.8 所示。

图 1.8 各项配置内容

1.2.3　macOS 下的安装

图 1.2 所示的下载页面提供了 macOS 下的最新稳定版本的 Go 安装包，其扩展名为.pkg，也分为 64 位和 32 位版本。

第一步，下载 Go 安装包。

在图 1.2 中，单击"Apple macOS"安装方式中的"go1.17.1.darwin-amd64.pkg"链接，下载 Go 安装包，然后双击该安装包，依次单击"继续"按钮就可以完成默认方式的安装，如图 1.9 所示。

图 1.9　macOS 下的 Go 安装包安装界面

第二步，设置环境变量。

首先在终端中运行 vi ~/.bash_profile 命令，添加下面的设置：

```
export GOPATH=$HOME/go
```

保存并退出编辑器，然后在终端中运行 source ~/.bash_profile 命令。

第三步，测试安装。

在终端中运行 go version 命令，若显示以下信息，则表示安装成功：

```
go version go1.17.1 darwin/amd64
```

1.3　第一个 Go 语言程序：Hello 三酷猫

前面安装了 Go 语言开发工具，现在就可以编写 Go 语言程序了。

使用 Go 语言进行编程，让计算机跟大家打个招呼："Hello，三酷猫！"

对初学者而言，使用简单的文本编辑器和命令行完成这个案例是一个不错的选择。当然，在下一节中，我们会介绍如何使用更便利的集成开发环境。感兴趣的读者也可以稍后自行尝试使用集成开发环境完成本案例的编码和运行。

启动 Windows 中的记事本，输入如图 1.10 所示的代码。

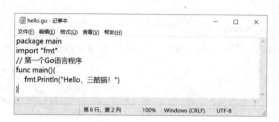

图 1.10　Go 语言代码

完成编写后，将其保存为 hello.go 文件。

📢 **注意**

> Go 语言的代码文件扩展名为.go，在使用记事本保存时，建议复查扩展名，不要保存为*.txt。

1. 编译运行代码

启动 Windows 的"命令提示符"窗口，使用 cd 命令进入 hello.go 文件所在的文件夹中，并输入以下内容：

```
go build hello.go
```

稍等片刻，编译便成功完成了。此时，再次使用 dir 命令查看文件夹，可以发现文件夹中出现了 hello.exe 文件。这个文件是由 Go 语言开发工具编译的，可以在 Windows 中直接运行的可执行文件。最后，我们直接在命令行中输入：

```
hello
```

即可运行 hello.exe 文件，并看到成功输出"Hello，三酷猫！"的字样。整个编译运行过程如图 1.11 所示。

2. Go 语言的程序结构

图 1.10 所示的代码代表了 Go 语言的基本程序结构的写法。后续的代码编写过程都遵循类似规则。每行代码的意思如下。

- 第 1 行为"package main"，表示一个可独立执行的程序，每个 Go 应用程序都包含一个名称为 main 的包。

- 第 2 行为 "import "fmt"",表示导入 fmt 包,告诉 Go 编译器这个程序需要使用 fmt 包。fmt 包提供了屏幕输入、输出函数。

- 第 3 行为 "//第一个 Go 语言程序",表示单行注释,用于解释程序代码的功能。另外,在包含多行注释的情况下,Go 语言提供了/*多行注释*/方法。所有注释的内容都不被执行,仅用于为程序员阅读代码提供帮助信息。

图 1.11 编译运行过程

📖 **说明**

> Go 语言的注释语法如下。
>
> 1. 单行注释用 //
>
> 2. 多行注释用 /*多行
>
>   注释*/

- 第 4 行为 "func main() {",其中,"func main()"代表程序开始执行的主函数,是每个可执行程序必须包含的代码,而且在当前程序文件中只能出现一次。

- 第 5 行为 "fmt.Println("Hello,三酷猫! ")",表示打印 "Hello,三酷猫!"。fmt 包的 Println() 函数用于打印输出内容到屏幕上。

- 第 6 行为 "}",第 4 行和第 6 行中的花括号 "{}" 表示主函数 main() 的范围。

📢 **注意**

> "{" 一定要跟在 main()函数后面,不能跨行,否则会报错。

1.4 安装和使用集成开发环境

Go 安装包只提供了基础的语言编译器、文档工具、代码格式化工具、语法，以及基本功能标准库、标准库源码、测试用例等内容，缺少程序员使用的代码编辑工具。下面介绍常用的 Go 语言集成开发环境工具。

1.4.1 集成开发环境的安装

GoLand 是 JetBrains 公司[①]推出的一款高效的、智能的商业 Go 语言集成开发环境（Integrated Development Environment，IDE）工具。GoLand 分别提供了适用于 Windows、Linux、macOS 的版本。由于它是商业开发工具，仅提供了 30 天的免费试用期，后续使用需要付费。

1. 下载及安装 GoLand

访问 GoLand 官网，打开如图 1.12 所示的 GoLand 安装包下载页面。本书主要的学习环境为 Windows，单击"2021.2.3-Windows (exe)"链接，下载 GoLand 安装包。

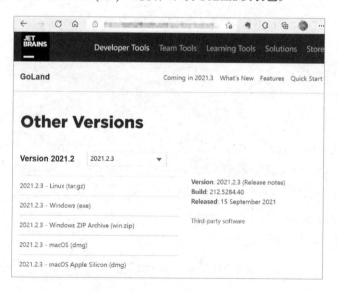

图 1.12 GoLand 安装包下载页面

---

① JetBrains 是一家捷克的软件开发公司，该公司推出了一系列大名鼎鼎的软件开发工具，如 Java 的 IntelliJ IDEA、Python 的 PyCharm、PHP 的 PHPStorm、JavaScript 的 WebStorm 等。

下载 GoLand 安装包之后，双击该安装包，弹出如图 1.13 所示的安装界面❶，单击"Next"按钮，进入界面❷，选择安装路径，单击"Next"按钮，进入安装选项设置界面❸。

（1）在"Create Desktop Shortcut"选项区中勾选"64-bit launcher"复选框，在桌面创建快捷方式。

（2）在"Update PATH variable(restart needed)"选项区中勾选"Add launchers dir to the PATH"复选框，将 GoLand 的启动程序添加到运行环境变量设置里。注意：必须勾选此复选框。

（3）在"Update context menu"选项区中勾选"Add'Open Folder as Project'"复选框，将快捷方式添加到"开始"菜单中。

（4）在"Create Associations"选项区中勾选".go"复选框，关联后缀为.go 的文件。

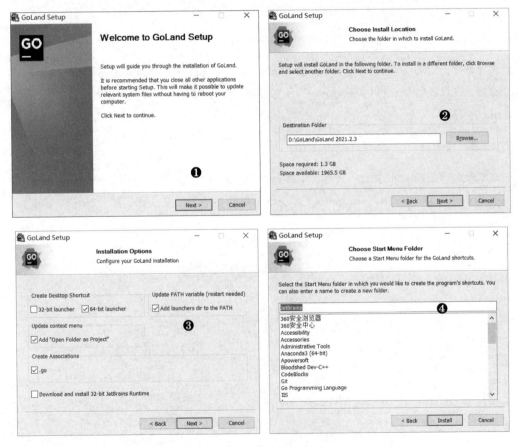

图 1.13　GoLand 安装过程

图 1.13　GoLand 安装过程（续）

接下来单击"Next"按钮，进入界面❹，单击"Install"按钮，在进度条提示下安装 GoLand。安装结束后，在界面❺中选中"Reboot now"单选按钮，单击"Finish"按钮，重启计算机，即可完成 GoLand 的安装。

2. 第一次使用

在桌面上双击 GoLand 图标，在弹出的界面［见图 1.14（a）］中勾选"I confirm that I have read and accept the terms of this User Agreement"复选框，单击"Continue"按钮，进入如图 1.14（b）所示的界面。

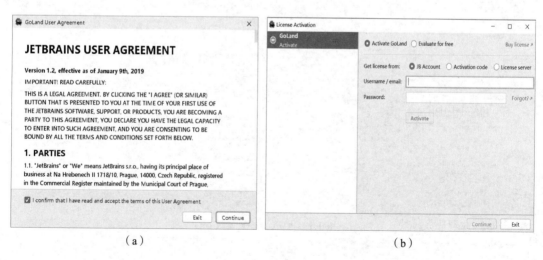

（a）　　　　　　　　　　　　　　　　　　　（b）

图 1.14　第一次使用 GoLand 的设置界面

GoLand 为第一次使用的读者提供了两种使用方式。

- 免费试用 30 天，需要选中"Evaluate for free"单选按钮。

- 正式购买使用，需要选中"Activate GoLand"单选按钮。

若选择免费使用，则选中"Evaluate for free"单选按钮，单击"Continue"按钮，进入如图 1.15 所示的 GoLand 欢迎主界面。

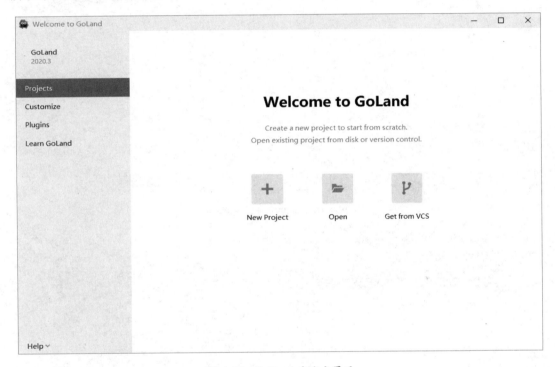

图 1.15　GoLand 欢迎主界面

1.4.2　项目的创建、编译和运行

本节将介绍如何实现项目的创建、编译和运行。

1．创建一个新项目

在如图 1.15 所示的界面上单击"New Project"按钮，弹出如图 1.16 所示的新增项目设置界面，在"Location"右侧选择新增项目文件夹，如 G:\GoLearn(可以事先建立一个空文件夹)，在"GOROOT"下拉列表中选择 Go 语言的安装包版本，这里采用默认的 1.17.1 版本，并勾选"Index entire GOPATH"复选框，单击"Create"按钮，进入如图 1.17 所示的 GoLand 项目代码编辑主界面。

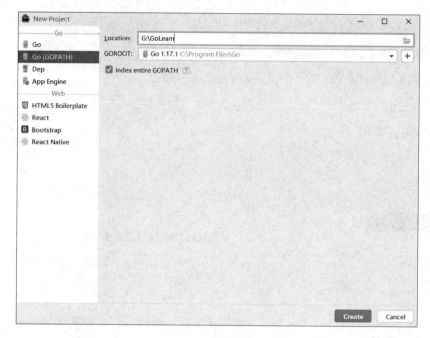

图 1.16　新增项目设置界面

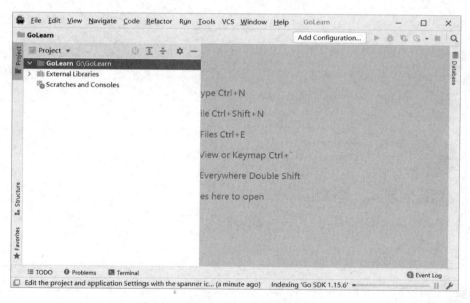

图 1.17　GoLand 项目代码编辑主界面

2. GoLand 基本代码编辑配置

在如图 1.17 所示的界面右上方单击"Add Configuration"按钮，出现如图 1.18 所示的新项目代码编辑配置界面。

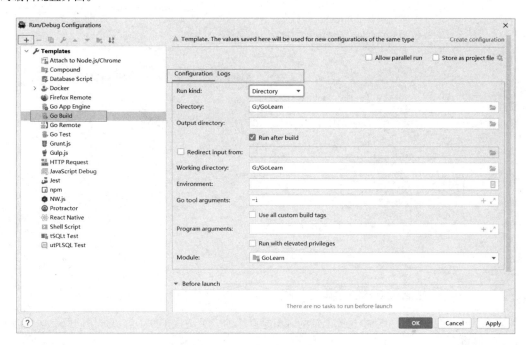

图 1.18　新项目代码编辑配置界面

首先单击左上方的"+"按钮，然后在左侧列表框中选择"Go Build"选项，界面右侧会显示相关配置项。

- Run kind：选择"Directory"选项。
- Directory：设置 main 包（Package）所在的目录，不能为空，这里可以是默认项目安装目录 G:/GoLearn。
- Output directory：设置编译后生成的可执行文件的存放目录，可为空。
- Working directory：设置程序运行的目录，默认与 Directory 设置相同，不能为空。

其他配置项采用默认设置，无须修改。最后单击"OK"按钮，完成设置。

3. 建立第一个代码文件

在代码编辑配置完成后，右击图 1.19 左侧列表框中的"GoLearn"选项，在弹出的快捷菜单中选择"New"→"Go File"命令，在弹出的"New Go File"对话框里输入代码文件名称（如 hello），并双击"Empty file"选项，在主界面生成一个代码文件，就可以在其中直接输入 Go 语言代码了。

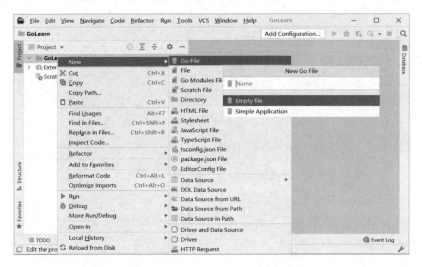

图 1.19　建立第一个代码文件

1.4.3　代码的出错提示及调试

程序员在代码编写的过程中遇到出错的现象是必然的，关键在于如何解决出错问题。这就涉及出错提示及调试。

1. 出错提示

这里用"Hello 三酷猫"案例演示出错过程。在图 1.20 中去掉第 7 行的"}"，GoLand 会马上给出代码语法出错提示。

- 提示一，在 GoLand 中，若检测到语法错误，则会以波浪线的形式在代码出现错误的地方标记出来（见图 1.20 中的❶处）。
- 提示二，代码编辑界面右上角出现红色感叹号加数字（见图 1.20 中的❷处）。
- 提示三，在❷处右侧单击"^"按钮，在"Problems"视图中的"Current File"选项卡中会显示出错提示（见图 1.20 中的❸处）。

仔细观察，除了准确的英文提示信息，该出错提示还指出了出错行":7"（在第 7 行出错）。这里的"Empty element parsed in 'Statements' at offset 81:7"提示"在语法的第 7 行 81 个字符处解析到空元素"，这意味着正常语法应该要加"}"，少了一个右花括号。

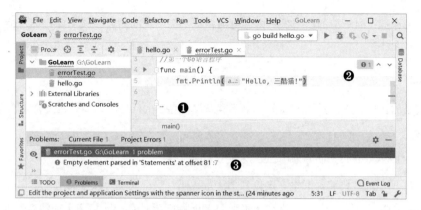

图 1.20　编写代码时的出错提示

📢 **注意**

　　学会阅读出错提示是程序员的一项基本功。读者应该日积月累，熟悉常见出错提示中的英文单词。学习技巧：可以借助百度等翻译工具，遇到一个记录一个。

　　前面提示的出错信息都是在代码编写过程中，GoLand 通过智能感应直接给出的。这也证明了 GoLand 是一款优秀的代码编辑工具。

　　当单击三角形按钮（类似于播放器中的播放键，见图 1.21 中框住的位置）编译运行代码时，也会给出出错提示。如图 1.21 所示，在下面的执行结果列表框里显示".\errorTest.go:7:1: syntax error: unexpected EOF, expecting }"出错提示信息。其中，"go:7:1"表示第 7 行的第 1 列存在错误；"syntax error: unexpected EOF"表示在代码文件中意外结束的语法错误；"expecting }"表示少了右花括号。

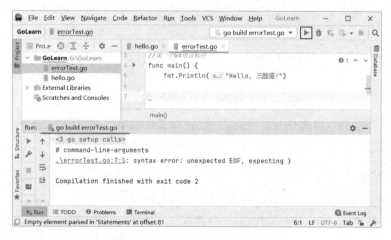

图 1.21　编译运行代码时的出错提示

显然，编译运行时给出的出错提示内容更加精准。在发现问题后，只需要有针对性地进行代码修改即可。

2. 调试

对于复杂的代码，我们只通过简单观察不容易发现存在的问题，需要借助专业调试工具或技巧来解决问题。

1）利用 GoLand 自带 Debug 调试工具来调试程序

在图 1.22 所示的代码编辑框中，定位到第 5 行代码，双击代码行数旁的灰色空白处，会出现棕红色的圆点。该圆点叫作"断点"，表示在单击 Debug 调试按钮（见图 1.22 中的❶处）时，从第 5 行开始进行断点调试。

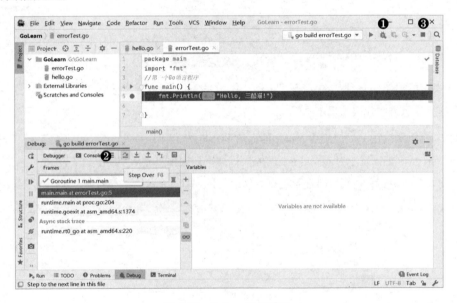

图 1.22　Debug 调试界面

同时，图 1.22 下方会出现 Debug（调试）视图，在 Debugger 选项卡中提供了几个调试按钮（见图 1.22 中的❷处）。

（Step Over F8）：单步执行代码调试。单击一次该按钮，代码向下执行一行，并显示执行过程中的内容和变量值情况，方便程序员观察执行过程中发生的情况。

（Step Into F7）：单步执行并进入函数体内执行。当存在函数等调用模块代码时，单击该按钮将执行函数体内的相关代码。与"Step Over F8"的区别在于，后者调用函数时不执行函数体内的代码。

⬆（Step Out Shift+F8）：跳出函数体内执行，返回调用处继续向下执行一行。

↘ᵢ（Run to Cursor Alt+F9）：从当前断点处执行代码到下一个断点处（若设置了多个断点）。在当前断点后面没有断点的情况下，把剩余代码执行完，并结束代码执行。

断点设置是双向的，若在该断点上再次双击，可以取消断点设置。

另外，该界面还提供了一些程序执行控制按钮，如程序执行过程的终止按钮（类似于播放器的停止播放键，见图 1.22 中的❸处，在程序不执行时是灰色的）。

■（Ctrl+F2）：强制终止代码执行。当代码出现死循环等特殊情况时，非常有用。

2）调试技巧

复杂的算法可以利用 fmt.Println() 函数输出中间计算结果，有利于判断编程逻辑算法是否正确。

随着编程阅历越来越丰富，不同的程序员会总结出属于自己的调试技巧，这里仅起到"抛砖引玉"的作用。

1.4.4　代码风格约定

任何编程语言对编程代码的命名都是有规则要求的，目的是符合编译器（或解释器）的翻译要求，并且方便程序员之间的代码阅读和理解。

1. 标识符（Identifier）

在 Go 语言中，凡是可以被编译器识别的代码名称都叫作标识符，又称名称（Name），这里不包括各种运算符、注释符。本书后面将要介绍的常量、变量、控制语句、数组、列表、字典、指针、函数、结构体、接口、包等都是标识符。

2. 命名规则

标识符遵循以下命名规则。

- 名称由 26 个英文字母（大小写都可以）、0～9 和下画线组成，如 count、day1、box_1。

- 不能以数字开头，如变量名 90day 在执行时将报错。

- 严格区分大小写，如 Name、name 是两个变量。

- 建议采用驼峰命名规则、带下画线命名规则、前缀命名规则。

  ➢ 驼峰命名规则。要求第一个英文单词的字母都小写，从第二个英文单词开始的英文单词首字母都大写、其他字母都小写，如 goodName、goodPrice、goodUnit 等。也可以采用大驼峰命名规则，如 GoodName、GoodPrice 等。大驼峰命名规则与驼峰命名规则的区别为第一个英文单词首字母是否大写。

> 带下画线命名规则。在英文单词之间用下画线连接，如 box_color、box_size、box_font 等。

> 前缀命名规则。根据不同类型的标识符，在首字母大写的英文单词前加小写前缀，以快速区分名称的类型。例如，i 代表整型，则整型变量可以被命名为 iCount；f 代表浮点型，则浮点型变量可以被命名为 fNumber、fRoadLength 等。

在实际代码编写过程中，我们可以灵活使用上述代码命名规则，主要是为了方便阅读，提高代码编写效率和编写质量。

3. 注意事项

对于 Go 语言代码，我们在编写时应注意以下问题。

- 名称中间不允许出现空格，如执行"Study Plan"代码时将报错。
- 不能使用 Go 语言已经存在的关键字、保留字、内置函数等作为命名对象，如不能用 if、main、func 作为变量名。
- 不推荐使用拼音、拼音缩写进行命名。
- 无论是源码文件名还是代码中的字符，在 Go 语言中都是区分大小写的。例如，redColor 与 redcolor 是两个变量。

1.5 关键字和保留字

Go 语言提供了 25 个关键字，如表 1.1 所示。这些关键字是 Go 语言的核心语法命令。

表 1.1 Go 语言关键字

break	default	func	interface	Select
case	defer	go	map	Struct
chan	else	goto	package	Switch
const	fallthrough	if	range	type
continue	for	import	return	var

表 1.2 所示为 Go 语言自带的 37 个保留字，包括 4 个常量，20 个变量类型，13 个内置函数。

表 1.2　Go 语言保留字

Constants（常量）	true、false、iota、nil
Types（变量类型）	int、int8、int16、int32、int64、uint、uint8、uint16、uint32、uint64、uintptr、float32、float64、complex128、complex64、bool、byte、rune、string、error
Functions（内置函数）	make、len、cap、new、append、copy、close、delete、complex、real、imag、panic、recover

Go 语言的 25 个关键字和 37 个保留字组成了 Go 语言语法的主要内容，本书将在后续章节中陆续介绍如何使用它们。读者在学完本书后，对上述内容应当非常熟悉。

1.6　为代码添加注释

无论使用何种编程语言，为代码添加注释都是必要的。注释的作用是对代码进行解释和说明，目的是让人们更方便地了解代码。

大多数项目都需要持续一段时间来完成开发和测试，最终上线后还要应对产品的迭代更新。然而，毫不夸张地说，即使仅相隔一周，我们也可能读不懂代码了，哪怕这些代码是自己编写的。此时，注释可以很好地帮助我们理解这些代码。

在 Go 语言中，注释分为两类：单行注释和多行注释。

1.6.1　单行注释

单行注释也称为行注释，格式为以"//"开头的一行，可以被添加在代码的任何位置。

例如，下面这段代码中添加了一行注释，用于解释下一行代码的作用：

```
package main
import "fmt"
func main(){
   //输出"Hello World!"文字
   fmt.Println("Hello World!")
}
```

需要注意的是，在使用注释时，不要连同代码一起注释，因为被注释的代码不会被执行。但是在修改代码时，利用这个特性暂时注释掉被修改的代码，而非直接删除，可以很方便地在必要时还原它们。

若要添加空白行，可以按照如下格式实现：

```
//第1行
```

```
//
//第 3 行
//第 4 行
```

1.6.2 多行注释

多行注释也称为块注释，格式为以 "/*" 开头、以 "*/" 结束的一行或多行。

例如，在 main()函数上方添加多行注释，用于解释 main()函数的作用：

```
/*
main()函数是 Go 程序的入口函数
是程序运行的起点
此处输出"Hello World!"
用于验证开发环境配置
 */
func main(){
   //输出"Hello World!"文字
   fmt.Println("Hello World!")
}
```

和单行注释不同，多行注释不允许嵌套使用，因为这将导致编译时错误，从而无法完成编译。示例如下：

```
/*
main()函数是 Go 程序的入口函数
/*是程序运行的起点
此处输出"Hello World!"
*/
用于验证开发环境配置
 */
```

若要添加空白行，可以按照如下格式实现：

```
/*
第 1 行

第 3 行
第 4 行
 */
```

《代码大全》中介绍："代码是写给人看的。"养成良好的编码习惯不仅对编码本身有利，还对开发团队中的队友提供了很好的支持。在实际开发中，人员之间的沟通成本可能会庞大到"可怕"的程度，请大家谨记。

1.7　练习与实验

1. 填空题

（1）Go 语言开发工具可以被安装在多种不同的平台上，如_____、_____、_____等。

（2）编译 Go 语言源码的命令为_____。

（3）Go 语言程序的入口函数为_____，这个函数又被称为_____。

（4）根据源码内容的格式和规模，注释可分为_____、_____两类。

（5）为了提高开发效率，我们通常使用的集成开发环境有_____、_____等。

2. 判断题

（1）一个合法的 Go 语言程序可以包含多个 main() 函数。

（2）Go 语言开发工具可以被安装在基于 ARM 架构 CPU 的计算机上。

（3）变量 example 和 Example 是相同的变量。

（4）由于开发平台的不同，在 Windows 中用 Go 语言编写的源码无法在 Linux 或 macOS 中编译。

（5）集成开发环境中的调试功能非常实用，可以帮助开发者观察程序运行时变量的值。

（6）"我写的代码很简单，我也能很好地解释它的作用和原理，因此无须添加注释。"这种观点是正确的。

3. 实验题

（1）安装 Go 语言开发工具。回忆 Go 语言开发工具的安装过程，尝试安装 Go 语言开发工具并截取安装界面。

（2）编写第一个 Go 语言程序。安装集成开发环境，并编写代码。要求代码能够成功输出"Hello，三酷猫"。

第 2 章
基础语法

对数据进行各种运算是所有编程语言的基础功能，也是程序员开始学习编程的基础内容之一。本章首先介绍什么是声明，如何在代码中使用各种数据，然后逐一介绍常量与变量、基本数据类型、运算符及优先级，同时介绍数据类型之间的相互转换。复合、引用、接口类型等与函数相关的内容将在后续的章节中单独讲解。

2.1　声明

当一个计算机程序需要调用内存空间时，对内存发出的"占位"指令被称为"声明"。

形象地说，声明就是给某个数据在内存中"安家"。无论何种类型的数据，只有声明后才能被使用。

对于不同类型的数据结构，我们通常使用不同的关键字进行声明。比如，在声明常量时应该使用 const，在声明变量时应该使用 var，等等。在接下来的内容中将展开详细说明。此外，在声明数据的过程中，可能会设定其部分或者全部的属性值。

2.2　常量与变量

本节将介绍 Go 语言的常量与变量声明，以及它们的基本使用要求和作用域。

2.2.1　常量

在计算机内存中，常量（Constants）用于存储值固定不变的数据，并给出名称。

常量的声明格式如下：

```
const name [type] = value
```

- 关键字 const 用于声明常量的定义。

- name 表示常量名。

- 方括号表示 type 部分可选，代表常量的类型。当程序员没有指定该部分时，常量的类型将根据最后的 value（值）自动推断得出；当程序员显式指定 type 时，常量将被限定为特定的数据类型。

- =为赋值符号，用于将 value 值赋给常量 name。一旦完成赋值，名称为 name 的常量就有了值，且不会改变。

1. 单一常量声明

示例 1 单一常量声明及使用（代码文件：const.go）

```
package main
import "fmt"
//单一常量声明及使用
func main() {
    const age=1                                //声明值为 1 的整型常量 age
    const num int =10                          //声明值为 10 的整型常量 num，int 为指定的类型
    fmt.Println("三酷猫!",age,"岁",num,"只")    //打印输出常量，通过逗号分隔可以输出多个常量
}
```

在 GoLand 代码编辑框中单击代码左侧的绿色三角形按钮，执行代码的编译运行，结果如下：

```
三酷猫! 1 岁 10 只
Process finished with exit code 0
```

📖 **说明**

常量的类型只能是基本数据类型，即布尔型、数字型（整型、浮点型和复数型）和字符串型。

2. 批量常量声明

示例 2 批量常量声明及使用（代码文件：const.go）

```
const (
      e = 2.7182818                    //数学中的自然常数 e
      pi = 3.1415926                   //数学中的 7 位小数，圆周率 π
   )
   fmt.Println("数学里的常量: ",e,pi)    //打印输出常量
```

从上述定义中可以发现，在批量声明常量时，在关键字 const 后面使用圆括号包裹连续声明的多个常量。其运行结果如下：

数学里的常量：2.7182818 3.1415926

3. 常量生成器 iota

使用关键字 iota 可以为批量常量进行连续增 1 赋值。iota 初始值为 0。

示例 3 iota 批量连续赋值（代码文件：const.go）

```
const (
        spring=iota              //初始值为 0，可以通过 iota+1 方法调整初始值
        summer
        autumn
        winter
    )
    fmt.Println("一年四季：",spring,summer,autumn,winter)
```

上述代码的运行结果如下：

一年四季：0 1 2 3

2.2.2 变量

在计算机内存中，变量（Variable）用于存储值可变化的数据，并给出名称。

变量的声明格式如下：

```
var name [type] = [expression]
```

关键字 var 用于声明变量定义；name 是变量名；type 用于指定变量的类型；expression 是表达式。Go 语言的变量基本类型包括数字型（整型、浮点型、复数型）、布尔型、字符串型。

和常量类似，在声明变量时，type 也是可以被省略的。另外，expression 也是可以被省略的。但是这二者不允许同时省略。

1. 单一变量声明

在 Go 语言中，声明某个变量有 3 种途径。

1）显式指定变量类型

在使用关键字 var 声明变量时显式指定变量类型：

```
var age int                 //定义整型变量 age，其默认初始值为 0，int 为指定的类型
fmt.Println(age)
```

运行结果如下：

```
0
```

2）通过值判断类型

```
var age0=1                        //编译器通过值判断类型
```

3）连续声明同一类型的变量

```
var n1,n2,n3 int                  //连续声明同一类型的变量
```

2. 批量变量声明

当需要连续声明多个变量时，可以采用批量格式声明，这样可以少写几个 var。例如：

```
var (  num int                    //数量
       age1 int                   //年龄
       name string                //姓名，字符串型
    )
```

3. 简短格式声明

Go 语言还提供了一种简短格式的变量声明方法，格式如下：

```
名字:=表达式
```

这里的名字为变量名，中间省略了类型指定，使用 ":=" 代替，并且后面必须赋值，这里的值可以用表达式计算。该方法仅限在一个函数体内使用，例如：

```
day:=5                            //简短格式声明
```

当一个变量被声明后，Go 语言会自动赋予它一个初始值：整型为 0、浮点型为 0.0、复数型为 (0+0i)、布尔型为 false、字符串型为空字符串""、指针为 nil。

2.2.3　作用域

根据使用范围的不同，变量可以分为全局变量和局部变量。

全局变量是指在函数体外定义的变量，不但可以在本代码文件中使用，而且可以在其他代码文件中通过 "import 变量名" 的形式使用。全局变量只有在程序终止运行时才会在内存中被销毁。

局部变量是指在函数体内声明的变量，它们的作用域只在函数体内，在函数执行完成后，会在内存中被销毁。

示例 4 全局变量与局部变量（代码文件：variable.go）

```
package main
import "fmt"
//变量声明
```

```
var expA=1                      //全局变量
func main() {                   //主函数
    var expA int = 2            //局部变量
    fmt.Println(expA,expB)
}
var expB=5                      //全局变量
```

运行结果如下：

```
2 5
```

为何运行结果是 2 5，而不是 1 5 呢？这是因为用于打印输出的 expA 变量是在 main()函数体内而非全局变量 expA 内声明的。也就是说，当有相同名称的两个变量分别位于函数体内和全局内时，函数体内的变量享有更高的使用优先权。当然，由于函数体内声明的变量是局部变量，因此上例中若存在另一个函数，且函数体内没有声明名称为 expA 的变量时，则在该函数中打印 expA 的值为 1。

◀》 注意

全局变量声明必须以 var 关键字开头，如果想要在外部包（Package）中使用全局变量，则其首字母必须大写。

2.3 基本数据类型

为了合理利用内存空间大小，很多编程语言对常量、变量进行了类型分类。Go 语言的基本数据类型包括数字型、字符串型和布尔型，其中，数字型包含整型、浮点型和复数型。

2.3.1 整型

正如前文所述，整型、浮点型和复数型都属于数字型，它们各自有不同的取值范围，但是并非所有的数字型都支持正负号。下面介绍整型。

整型（Integer），也称整数型，本书统一使用"整型"。整型可以被直接理解为数学里的整数，在 Go 语言中分为无符号整型和有符号整型两类。无符号整型指从 0 开始的自然数，有符号整型包括负整数、自然数。

表 2.1 详细列举了整型的取值范围。其中，首字母为"u"的都是无符号整型，"int"代表整型，最后的数字代表可以取值的位数。不同的类型有不同的取值范围。

类似地，表 2.1 中首字母不为"u"的都是有符号整型，取值范围可以为负数、0、正数。

不同取值范围的整型为特殊需要的整数内存空间分配提供了灵活性。例如，嫦娥 5 号受其内存大小的限制，需要充分利用内存空间，则会考虑使用占用内存较小的整型数据。在实际开发中，最常用的类型是 int，它能满足普通程序员的大多数编程需要。

表 2.1　整型的取值范围

类　　型	描　　　　述	取 值 范 围
uint	无符号 32 位或 64 位整型	$0\sim2^{32}-1$ 或 $0\sim2^{64}-1$
uint8	无符号 8 位整型	$0\sim2^{8}-1$
uint16	无符号 16 位整型	$0\sim2^{16}-1$
uint32	无符号 32 位整型	$0\sim2^{32}-1$
uint64	无符号 64 位整型	$0\sim2^{64}-1$
int	有符号 32 位或 64 位整型	$-2^{31}\sim2^{31}-1$ 或 $-2^{63}\sim2^{63}-1$
int8	有符号 8 位整型	$-2^{7}\sim2^{7}-1$
int16	有符号 16 位整型	$-2^{15}\sim2^{15}-1$
int32	有符号 32 位整型	$-2^{31}\sim2^{31}-1$
int64	有符号 64 位整型	$-2^{63}\sim2^{63}-1$

这里仅介绍 int 类型的基本使用，其他整型的使用方法与 int 类型相同。

1．int 类型的基本使用

示例 5 int 类型的基本使用（代码文件：integer.go）

```go
package main
import "fmt"
/*整型变量
 */
func main() {
    var number int                          //使用标准格式声明 number 变量
    number=3                                //给变量赋新值 3
    fmt.Println("三酷猫!有",number,"只。")    //打印输出
}
```

运行结果如下：

```
三酷猫!有 3 只。
```

2．用 Printf()函数验证类型

要想知道一个变量是什么类型，可以通过 Printf()函数的参数 "%T" 来获取：

```go
fmt.Printf("数据类型是%T",number)
```

运行结果如下：

```
数据类型是 int
```

📖 **说明**

> Printf()函数是打印输出函数。Println()函数的使用方法简单；Printf()函数的使用方法复杂，但是功能更加强大。Printf()函数的详细使用说明参见附录 A。

除了上述常见的几种整型，Go 语言还提供了一种特殊的无符号整型：uintptr。这种类型专门用来存放指针，其范围并不确定，在底层编程中，特别是与 C 语言交互时经常用到。

2.3.2 浮点型

浮点型（Float）可以被理解为数学实数范围里带小数的数。Go 语言提供了 float32 和 float64 两种浮点型，其取值范围如表 2.2 所示。

表 2.2　浮点型的取值范围

类　　型	描　　述	取值范围（近似值）
float32	在十进制条件下，6 位有效数字的浮点型	1.4e-45～3.4e38
float64	在十进制条件下，15 位有效数字的浮点型	4.9e-324～1.8e308

在最常见的十进制条件下，float32 的有效数字仅有 6 位，在实际运算中可能会导致结果的误差较大，因此在实际开发中，应尽量使用 float64 进行类型声明。

1．浮点型的基本使用

示例 6 获取浮点型最大值（代码文件：floatMax.go）

为了使用方便，Go 语言还提供了表示以上两种浮点型最大值的常量，代码如下：

```go
package main
import (
    "fmt"
    "math"
)
/*表示不同浮点型最大值的常量
*/
func main() {
    var float32Number float32        //使用标准格式声明 float32Number 变量
    float32Number=math.MaxFloat32    //给变量赋值
    fmt.Println(float32Number)       //打印输出
    var float64Number float64        //使用标准格式声明 float64Number 变量
    float64Number=math.MaxFloat64    //给变量赋值
    fmt.Println(float64Number)       //打印输出
}
```

运行结果如下：

```
3.4028235e+38
1.7976931348623157e+308
```

📖 **说明**

　　出现不精确的浮点数的原因是：在将浮点数存储至内存中时，计算机硬件使用二进制数而不使用十进制数来表示浮点数，因此会受到舍入错误的影响。浮点数在进行加、减、乘、除运算时不一定都会出现偏差，具体要根据 Golang 实现 IEEE 754 的情况来确定。

示例 7 浮点型运算（代码文件：floatCalc.go）

```
package main
import (
    "fmt"
)
/*浮点型运算
*/
func main() {
    floatNumOne := 1.0 / 3.0                              //使用简短格式声明 floatNumOne 变量
    fmt.Println(floatNumOne + floatNumOne + floatNumOne)//输出 floatNumOne 变量相加 3 次之和
    floatNumTwo := 0.1                                    //使用简短格式声明 floatNumTwo 变量
    floatNumTwo += 0.2                                    //floatNumTwo 变量与 0.2 相加
    fmt.Println(floatNumTwo)                              //输出 floatNumTwo 变量的值
}
```

运行结果如下：

```
1
0.30000000000000004
```

正如上述示例的运行结果所示，计算机可以很精准地表示 1/3，但是在使用时会出现些许误差。

2. 使运算结果保持特定的精度

带有误差的运算结果通常是不可取的。根据浮点数表示法的不同，Go 语言提供了两种强制保持精度的方式。

示例 8 保持精度的浮点型运算（代码文件：floatMaxPrecise.go）

```
package main
import (
    "fmt"
    "math"
)
/*使运算结果保持特定的精度
*/
func main() {
```

```
    var float32Number float32              //使用标准格式声明 float32Number 变量
    float32Number=math.MaxFloat32          //给变量赋值
    fmt.Printf("%9.2e",float32Number)      //打印输出
    fmt.Println()                          //打印空行
    var float64Number float64              //使用标准格式声明 float64Number 变量
    float64Number=math.MaxFloat64          //给变量赋值
    fmt.Printf("%.2e",float64Number)       //打印输出
    fmt.Println()                          //打印空行
    fmt.Printf("%9.2f",123.4567)           //打印输出
}
```

运行结果如下：

```
 3.40e+38
1.80e+308
   123.46
```

该示例改编自示例 6。在 Go 语言中，指数形式的输出可以使用%e 来表示；小数形式的输出可以使用%f 来表示。小数点前后的数字分别表示输出总宽度和数值精度。

读者可以自行尝试修改示例 7，按照小数点后 1 位的精度输出 floatNumTwo，使其最终运行结果为 0.3。

2.3.3　复数型

复数(Complex)即数学中的复数。Go 语言提供了两种不同取值范围的复数型，分别为 complex64 和 complex128，由 float32 和 float64 构成。为了方便对复数型进行赋值和取值，Go 语言提供了 complex()、real()和 imag()函数。

复数型的基本使用如下。

示例 9　复数型变量的声明和赋值（代码文件：complexDefine.go）

```
package main
import (
    "fmt"
)
/*复数型变量
*/
func main() {
    var complexOne complex128              //使用标准格式声明 complexOne 变量
    complexOne=complex(5,10)               //给变量赋值
    fmt.Println(complexOne)                //打印输出复数的值
    fmt.Println(real(complexOne))          //打印输出实部
    fmt.Println(imag(complexOne))          //打印输出虚部
}
```

运行结果如下:

```
(5+10i)
5
10
```

2.3.4　布尔型

布尔型（Boolean）通常用于进行流程控制中的条件判断，只有两个取值，分别是真（true）和假（false）。前者表示条件成立，后者表示条件不成立。有关布尔型的运用将在 2.4.3 节中详述。

2.3.5　字符串型

字符串（String）表示一串不可变的字符，这些字符可以是任意文本，甚至是空字符串。在默认条件下，这些字符串型数据按照 UTF-8 格式编码，以确保在不同的平台上均能被正确地显示。此外，Go 语言还内置了多个函数，可以帮助开发者更轻松地完成字符串长度的获取和部分字符串的截取。

1. 字符串型的基本使用

示例 10　字符串型变量的声明和赋值（代码文件：stringDefine.go）

```
package main

import (
    "fmt"
)
/*字符串型变量
*/
func main() {
    var text string          //使用标准格式声明 text 变量
    text="Hello, 三酷猫"        //给变量赋值
    fmt.Println(text)        //打印输出
}
```

运行结果如下:

```
Hello, 三酷猫
```

2. 字符串总长度及特定位置字符的获取

示例 11　字符串总长度及特定位置字符的获取（代码文件：stringLengthIndex.go）

```
package main
import (
    "fmt"
)
```

```
/*字符串总长度及特定位置字符的获取
*/
func main() {
    var text string                //使用标准格式声明 text 变量
    text="Hello, 三酷猫"            //给变量赋值
    fmt.Println(len(text))         //打印输出字符串总长度
    fmt.Println(text[0])           //打印输出字符串第一个字符
}
```

运行结果如下：

```
17
72
```

在本示例中，字符串总长度通过 Go 语言内置的 len()函数获取。在一般情况下，一个英文字母或半角标点符号占 1 个单位长度，一个中文字符或全角标点符号占 3 个单位长度。

在获取字符串特定位置的字符时，通常使用方括号加字符下标来实现。需要特别注意的是，下标的计数从 0 开始，结果将返回该下标对应的字符的 ASCII 值。

为了增强程序的健壮性，在获取特定位置的字符前最好先进行长度判断，以免因下标越界而导致程序出错。在本示例中，若尝试获取 text 变量中下标为 18 的字符，控制台将输出类似如下的内容：

```
panic: runtime error: index out of range [18] with length 17

goroutine 1 [running]:
main.main()
    D:/Wenhan/Projects/GoLearn/stringLengthIndex.go:12 +0x65

Process finished with the exit code 2
```

"index out of range" 直译为索引超出范围，即下标越界错误。

3. 截取特定范围的字符串

示例 12 获取字符串中最后 3 个中文字符（代码文件：stringSplit.go）

```
package main

import (
    "fmt"
)
/*截取特定范围的字符串
*/
func main() {
    var text string                //使用标准格式声明 text 变量
    text="Hello, 三酷猫"            //给变量赋值
    fmt.Println(text[8:])          //打印输出最后 3 个中文字符
}
```

运行结果如下：

三酷猫

在截取字符串时，使用方括号，并在其中声明起始位置下标和终止位置下标。当代码中未明确给定下标值时，起始位置下标为 0，终止位置下标为字符串总长度值减 1。

在计算机中，字符都是由 ASCII 值表示的（有关 ASCII 规范的更多信息，请读者参考本书附录 B）。其中，一个英文字符由一个 ASCII 值表示，占 1 个单位长度，而一个中文字符则会占用 3 个单位长度。本示例的要求是获取字符串中最后 3 个中文字符，字符串总长度为 17，3 个中文字符共占 9 个单位长度，因此使用 text[8:16]即可实现，更简单的写法为 text[8:]。

◀》 注意

> 即使是变量，字符串内部的数据本身也是不可改变的。类似下面的写法：
> text[0] = "a"
> 将引发编译错误。但下面的写法是被允许的：
> text= "abcd"
> 因此，若要改变字符串的值，则需要通过改变整个变量的值来实现。

4. 转义字符的使用

Go 语言支持常见的转义字符，通常用于格式化文本输出。表 2.3 详细列举了 Go 语言中支持的所有转义字符及其作用。

表 2.3　转义字符及其作用

转 义 字 符	作　　　用
\a	警告或响铃
\b	退格符
\f	换页符
\n	换行符（直接跳到下一行的起始位置）
\r	回车符（返回行首）
\t	制表符
\v	垂直制表符
\'	单引号（仅用于由单引号包裹的字面量内部）
\"	双引号（仅用于由双引号包裹的字面量内部）
\\	反斜杠
\x	十六进制转义字符
\o	八进制转义字符

示例 13 使用制表符和换行符输出多行多列字符串（代码文件：stringMultiLine.go）

```
package main
import (
    "fmt"
)
/*转义字符
*/
func main() {
    var text string                 //使用标准格式声明 text 变量
    text="唐\t 宋\t 元\n 明\t 清\t"   //给变量赋值
    fmt.Println(text)               //输出变量的值
}
```

运行结果如下：

```
唐    宋    元
明    清
```

2.4 运算符及优先级

了解了数据的类型，下面就可以进行数据的运算了。Go 语言通过算术、关系、逻辑等运算符完成多个数据的计算。另外，本节还将阐述多种运算符同时存在时的运算顺序，即优先级。

2.4.1 算术运算符

算术运算符通常用于数字型数据运算。表 2.4 列举了所有算术运算符及其含义。

表 2.4 算术运算符及其含义

算术运算符	含　　义
+	相加
-	相减
*	相乘
/	相除
%	取余数
++	自增 1
--	自减 1

表 2.4 中列举的运算符除%之外均可用于整型、浮点型和复数型数据运算。%仅可用于整型数据运算，其运算结果的符号与被除数保持一致。当被除数为正数时，余数也为正数；当被除数为负数

时，余数也为负数，与除数是否为正数无关。

◁》 **注意**

　　如果算术运算结果超出了类型本身的范围，就会发生溢出现象。发生溢出现象后，程序不会有任何异常，但溢出的高位会被丢弃。

　　示例 14 算术运算符的使用（代码文件：operatorArithmetic.go）

```go
package main
import (
    "fmt"
)
/*算术运算符的使用
*/
func main() {
    var expNumOne=5                          //声明 expNumOne 变量
    var expNumTwo=6                          //声明 expNumTwo 变量
    fmt.Println(expNumOne+expNumTwo)         //输出两个数相加的结果
    fmt.Println(expNumOne-expNumTwo)         //输出两个数相减的结果
    fmt.Println(expNumOne*expNumTwo)         //输出两个数相乘的结果
    fmt.Println(expNumTwo/expNumOne)         //输出两个数相除的结果
    fmt.Println(expNumTwo%expNumOne)         //输出两个数相除取余数的结果
    expNumOne++                              //expNumOne 变量自增 1
    fmt.Println(expNumOne)                   //输出运算结果
    expNumTwo--                              //expNumTwo 变量自减 1
    fmt.Println(expNumTwo)                   //输出运算结果
    var uInt8Max uint8=255                   //声明 uInt8Max 变量，类型为 uint8，值为该类型最大值
    fmt.Println(uInt8Max+1)                  //输出运算结果
    var int8Max int8=127                     //声明 int8Max 变量，类型为 uint8，值为该类型最大值
    fmt.Println(int8Max+1)                   //输出运算结果
}
```

　　运行结果如下：

```
11
-1
30
1
1
6
5
0
-128
```

2.4.2　关系运算符

　　关系运算符用于表示两个值的大小关系。表 2.5 列举了所有关系运算符及其含义。

表 2.5　关系运算符及其含义

关系运算符	含　义
==	相等
!=	不相等
<	小于
<=	小于或等于
>	大于
>=	大于或等于

使用关系运算符通常会返回一个布尔型值，若大小关系的条件成立，则返回 true，否则返回 false。

示例 15 关系运算符的使用（代码文件：operatorRelational.go）

```go
package main
import (
    "fmt"
)
/*关系运算符的使用
*/
func main() {
    fmt.Println(100==(50+50))        //输出 100 与 50+50 的值是否相等
    fmt.Println((51+49)!=(50*2))     //输出 51+49 与 50*2 的值是否不相等
    var text string = "abcde"        //声明字符串型变量 text，值为"abcde"
    fmt.Println(text[0]==97)         //输出 text 变量中首个字符的 ASCII 值是否与 97 相等
}
```

运行结果如下：

```
true
false
true
```

📖 **说明**

> 在该示例中，text[0]的值为 97，此时返回 ASCII 值，而非"a"。

2.4.3 逻辑运算符

逻辑运算符，有时又被称为逻辑连接词。顾名思义，它可以将两个逻辑命题连接起来，组成新的语句或命题，最终形成复合语句或复合命题，其返回结果为布尔型值。

Go 语言支持的所有逻辑运算符及其含义如表 2.6 所示。

表 2.6 逻辑运算符及其含义

逻辑运算符	含　义
&&	逻辑与（AND），当运算符前后两个条件的结果均为 true 时，运算结果为 true
||	逻辑或（OR），当运算符前后两个条件的结果中有一个为 true 时，运算结果为 true
!	逻辑非（NOT），对运算符后面的条件的结果取反，当条件的结果为 true 时，整体运算结果为 false，否则为 true

示例 16 逻辑运算符的使用（代码文件：operatorLogical.go）

```
package main
import (
    "fmt"
)
/*逻辑运算符的使用
*/
func main() {
    fmt.Println(true&&false)        //输出 true 和 false 的逻辑与结果
    fmt.Println(true||false)        //输出 true 和 false 的逻辑或结果
    fmt.Println(!(true&&false))     //输出 true 和 false 的逻辑与结果的逻辑非结果
}
```

运行结果如下：

```
false
true
true
```

2.4.4 位运算符

位运算符提供了整型数据的二进制位操作。在计算机内部，所有的数据都是由二进制的 0 和 1 进行存储的，整型数据也不例外。整型数据经过位运算后，可以得到按位操作后的新数值。Go 语言提供了 5 个位运算符，如表 2.7 所示。

表 2.7 位运算符及其含义

位 运 算 符	含　义
&	按位与（AND）操作，其结果是运算符前后的两数各对应的二进制位相与后的结果
|	按位或（OR）操作，其结果是运算符前后的两数各对应的二进制位相或后的结果
^	按位异或（XOR）操作，当运算符前后的两数各对应的二进制位相等时，返回 0；反之，返回 1
<<	按位左移操作，该操作本质上是将某个数值乘以 2 的 n 次方，n 为左移位数。更直观地来看，其结果就是将某个数值的所有二进制位向左移了 n 个位置，并将超限的高位丢弃，低位补 0

位 运 算 符	含 义
>>	按位右移操作，该操作本质上是将某个数值除以 2 的 n 次方，n 为右移位数。更直观地来看，其结果就是将某个数值的所有二进制位向右移了 n 个位置，并将超限的低位丢弃，高位补 0

除了表 2.7 中的 5 个常见位运算符，Go 语言还提供了 "&^" 运算符，该运算符用于执行按位清空（AND NOT）操作。在使用该运算符时，若运算符右侧数值的第 N 位为 1，则运算结果的第 N 位为 0；若运算符右侧数值的第 N 位为 0，则运算结果的第 N 位为运算符左侧相应位的值。举例来说，1011&^1001 的结果是 0010。该运算符的目的是保证运算结果中的某位或某几位的值始终为 0。

示例 17 位运算符的使用（代码文件：operatorBitwise.go）

```go
package main
import (
    "fmt"
)
/*位运算符的使用
*/
func main() {
    var numOne int=0                    //声明 numOne 变量
    var numTwo int=1                    //声明 numTwo 变量
    fmt.Println(numOne&numTwo)          //输出 numOne 和 numTwo 变量的按位与结果
    fmt.Println(numOne|numTwo)          //输出 numOne 和 numTwo 变量的按位或结果
    fmt.Println(numOne^numTwo)          //输出 numOne 和 numTwo 变量的按位异或结果
    fmt.Println(numOne&^numTwo)         //输出 numOne 和 numTwo 变量的按位清空结果
    var numThree int=20                 //声明 numThree 变量
    fmt.Println(numThree<<2)            //输出 numThree 变量左移 2 位后的结果
    fmt.Println(numThree>>2)            //输出 numThree 变量右移 2 位后的结果
}
```

运行结果如下：

```
0
1
1
0
80
5
```

在本示例中，numOne 和 numTwo 变量虽然是以十进制形式进行声明的，但是在转换为二进制形式时，不涉及进位。因此，在转换为二进制形式后，numOne 和 numTwo 变量的值依然是 0 和 1。在进行按位与操作时，运行结果为 0；在进行按位或操作时，运行结果为 1；在进行按位异或操作时，由于二者的值不同，因此运行结果为 1。图 2.1 直观地表示了 numOne 与 numTwo 变量的按位与操作过程。

由于 numThree 变量的值为 20，转换为二进制形式后的值为 0001 0100。在对该数值进行左移 2

位操作后，结果为 0101 0000，将其转换回十进制形式后，值为 80。类似地，在对该数值进行右移 2 位操作后，结果为 0000 0101，将其转换回十进制形式后，值为 5。图 2.2 直观地表示了 numThree 变量的左移 2 位操作过程。

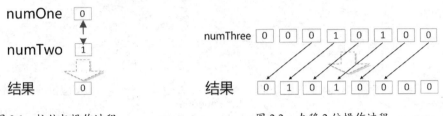

图 2.1　按位与操作过程　　　　　　图 2.2　左移 2 位操作过程

最后，请读者继续思考：如果将 20 转换为二进制形式后右移 4 位，则结果会是多少？这是为什么呢？

2.4.5　赋值运算符

赋值运算符用于为某个变量或常量赋值。除了最简单的"="，Go 语言还提供了多种丰富的赋值运算符。在大多数情况下，使用赋值运算符可以简化编码。表 2.8 列举了 Go 语言支持的所有赋值运算符及其含义。

表 2.8　赋值运算符及其含义

赋值运算符	含　义
=	直接将运算符右侧的值赋给左侧的变量或表达式
+=	先将运算符左侧的值与右侧的值相加，再将相加和赋给左侧的变量或表达式
−=	先将运算符左侧的值与右侧的值相减，再将相减差赋给左侧的变量或表达式
*=	先将运算符左侧的值与右侧的值相乘，再将相乘结果赋给左侧的变量或表达式
/=	先将运算符左侧的值与右侧的值相除，再将相除结果赋给左侧的变量或表达式
%=	先将运算符左侧的值与右侧的值相除取余数，再将余数赋给左侧的变量或表达式
<<=	先将运算符左侧的值按位左移右侧数值指定数量的位置，再将位移后的结果赋给左侧的变量或表达式
>>=	先将运算符左侧的值按位右移右侧数值指定数量的位置，再将位移后的结果赋给左侧的变量或表达式
&=	先将运算符左侧的值与右侧的值按位与，再将位运算后的结果赋给左侧的变量或表达式
^=	先将运算符左侧的值与右侧的值按位异或，再将位运算后的结果赋给左侧的变量或表达式
|=	先将运算符左侧的值与右侧的值按位或，再将位运算后的结果赋给左侧的变量或表达式

示例 18 赋值运算符的使用（代码文件：operatorAssignment.go）

本示例演示了表 2.8 中所有赋值运算符的使用及运算结果：

```go
package main
import (
    "fmt"
)
/*赋值运算符的使用
*/
func main() {
    var numOne int=20          //声明 numOne 变量
    numOne+=20                 //numOne=numOne+20
    fmt.Println(numOne)        //输出 numOne 变量的值
    numOne-=10                 //numOne=numOne-10
    fmt.Println(numOne)        //输出 numOne 变量的值
    numOne*=100                //numOne=numOne*100
    fmt.Println(numOne)        //输出 numOne 变量的值
    numOne/=20                 //numOne=numOne/20
    fmt.Println(numOne)        //输出 numOne 变量的值
    numOne%=4                  //numOne=numOne&4
    fmt.Println(numOne)        //输出 numOne 变量的值
    numOne<<=2                 //numOne=numOne<<2
    fmt.Println(numOne)        //输出 numOne 变量的值
    numOne>>=3                 //numOne=numOne>>3
    fmt.Println(numOne)        //输出 numOne 变量的值
    numOne&=0                  //numOne=numOne&0
    fmt.Println(numOne)        //输出 numOne 变量的值
    numOne^=1                  //numOne=numOne^1
    fmt.Println(numOne)        //输出 numOne 变量的值
    numOne|=0                  //numOne=numOne|0
    fmt.Println(numOne)        //输出 numOne 变量的值
}
```

运行结果如下：

```
40
30
3000
150
2
8
1
0
1
1
```

本示例中的部分注释列举了未使用赋值运算符的等价实现。很明显，使用赋值运算符可以让代码看上去更加简洁，同时保留了易读性。

2.4.6　指针运算符

Go 语言提供了两个指针运算符，如表 2.9 所示。

表 2.9　指针运算符及其含义

指针运算符	含　义
&	获取某个变量在内存中的实际地址
*	声明一个指针变量

示例 19 指针运算符的使用（代码文件：operatorPointer.go）

```go
package main
import "fmt"
/*指针运算符的使用
*/
func main() {
    var numOne int=5            //声明 numOne 变量，类型为 int，值为 5
    var pointer *int=&numOne    //声明 pointer 变量，类型为指针，值为 numOne 变量的内存地址
    fmt.Println(&numOne)        //输出 numOne 变量的实际内存地址
    fmt.Println(*pointer)       //输出 pointer 变量表示的内存地址所存储的变量的值
}
```

运行结果如下：

```
0x1400012a008
5
```

在本示例中，numOne 是 int 类型的变量。当使用“&”运算符时，可以得到其实际的内存地址，即“0x1400012a008”。这个值并不是固定的，在每次运行时都可能发生改变。pointer 是指针类型的变量，它的值保存了 numOne 变量的实际内存地址，在使用“*”运算符时，可以得到该内存地址所存储的变量的值。

通过使用指针，程序员可以直接访问内存中的数据，从而实现对数据的精准管理及运算。有关指针的概念和使用，在下一章会详细阐述，此处仅做了解即可。

2.4.7　优先级

在前面几节中，几乎所有的示例都是两个变量或单个变量的运算。那么，当同时存在多个变量、多个运算符时，计算机内部是按照怎样的顺序进行运算的呢？显然，计算机需要一个运算规则来定义这个顺序，这个规则被称为“优先级”。

表 2.10 列举了所有运算符的优先级顺序，优先级最高的运算符首先被执行，优先级最低的运算符最后被执行。

表 2.10　运算符的优先级顺序

优先级顺序	运　算　符
最高	*、/、%、<<、>>、&、&^
较高	+、-、|、^
一般	==、!=、<、<=、>、>=
较低	&&
最低	||

除了上述默认的优先级顺序，还可以使用圆括号来临时提升某个表达式的优先级。

下面的示例建议各位读者先根据自己的理解计算输出结果，再使用计算机运行，验证自己的理解是否正确。

示例 20　运算符的优先级（代码文件：operatorPriority.go）

```go
package main
import (
    "fmt"
)
/*运算符的优先级
*/
func main() {
    var numA int=10                    //声明 numA 变量
    var numB int=20                    //声明 numB 变量
    var numC int=30                    //声明 numC 变量
    var numD int=40                    //声明 numD 变量
    fmt.Println((numA+numB)*numC+numD)
    fmt.Println(numA+numB*(numC+numD))
    fmt.Println(numA+numD==numB+numC)
    fmt.Println(numD-numC==numA+numB)
    fmt.Println(numD-numC==(numA+numB))
    fmt.Println(numC==numA+numB)
}
```

运行结果如下：

```
940
1410
true
false
false
true
```

2.4.8　案例：三酷猫求相加和

在掌握基本的运算符使用方法后，三酷猫决定使用 Go 语言编写一个求相加和的程序，要求在程序代码中给定一个 5 位的整型数，并输出这个 5 位数的相加和。例如，声明一个 5 位数，值为 12345，则程序最终输出 15（1+2+3+4+5=15）。

本案例的考查点是对除法、取余和加法的综合运用。

解题思路如下：

（1）对 12345 做除以 10000 的运算，结果为 1，取出最高位。

（2）先对 12345 做除以 10000 的运算并取余数，结果为 2345；再对 2345 做除以 1000 的运算，结果为 2，取出次高位。

（3）先对 12345 做除以 1000 的运算并取余数，结果为 345；再对 345 做除以 100 的运算，结果为 3，取出中间位。

（4）先对 12345 做除以 100 的运算并取余数，结果为 45；再对 45 做除以 10 的运算，结果为 4，取出次低位。

（5）对 12345 做除以 10 的运算并取余数，结果为 5，取出最低位。

（6）将上述 5 个步骤中的结果相加，得到最终结果为 15。

案例代码如下：

```go
package main
import (
    "fmt"
)
/*三酷猫求相加和
*/
func main() {
    var num int=12345
    var numA=num/10000
    var numB=num%10000/1000
    var numC=num%1000/100
    var numD=num%100/10
    var numE=num%10
    fmt.Println(numA+numB+numC+numD+numE)
}
```

运行结果如下：

```
15
```

📖 **说明**

为了加深理解，建议读者在程序运行时使用 GoLand 的断点调试功能查看每个步骤的运行结果。

2.5　练习与实验

1. 填空题

（1）Go 语言中的数据可以保存在＿＿＿＿或＿＿＿＿中。

（2）Go 语言中的基本数据类型可以分为＿＿＿＿、＿＿＿＿、＿＿＿＿、＿＿＿＿和＿＿＿＿。

（3）优先级最高的运算符包括＿＿＿＿、＿＿＿＿、＿＿＿＿等。

（4）逻辑运算符的计算结果通常为＿＿＿＿类型。

（5）关系运算符的计算结果通常为＿＿＿＿类型。

2. 判断题

（1）Go 语言中的多个运算符可以组合使用。

（2）保存在常量中的数据可以被修改，保存在变量中的数据不可以被修改。

（3）局部变量仅在某个特定的范围内才能使用，无法被全局访问。

（4）将一个整型数和一个浮点型数做相加运算，其结果将是浮点型数。

（5）使用"&"运算符可以获得某个数据在内存中的地址。

3. 实验题

（1）编写一个程序，用于计算两个数的商。要求结果保留小数部分。

（2）输入一个十进制数，分别输出该数对应的八进制数与十六进制数。

（3）编写一个程序，判断某个整数是否为素数（质数）。

（4）输入两个正整数 m 和 n，求它们的最大公约数和最小公倍数。

第 3 章
高级数据类型

灵活运用一门编程语言的高级数据类型，可以更好地理解这门编程语言。

本章将介绍 Go 语言的高级数据类型：指针（Pointer）、数组（Array）、切片（Slice）、字典（Map）、结构体（Struct）。通过本章的学习，读者可以了解和掌握上述高级数据类型，并通过对它们的深刻理解和灵活运用来大幅度提高在 Go 语言程序开发过程中的编码能力。

3.1　指针类型

Go 语言中的指针，本质上就是一个内存地址，用于存储某个变量的值。这样说或许有些抽象，我们想象一个这样的场景：假设我们要去"张三"这个朋友家做客，且"张三"的家住在"幸福里大街 18 号"。那么，我们可以将"幸福里大街 18 号"这个地址当作"指针"，而"幸福里大街 18 号"这个地址（相当于 Go 语言的指针）里居住的人（指针地址所存储的值）就是我们的朋友"张三"。我们知道了"张三"家的地址也就是"幸福里大街 18 号"（指针），就可以顺利地找到"张三"这个人（指针地址所存储的值）。所以，指针的含义如图 3.1 所示。

学习过 C 语言的同学对指针的概念并不陌生，因为 3 位"Go 语言之父"中就有"C 语言之父"——Ken Thompson，但是 Go 语言中的指针其实比 C 语言中的指针简单。之所以 C 语言中的指针让很多人望而生畏，是因为 C 语言中的指针支持多种较为复杂的运算（如计算字节对齐和偏移量），而 Go 语言中的指针在不使用标准库 unsafe 包的情况下是不需要进行此类运算的，从而降低了程序因为复杂指针运算导致出错的可能性。

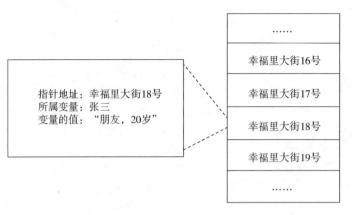

图 3.1　指针的含义

3.1.1　指针的概念

在 2.4.6 节中，我们已经初步声明和使用过指针，相信读者对于 Go 语言的指针已经有了大致的了解。本节我们来学习指针。

指针本质上就是一个内存地址，用于存储一个变量的值。因为 Go 是一门强类型的语言，内存中的值可以具有不同的数据类型，如第 2 章中的 int、float64、string 和 bool 等，那么对应地，就有不同类型的指针，如*int、*float64、*string 和*bool 等，即在不同的数据类型前加上"*"符号，就成了该类型对应的指针类型。接下来，本书将通过示例代码来讲解 Go 语言中指针的使用，且这些示例代码位于 chapter03/pointer.go 文件中。

从一般的使用流程来看，指针的使用可以分为指针变量的声明、指针变量的赋值及访问指针变量所表示的变量的值。

3.1.2　指针变量的声明

与声明其他类型变量的方法类似，指针变量同样通过 var 关键字来声明，完整的声明格式如下：

```
var var_name *var-type
```

其中，var_name 表示指针变量名，var_type 表示该指针的类型，*表示该变量是指针变量。

例如，声明一个名称为 intPointer 的指针变量，该变量将指向一个 int 类型变量的地址，具体代码如下：

```
var intPointer *int
```

在声明完成后，intPointer 变量还无法被直接使用，因为它还没有被赋值。

3.1.3 指针变量的赋值

从指针的概念来看，指针变量保存的是某个变量的内存地址，因此，如果要使用指针变量，就要有另一个变量与之匹配。

声明一个名称为 numA 的 int 类型变量，其值为 10。使用"&"运算符获取 numA 变量的内存地址，并将该地址赋值给 intPointer 变量。具体代码片段如下：

```
package main
import (
    "fmt"
)
/*指针类型
*/
func main() {
    var numA int=10                  //声明 numA 变量，类型为 int，值为 10
    var intPointer *int              //声明 intPointer 变量，类型为指针
    intPointer=&numA                 //获取 numA 变量的内存地址，并将该地址赋值给 intPointer 变量
}
```

📖 **说明**

在使用 GoLand 集成开发环境时，编译器会自动检查语法错误。由于 intPointer 是指针变量，因此在为其赋值时使用了非内存地址的值（如在本示例中，错误地省略了"&"运算符），将立即收到提示（本示例中为"Cannot use 'numA' (type int) as the type *int"，意思是无法将 int 类型数据作为*int 类型使用）。因此，读者无须为自己的粗心太过担忧。

3.1.4 访问指针变量所表示的变量的值

现在，intPointer 变量已经被赋值，若直接输出该变量的值，可以得到 numA 变量的内存地址；若使用"*"运算符，可以得到 numA 变量的值。具体代码片段如下：

```
package main
import (
    "fmt"
)
/*指针类型
*/
func main() {
    var numA int=10                  //声明 numA 变量，类型为 int，值为 10
    var intPointer *int              //声明 intPointer 变量，类型为指针
    intPointer=&numA                 //获取 numA 变量的内存地址，并将该地址赋值给 intPointer 变量
    fmt.Println(intPointer)          //输出 intPointer 变量的值
    fmt.Println(*intPointer)         //通过 intPointer 变量的值，获得 numA 变量的值，并输出
}
```

运行结果如下：

```
0x1400012a008
10
```

📖 **说明**

由于计算机在分配变量地址时存在一定的随机性，因此 intPointer 变量的值并不固定。如果读者在运行这段代码时，输出的内存地址与本书所述结果不同，也属于正常现象。

3.1.5　空（nil）指针

当代码中声明了指针变量，但没有为其赋值时，这个变量的值将为 nil，即空指针。例如，下面的代码的输出结果为 nil：

```
package main
import (
    "fmt"
)
/*指针类型
*/
func main() {
    var intPointer *int              //声明 intPointer 变量，类型为指针变量
    fmt.Println(intPointer)          //输出 intPointer 变量的值
}
```

运行上面的代码，控制台将输出如下内容：

```
<nil>
```

此时，若尝试输出*intPointer 时，将会收到如下异常：

```
panic: runtime error: invalid memory address or nil pointer dereference
```

意思是，非法的内存地址或间接引用了空指针。

🔊 **注意**

类似这种运行时错误（Runtime Error）在编写代码时是不会被发现的，因此需要读者留意，一旦出现这类错误，就需要认真地排查了。

3.1.6　指向指针的指针变量

在 Go 语言中，还有一种特殊的变量，即指向指针的指针变量。这类变量实际上存放的是某个指针变量所在的内存地址。显然，这类变量从本质上说依然属于指针变量，因此它算得上"旧相识"了。

如图 3.2 所示，指针变量 b 存放了整型变量 c（值为 100）的内存地址，其值为 0x02；指针变量

a 存放了指针变量 b 的内存地址，其值为 0x01。此时，指针变量 a 就被称为指向指针的指针变量。

图 3.2　指向指针的指针变量

指向指针的指针变量的声明方法如下：

```
var var_name **var-type
```

📢 **注意**

> 声明指向指针的指针变量与声明指针变量的方法不同，前者使用两个*，后者使用一个*。

将图 3.2 所示的过程用具体的代码表示如下，同时，通过指向指针的指针变量 a 获取整型变量 c 的值：

```
package main
import (
    "fmt"
)
/*指向指针的指针变量
*/
func main() {
    var c int=100        //声明整型变量 c，值为 100
    var b *int=&c        //声明指针变量 b，用来存放整型变量 c 的地址
    var a **int=&b       //声明指针变量 a，用来存放指针变量 b 的地址
    fmt.Println(**a)     //输出 a 表示的变量的值所表示的变量的值（b 表示的变量的值，即整型变量 c 的值）
}
```

运行结果如下：

```
100
```

📖 **说明**

> 请读者进一步思考和实践：指向指针的指针变量在声明和使用时可使用两个*，那么，是否允许使用 3 个*呢？如果允许，那么这种变量还是指针变量吗？如果是，该如何理解它呢？是否允许使用 4 个或更多*呢？

3.1.7　案例：解答三酷猫关于指针的困惑

在阅读下面这段代码时，三酷猫无论如何也思考不出结果，不得不寻求帮助了：

```
package main
import (
    "fmt"
)
```

```
/*解答三酷猫关于指针的困惑
*/
func main() {
    var c int=100
    var b *int=&c
    var a **int=&b
    var d ***int=&a
    fmt.Println(b==*a)
    fmt.Println(**d==b)
    fmt.Println(*d==a)
}
```

请各位读者思考（不要一开始就使用计算机运行这段代码）：程序最终的输出结果会是怎样的呢？

答案如下：

```
true
true
true
```

c 是整型变量，其值为 100；b 是存放 c 变量内存地址的指针变量；a 是存放 b 变量内存地址的指针变量；d 是存放 a 变量内存地址的指针变量。

下面先看第一个结果，它比较的是 b 和*a。很显然，它们是相等的，因此输出 true。

再看第二个结果，它比较的是**d 和 b。由于 d 是存放 a 变量内存地址的指针变量，而 b 和*a 又是相等的，因此**d 和 b 也是相等的。

最后看第三个结果，它比较的是*d 和 a。由于 d 是存放 a 变量内存地址的指针变量，因此*d 和 a 也是相等的。

🔊 **注意**

a、b、d 均为指针变量，该案例中比较的均是内存地址的值，而非整型变量 c 的值。

📖 **说明**

在实际开发中，应当尽量减少多个*的使用，因为这样会降低代码的可读性，此处仅用于进行知识点讲解。

3.2 数组类型

Go 语言中的数组，本质上就是把一系列数据类型相同的变量按照先后顺序存储在计算机的栈内存中。

📖 **说明**

所谓"栈内存"，指的是计算机中一段具有连续存储地址编号的内存。因为栈内存使用了"连续存储数据"的方式，所以具有极高的访问速度。

Go 语言中的数组长度一旦被定义，就具有"不可变性"（immutable），这一点要求读者尤为注意。

3.2.1　数组的概念

Go 语言中数组的概念：数组是数据类型相同且长度固定的有序数据项序列。这里我们用到 3 个关键词："数据类型相同""长度固定""有序"。

- 数据类型相同指的是每个数组元素的数据类型必须完全相同。
- 长度固定指的是数组长度不可变，比如数组长度一旦被定义为 5，就不能让数组长度变更为 4 或 6 等除 5 以外的其他长度。
- 有序指的是 Go 语言的每个数组元素具有唯一的编号，即索引（index）。数组元素的索引从 0 开始，若数组长度为 n，则数组编号是从 0 到 $n-1$ 的整数序列。

图 3.3 简单地描述了长度为 5 的数组的结构。

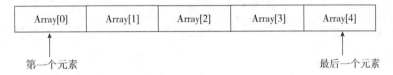

图 3.3　长度为 5 的数组的结构

值得一提的是，数组本身也属于变量。"数组"与"数组变量"是相同的概念。为了表述和沟通上的便利，有时直接将"数组变量"称为"数组"。

3.2.2　数组的声明与初始化

我们理解了数组的概念，接着来看 Go 语言如何在程序代码中声明和初始化一个数组变量。

声明一个数组变量的格式如下：

```
var variable_name [SIZE]variable_type
```

其中，variable_name 表示数组变量名；SIZE 表示数组元素个数，也被称为数组长度；variable_type 表示数组元素类型。

在本书配套源码的 chapter3/array.go 文件中的声明函数 ArrayExample()中，可以看到多种数组的声明和初始化方法。为了节约篇幅，书中省略了文件头和函数名声明等。

📢 **注意**

在 Go 语言中，不同类型的变量的初始值（默认值）是不同的。

- 整型和浮点型变量的默认值为 0 和 0.0。
- 字符串型变量的默认值为""（长度为 0 的空字符串）。
- 布尔型变量的默认值为 false。
- 切片、函数、指针变量的默认值为 nil。

我们可以通过 var 关键字来声明一个数组 arrZeroInt，其中，[4]int32{}中的[4]表示定义数组的长度为 4，int32 表示数组的元素类型为 int32，花括号用于包裹数组元素的初始值。这里数组元素仅进行了声明而未被具体赋值，所以 Go 语言编译器会自动给每个元素初始化为 int32 类型的零值（即 0）。同时，Go 语言内置的 len()函数可以用于获取数组长度。将下面的代码在 main()函数中运行，可以得出 arrZeroInt 的长度为 4：

```
//通过 var 关键字声明 arrZeroInt 数组
//仅声明数组，编译器会自动初始化数组元素为数据项类型的零值
var arrZeroInt = [4]int32{}
fmt.Println("arrZeroInt=", arrZeroInt)
//对数组变量使用 Go 语言内置的 len()函数来获取数组长度
fmt.Println("arrZeroInt 的长度为", len(arrZeroInt))
```

运行结果如下：

```
arrZeroInt= [0 0 0 0]
arrZeroInt 的长度为 4
```

在函数体内，我们也可以使用":="运算符来声明一个数组 arrString，在数组元素类型的方括号内的 6 表示数组的长度为 6，花括号内的 6 个值即为 6 个数组元素的初始值。另外，在初始化数组的花括号内，可以通过指定"元素索引值:元素值"的方式来初始化数组。示例代码如下：

```
var arrString := [6]string{0: "张三", 3: "李四"}
fmt.Println("arrString=", arrString)
fmt.Println("arrString 的长度为", len(arrString))
```

运行结果如下：

```
arrString= [张三    李四  ]
arrString 的长度为 6
```

📢 **注意**

> 通常对于字符串型数组的输出，我们无法直观地观察空字符串元素的个数。在这种情况下，使用 GoLand 的断点调试功能是一个不错的选择，它能帮助开发者更直观地查看数组中每个元素的具体值。

与上一个例子类似，第一个元素的索引值 0 可以被省略：

```
//指定数组第一个元素为 99，第六个元素即索引值为 5 的元素值为 128
var arrInt64 := [7]int64{99, 5: 128}
fmt.Println("arrInt64=", arrInt64)
fmt.Println("arrInt64 的长度为", len(arrInt64))
```

运行结果如下：

```
arrInt64= [99 0 0 0 0 128 0]
arrInt64 的长度为 7
```

指定一个最大的数组索引值，让 Go 语言编译器自动推导数组长度：

```
//与前面的例子类似，但是数组长度由编译器自动推导，数组长度就是给出的最大索引值+1
var arrAutoInit := [...]int{10, 5: 100} //指定索引位置初始化，数组长度与此有关
{10,0,0,0,0,100}
fmt.Println("arrAutoInit=", arrAutoInit)
fmt.Println("arrAutoInit 的长度为", len(arrAutoInit))
```

运行结果如下：

```
arrAutoInit= [10 0 0 0 0 100]
arrAutoInit 的长度为 6
```

我们还可以通过 new 关键字来声明数组，注意此时返回的是一个数组指针类型。同样地，可以通过 Go 语言标准库的 reflect 包中的 TypeOf()函数来查看数据类型，这里的 arrPointer 的数据类型为 *[20]int，意思是[20]int 数组的指针类型：

```
//通过 new 关键字声明一个整型数组，此时 arrPointer 的数据类型为数组指针
var arrPointer := new([20]int)
fmt.Println("arrPointer=", arrPointer)
fmt.Println("arrPointer 的第一个元素值为", arrPointer[0])
fmt.Println("arrPointer 的长度为", len(arrPointer))
//通过 Go 语言标准库的 reflect 包中的 TypeOf()函数获取 arrPointer 的数据类型
fmt.Println("arrPointer 的数据类型为", reflect.TypeOf(arrPointer))
```

运行结果如下：

```
arrPointer= &[0 0 0 0 0 0 0 0 0 0 0 0 0 0 0 0 0 0 0 0]
arrPointer 的第一个元素值为 0
arrPointer 的长度为 20
arrPointer 的数据类型为 *[20]int
```

3.2.3　访问数组中的元素

　　要访问数组中的元素，需要通过"数组名称[元素索引值]"的方式来获取某个数组索引值对应的元素，注意 Go 语言数组的下标从 0 开始。另外，使用 Go 语言标准库的 reflect 包中的 TypeOf()函数可以获取 arrInt 这个数组的数据类型为[4]int32。需要注意的是，在 Go 语言中，数组长度也是数组类型的一部分，即使数组元素的数据类型相同，具有不同长度的两个数组的数据类型也是不同的。示例代码如下：

```
//函数体内使用":="赋值运算符声明 int 类型数组 arrInt
//声明长度为 6、数据项类型为 int 的数组 arrInt 并初始化
arrInt := [6]int{11, 15, 25, 23, 19, 78}
fmt.Println("arrInt=", arrInt)
fmt.Println("arrInt 的长度为", len(arrInt))
//获取 arrInt 的第一个元素
fmt.Println("arrInt 的第一个元素为", arrInt[0])
//可以通过 Go 语言标准库的 reflect 包中的 TypeOf 函数查看数组 arrInt 的数据类型
fmt.Println("arrInt 的数据类型为", reflect.TypeOf(arrInt))
```

　　运行结果如下：

```
arrInt 的长度为 6
arrInt 的第一个元素为 11
arrInt 的数据类型为 [4]int32
```

　　由于 Go 语言编译器具有自动推导的能力，因此可以通过初始化数组时指定的元素个数来推导数组元素长度，此时代表数组元素个数的方括号内的"..."表示由编译器自动推导元素个数。示例代码如下：

```
//定义由编译器自动推导长度，数据项类型为 float64 的 arrFloat64
arrAutoFloat64 := [...]float64{1.31, 3.14, 5.28, 6.78}
fmt.Println("arrAutoFloat64=", arrAutoFloat64)
fmt.Println("arrAutoFloat64 的长度为", len(arrAutoFloat64))
```

　　运行结果如下：

```
arrAutoFloat64= [1.31 3.14 5.28 6.78]
arrAutoFloat64 的长度为 4
```

3.2.4　多维数组

　　Go 语言还支持多维数组。

　　从 3.2.1 节至 3.2.3 节中使用的数组均为一维数组，本节将阐述如何声明和使用多维数组。

　　多维数组中最简单的就是二维数组。在如下代码中，以多维数组 arrMulti 为例，其数据类型为[2][3]int，数组长度为第一个维度的长度 2：

```
arrMulti := [2][3]int{{1, 2, 3}, {4, 5, 6}}
fmt.Println("arrMulti=", arrMulti)
fmt.Println("arrMulti 的长度为", len(arrMulti))
```

运行结果如下：

```
arrMulti= [[1 2 3] [4 5 6]]
arrMulti 的长度为 2
```

实际上，对于二维数组，读者可以将其看作数组元素为一维数组的一维数组。例如，在上述代码中，[1 2 3]和[4 5 6]是一维数组的两个元素。

与一维数组类似，二维数组的索引也是从 0 开始的。在二维数组中访问某个元素的示例如下：

```
fmt.Println("arrMulti[0][1]=", arrMulti[0][1])
```

运行结果如下：

```
arrMulti[0][1]= 2
```

当需要为二维数组中的某个元素赋值时，赋值方法与一维数组的赋值方法类似：

```
arrMulti[0][1]=100
fmt.Println("arrMulti=", arrMulti)
```

运行结果如下：

```
arrMulti= [[1 100 3] [4 5 6]]
```

若需要获取多维数组的数据类型，方法如下：

```
fmt.Println("arrMulti 的数据类型为", reflect.TypeOf(arrMulti))
```

运行结果如下：

```
arrMulti 的数据类型为 [2][3]int
```

3.2.5 案例：三酷猫计算平均温度

学了数组后，三酷猫决定用它来解决求一系列温度的平均值的问题。本案例要求根据给定一周（7 天）的最低温度和最高温度，计算出该周每天的平均温度，最后输出最低温度、最高温度和平均温度。

最低温度和最高温度的具体值如下。

- 周一最低温度为 15℃，最高温度为 18℃。

- 周二最低温度为 16℃，最高温度为 20℃。

- 周三最低温度为 13℃，最高温度为 16℃。

- 周四最低温度为 14℃，最高温度为 20℃。

- 周五最低温度为 12℃，最高温度为 18℃。

- 周六最低温度为 7℃，最高温度为 20℃。

- 周日最低温度为 6℃，最高温度为 20℃。

要求平均温度的计算结果精确到小数点后 1 位。

很明显，该案例应该使用二维数组来存放每天的温度数据，即第一个维度表示天，第二个维度表示温度，完整代码如下：

```go
package main
import (
    "fmt"
)
/*三酷猫计算平均温度
*/
func main() {
    arrMulti := [7][3]float64{
        {15,18},
        {16,20},
        {13,16},
        {14,20},
        {12,18},
        {7,20},
        {6,20}}
    arrMulti[0][2]=(arrMulti[0][0]+arrMulti[0][1])/2
    arrMulti[1][2]=(arrMulti[1][0]+arrMulti[1][1])/2
    arrMulti[2][2]=(arrMulti[2][0]+arrMulti[2][1])/2
    arrMulti[3][2]=(arrMulti[3][0]+arrMulti[3][1])/2
    arrMulti[4][2]=(arrMulti[4][0]+arrMulti[4][1])/2
    arrMulti[5][2]=(arrMulti[5][0]+arrMulti[5][1])/2
    arrMulti[6][2]=(arrMulti[6][0]+arrMulti[6][1])/2
fmt.Println("周一最低温度: ",arrMulti[0][0],","," ℃"; 最高温度: ",arrMulti[0][1]," ,"," ℃";
当日平均温度: ",arrMulti[0][2] ," ℃")
    fmt.Println("周二最低温度: ",arrMulti[1][0]," ,"," ℃"; 最高温度: ",arrMulti[1][1]," ,"," ℃";
当日平均温度: ",arrMulti[1][2] ," ℃")
    fmt.Println("周三最低温度: ",arrMulti[2][0]," ,"," ℃"; 最高温度: ",arrMulti[2][1]," ,"," ℃";
当日平均温度: ",arrMulti[2][2] ," ℃")
    fmt.Println("周四最低温度: ",arrMulti[3][0]," ,"," ℃"; 最高温度: ",arrMulti[3][1]," ,"," ℃";
当日平均温度: ",arrMulti[3][2] ," ℃")
    fmt.Println("周五最低温度: ",arrMulti[4][0]," ,"," ℃"; 最高温度: ",arrMulti[4][1]," ,"," ℃";
当日平均温度: ",arrMulti[4][2] ," ℃")
    fmt.Println("周六最低温度: ",arrMulti[5][0]," ,"," ℃"; 最高温度: ",arrMulti[5][1]," ,"," ℃";
当日平均温度: ",arrMulti[5][2] ," ℃")
    fmt.Println("周日最低温度: ",arrMulti[6][0]," ,"," ℃"; 最高温度: ",arrMulti[6][1]," ,"," ℃";
当日平均温度: ",arrMulti[6][2] ," ℃")
}
```

运行结果如下：

```
周一最低温度： 15 ℃ ；最高温度： 18 ℃ ；当日平均温度：  16.5 ℃
周二最低温度： 16 ℃ ；最高温度： 20 ℃ ；当日平均温度：  18 ℃
周三最低温度： 13 ℃ ；最高温度： 16 ℃ ；当日平均温度：  14.5 ℃
周四最低温度： 14 ℃ ；最高温度： 20 ℃ ；当日平均温度：  17 ℃
周五最低温度： 12 ℃ ；最高温度： 18 ℃ ；当日平均温度：  15 ℃
周六最低温度： 7 ℃ ；最高温度： 20 ℃ ；当日平均温度：  13.5 ℃
周日最低温度： 6 ℃ ；最高温度： 20 ℃ ；当日平均温度：  13 ℃
```

📖 **说明**

　　对于本案例，读者可能会问：有没有办法简化最后的输出语句呢？答案是肯定的，本书第 4 章将阐述流程控制方面的内容，借助循环可以大幅度简化上述输出语句。

3.3　切片类型

　　3.2 节详细阐述了 Go 语言中数组变量的声明和使用方法。然而，数组的长度是不可改变的，在特定的场景便不再适用。切片类型便应运而生，其长度可变，因此也被称为"动态数组"。

3.3.1　切片的概念

　　在 Go 语言中，切片的定义是：对数组的抽象。

　　Go 语言的切片类型为处理同类型的数据序列提供了一个方便而高效的方式。切片有点类似于数组，但是它有一些不同寻常的特性。

　　具体而言，切片是引用类型，它是对数组中某个连续片段的引用。这个片段通常是数组中特定范围内的值，也可以是整个数组。类似地，切片本身也是一种变量。在表述和沟通中，有时使用"切片"代替"切片变量"。

　　接下来，本书将通过示例代码来介绍切片的声明和使用方法。

3.3.2　切片的声明与初始化

　　声明一个切片变量的格式如下：

```
var variable_name []variable_type
```

　　其中，variable_name 表示切片变量名，variable_type 表示切片元素的类型。请读者注意声明切片变量与声明数组变量的区别，此处是无须长度参数的。

本书配套源码的 chapter3/slice.go 文件中演示了 3 种初始化切片的方法。为了节约篇幅，书中省略了文件头和函数名声明等。

1. 使用 make()函数创建切片（有关函数的更多知识，请读者阅读本书第 5 章）

使用 make()函数创建切片的格式如下：

```
make([]T, length, capacity)
```

其中，T 表示切片内存放的元素类型，length 表示切片的长度，capacity 表示切片的容量。切片的长度就是它所包含的元素个数。切片的容量是从它的第一个元素开始到其底层数组元素末尾的个数。因此，如果同时定义了切片的长度和容量，则需要注意切片的容量应不小于切片的长度，否则，当程序运行时，将出现异常"len larger than cap"，意思是长度大于容量。

```
//声明并使用 make()函数初始化切片变量 arrZeroInt
var arrZeroInt=make([]int32, 4, 6)
fmt.Println("arrZeroInt=", arrZeroInt)
//对切片变量使用 Go 语言内置的 len()函数来获取切片的长度
fmt.Println("arrZeroInt 的长度为", len(arrZeroInt))
//对切片变量使用 Go 语言内置的 cap()函数来获取切片的容量
fmt.Println("arrZeroInt 的容量为", cap(arrZeroInt))
```

运行结果如下：

```
arrZeroInt= [0 0 0 0]
arrZeroInt 的长度为 4
arrZeroInt 的容量为 6
```

2. 节选数组作为切片

顾名思义，节选数组作为切片就是将一个数组变量的某个部分作为切片变量的初始值，其格式如下：

```
arr[startIndex:endIndex]
```

其中，arr 为数组变量，切片的第一个元素所对应的原始数组索引为 startIndex，切片的最后一个元素所对应的原始原数组索引为 endIndex-1。

示例代码如下：

```
//声明数组变量 arrInt 并初始化
var arrInt=[6]int{11, 15, 25, 23, 19, 78}
fmt.Println("arrInt=", arrInt)
fmt.Println("arrInt 的长度为", len(arrInt))
//声明并节选 arrInt 来初始化切片变量 sliceInt
var sliceInt=arrInt[1:5]
fmt.Println("sliceInt=", sliceInt)
//对切片变量使用 Go 语言内置的 len()函数来获取切片的长度
```

```
fmt.Println("sliceInt 的长度为", len(sliceInt))
//对切片变量使用 Go 语言内置的 cap()函数来获取切片的容量
fmt.Println("sliceInt 的容量为", cap(sliceInt))
```

运行结果如下：

```
arrInt= [11 15 25 23 19 78]
arrInt 的长度为 6
sliceInt= [15 25 23 19]
sliceInt 的长度为 4
sliceInt 的容量为 5
```

在本示例中，sliceInt 为切片变量，它节选了数组变量 arrInt 的第二个（包含）至第六个（不包含）元素作为初始值。

此外，若将上述初始化语句改为：

```
var sliceInt=arrInt[1:]
```

则再次运行程序，其运行结果如下：

```
sliceInt= [15 25 23 19 78]
```

这是因为在节选数组时忽略了终止索引，在这种情形下，程序将使用起始索引后的全部元素作为切片的初始值。类似地，若将上述初始化语句改为：

```
var sliceInt=arrInt[:5]
```

则再次运行程序，其运行结果如下：

```
sliceInt= [11 15 25 23 19]
```

在忽略起始索引时，程序将使用终止索引前的全部元素作为切片的初始值。

📢 **注意**

　　若将初始化语句改为 arrInt[0:]、arrInt[:len(arrInt)]或 arrInt[0:len(arrInt)]，将完全复制数组中的元素，成为切片变量的初始值；若起始索引和终止索引相同，则切片变量的初始值为[]。虽然以上两种写法在语法上都是被允许的，但一般不这样做。

若起始索引小于终止索引，将引发编译错误，导致程序无法运行。因此，在设置起始索引和终止索引时，请务必确认源数组长度大于它们，否则将引发数组越界错误。

3. 转换数组为切片

转换数组为切片，实际上就是在声明切片变量时直接赋值，其格式如下：

```
[]type {value}
```

其中，type 表示元素类型，value 表示元素值。

示例代码如下：

```
var sliceInt=[]int{1,2,3,4,5}
fmt.Println("sliceInt=", sliceInt)
//对切片变量使用 Go 语言内置的 len()函数来获取切片的长度
fmt.Println("sliceInt 的长度为", len(sliceInt))
//对切片变量使用 Go 语言内置的 cap()函数来获取切片的容量
fmt.Println("sliceInt 的容量为", cap(sliceInt))
```

运行结果如下：

```
sliceInt= [1 2 3 4 5]
sliceInt 的长度为 5
sliceInt 的容量为 5
```

◁» **注意**

> 使用空数组（如[]int{}）的效果等同于[]int。
>
> GoLand 建议读者采用后一种方式。

3.3.3 空（nil）切片

当一个切片变量被声明但未被初始化时，其默认值为空，即 nil，长度为 0。以下代码片段验证了这一点：

```
var sliceValue []int
fmt.Println(sliceValue==nil)
fmt.Println(len(sliceValue))
```

运行结果如下：

```
true
0
```

3.3.4 访问切片中的元素

Go 语言中的切片访问与数组访问基本相同，可以通过"切片名称[元素索引值]"的方式来获取某个元素索引值对应的元素。同样地，Go 语言中切片的索引从 0 开始。

另外，可以通过 Go 语言标准库的 reflect 包中的 TypeOf()函数来获取切片中元素的数据类型。需要注意的是，在 Go 语言中，切片长度也是切片变量类型的一部分。但是由于切片的长度并不固定，因此数据类型中的长度将被省略。

示例代码如下：

```
//在函数体内使用":="赋值运算符声明 int 类型切片 sliceInt
//声明长度为 6、数据类型为 int 的切片 sliceInt 并初始化
```

```
sliceInt := []int{11, 15, 25, 23, 19, 78}
fmt.Println("sliceInt=", sliceInt)
fmt.Println("sliceInt 的长度为", len(sliceInt))
//获取 sliceInt 的第一个元素
fmt.Println("sliceInt 的第一个元素为", sliceInt[0])
//可以通过 Go 语言标准库的 reflect 包中的 TypeOf()函数查看 sliceInt 的数据类型
fmt.Println("sliceInt 的数据类型为", reflect.TypeOf(sliceInt))
```

运行结果如下：

```
sliceInt= [11 15 25 23 19 78]
sliceInt 的长度为 6
sliceInt 的第一个元素为 11
sliceInt 的数据类型为 []int
```

3.3.5　多维切片

与数组类似，Go 语言中的切片也支持多个维度。关于这部分内容，请读者参考 3.2.4 节中的描述。

3.3.6　切片的 append()函数

在 Go 语言中，切片类型提供了 append()函数，该函数可以实现为切片动态添加元素的功能。示例代码如下：

```
//声明一个切片变量 sliceInt
var sliceInt []int
fmt.Println("sliceInt=", sliceInt)
fmt.Println("sliceInt 的长度为", len(sliceInt))
fmt.Println("sliceInt 的容量为", cap(sliceInt))
fmt.Printf("sliceInt 的地址为 %p \n", sliceInt)
//向切片中追加一个元素
sliceInt=append(sliceInt,1)
fmt.Println("sliceInt=", sliceInt)
fmt.Println("sliceInt 的长度为", len(sliceInt))
fmt.Println("sliceInt 的容量为", cap(sliceInt))
fmt.Printf("sliceInt 的地址为 %p \n", sliceInt)
//向切片中追加多个元素
sliceInt=append(sliceInt,2,3,4)
fmt.Println("sliceInt=", sliceInt)
fmt.Println("sliceInt 的长度为", len(sliceInt))
fmt.Println("sliceInt 的容量为", cap(sliceInt))
fmt.Printf("sliceInt 的地址为 %p \n", sliceInt)
//向切片中追加另一个切片
sliceInt=append(sliceInt,[]int{5,6,7}...)
fmt.Println("sliceInt=", sliceInt)
```

```
fmt.Println("sliceInt 的长度为", len(sliceInt))
fmt.Println("sliceInt 的容量为", cap(sliceInt))
fmt.Printf("sliceInt 的地址为 %p \n", sliceInt)
```

运行结果如下：

```
sliceInt= []
sliceInt 的长度为 0
sliceInt 的容量为 0
sliceInt 的地址为 0x0
sliceInt= [1]
sliceInt 的长度为 1
sliceInt 的容量为 1
sliceInt 的地址为 0xc00000a088
sliceInt= [1 2 3 4]
sliceInt 的长度为 4
sliceInt 的容量为 4
sliceInt 的地址为 0xc000010240
sliceInt= [1 2 3 4 5 6 7]
sliceInt 的长度为 7
sliceInt 的容量为 8
sliceInt 的地址为 0xc00000e200
```

请读者特别留意向切片中追加另一个切片的写法，不要忘记位于末尾的 3 个点 "..."，否则将引发编译错误，导致程序无法运行。

一些细心的读者会发现，在切片被扩容后，如果之前的容量无法容纳足够多的元素，则切片的容量会被扩充。Go 语言中切片的扩充规律是扩充为原容量的 2 倍，并且在扩充操作后，内存地址也发生了改变，这意味着每次扩充必然导致内存被重新分配。感兴趣的读者可自行测试，并通过控制台输出或进行断点调试，观察切片变量的容量变化。

除了在切片末尾追加元素，append()函数还支持在切片开头添加元素，示例代码如下：

```
//声明一个切片变量 sliceInt
var sliceInt []int
fmt.Println("sliceInt=", sliceInt)
fmt.Println("sliceInt 的长度为", len(sliceInt))
fmt.Println("sliceInt 的容量为", cap(sliceInt))
fmt.Printf("sliceInt 的地址为 %p \n", sliceInt)
//向切片开头添加多个元素
sliceInt=append([]int{-2,-1,0},sliceInt...)
fmt.Println("sliceInt=", sliceInt)
fmt.Println("sliceInt 的长度为", len(sliceInt))
fmt.Println("sliceInt 的容量为", cap(sliceInt))
fmt.Printf("sliceInt 的地址为 %p \n", sliceInt)
```

运行结果如下：

```
sliceInt= []
```

```
sliceInt 的长度为 0
sliceInt 的容量为 0
sliceInt 的地址为 0x0
sliceInt= [-2 -1 0]
sliceInt 的长度为 3
sliceInt 的容量为 3
sliceInt 的地址为 0xc000012150
```

　　需要注意的是，在切片开头添加元素时，无论添加多少个元素，都应将被添加的元素存放在一个切片中，且不要忘记末尾的 3 个点 "..."。同时，如果切片的容量被扩充了，其内存地址也会随之改变。

　　此外，append()函数还可以"嵌套"使用，请读者阅读下面的代码：

```
//声明一个切片变量 sliceInt
var sliceInt []int
fmt.Println("sliceInt=", sliceInt)
fmt.Println("sliceInt 的长度为", len(sliceInt))
fmt.Println("sliceInt 的容量为", cap(sliceInt))
fmt.Printf("sliceInt 的地址为 %p \n", sliceInt)
//嵌套使用 append()函数
sliceInt=append(sliceInt,append([]int{-2,-1,0},append(sliceInt,1)...)...)
fmt.Println("sliceInt=", sliceInt)
fmt.Println("sliceInt 的长度为", len(sliceInt))
fmt.Println("sliceInt 的容量为", cap(sliceInt))
fmt.Printf("sliceInt 的地址为 %p \n", sliceInt)
```

　　运行结果如下：

```
sliceInt= []
sliceInt 的长度为 0
sliceInt 的容量为 0
sliceInt 的地址为 0x0
sliceInt= [-2 -1 0 1]
sliceInt 的长度为 4
sliceInt 的容量为 4
sliceInt 的地址为 0xc000010240
```

　　append()函数还支持在切片的任意位置插入元素：

```
//声明一个切片变量 sliceInt
var sliceInt []int=[]int{0,1,4}
fmt.Println("sliceInt=", sliceInt)
fmt.Println("sliceInt 的长度为", len(sliceInt))
fmt.Println("sliceInt 的容量为", cap(sliceInt))
fmt.Printf("sliceInt 的地址为 %p \n", sliceInt)
//在切片的第二个元素处开始插入元素
sliceInt=append(sliceInt[:2],append([]int{2,3},sliceInt[2:]...)...)
fmt.Println("sliceInt=", sliceInt)
fmt.Println("sliceInt 的长度为", len(sliceInt))
fmt.Println("sliceInt 的容量为", cap(sliceInt))
fmt.Printf("sliceInt 的地址为 %p \n", sliceInt)
```

运行结果如下：

```
sliceInt= [0 1 4]
sliceInt 的长度为 3
sliceInt 的容量为 3
sliceInt 的地址为 0xc000012150
sliceInt= [0 1 2 3 4]
sliceInt 的长度为 5
sliceInt 的容量为 6
sliceInt 的地址为 0xc00000c300
```

📖 **说明**

本示例的代码使用了大量重复的控制台输出语句，这种冗余并不是良好的编码习惯。读者可以在学习完第 5 章后再来优化这段代码，使其更加优雅。

3.3.7　切片的 copy()函数

Go 语言提供了 copy()函数。该函数可以将一个切片复制到另一个切片中。需要注意的是，如果源切片与目标切片容量不同，将按照较少的元素个数进行复制。

copy()函数的简易使用格式如下：

```
copy(destSlice, srcSlice)
```

其中，destSlice 表示目标切片，srcSlice 表示源切片。请读者阅读下面这段代码，体会复制过程：

```
//声明切片变量 sliceA 和 sliceB 并赋初始值
sliceA := []int{1, 2, 3, 4, 5}
sliceB := []int{5, 4, 3}
// 只会复制 sliceA 的前 3 个元素到 sliceB 中
copy(sliceB, sliceA)
fmt.Println("sliceB 的值为: ",sliceB)
```

运行结果如下：

```
sliceB 的值为: [1 2 3]
```

显然，sliceB 中的元素被 sliceA 的前 3 个元素覆盖了。再如：

```
sliceA := []int{1, 2, 3, 4, 5}
sliceB := []int{5, 4, 3}
// 只会复制 sliceB 的 3 个元素到 sliceA 的前 3 个位置处
copy(sliceA, sliceB)
fmt.Println("sliceA 的值为: ",sliceA)
```

运行结果如下：

```
sliceA 的值为: [5 4 3 4 5]
```

显然，sliceA 中的前 3 个元素被 sliceB 中的 3 个元素覆盖了。

3.4　集合类型

无论是数组还是切片都属于有序集合，通过索引下标访问特定位置的元素。而集合则是无序集合，通过特定的键访问相应位置的元素。当然，无论是数组、切片还是集合，都有其最适用的场景，没有优劣之分。在实际开发过程中，读者应根据实际的项目需求选取最适合的数据结构。

3.4.1　集合的概念

在 Go 语言中，集合是一种特殊的数据结构，一种键-值对（Pair）的无序集合。键-值对包含键（Key）和值（Value），所以这个结构也称为字典。

集合是一种能够快速寻找值的理想结构，只要给定 Key，就可以迅速找到对应的 Value。类似地，集合本身也是一种变量。在表述和沟通中，有时使用"集合"代替"集合变量"。

3.4.2　集合的声明与初始化

声明一个集合变量的格式如下：

```
var variable_name map[key_type]value_type
```

其中，variable_name 表示集合变量的名称；key_type 表示键的数据类型；value_type 表示值的数据类型。需要注意的是，集合和切片类似，都是不确定具体长度的，因此在声明时无须指定集合的具体长度。另外，当集合被声明但尚未被赋初始值时，其值为 nil。使用 len()函数获取集合的长度时，返回的是键-值对的个数。

示例代码如下：

```
//声明集合变量 mapValueA
var mapValueA map[string]string
fmt.Println("mapValueA 的类型为：", reflect.TypeOf(mapValueA))
fmt.Println("mapValueA==nil?", mapValueA==nil)
fmt.Println("mapValueA 的长度为：", len(mapValueA))
```

运行结果如下：

```
mapValueA 的类型为：map[string]string
mapValueA==nil? true
mapValueA 的长度为：0
```

本书配套源码的 chapter3/map.go 文件中演示了两种初始化集合的方法。为了节约篇幅，书中省略了文件头和函数名声明等。

1. 使用 make()函数初始化集合

使用 make()函数创建集合的格式如下：

```
make([]T, length)
```

其中，T 表示集合内存放的元素类型，length 是可选的，表示集合的长度。由于集合是不固定长度的，因此该参数通常留空。示例代码如下：

```
//使用 make()函数初始化集合
mapValueB := make(map[string]string)
mapValueB["key1"] = "value1"
mapValueB["key2"] = "value2"
fmt.Println("mapValueB 的值为: ", mapValueB)
fmt.Println("mapValueB 的长度为: ", len(mapValueB))
```

运行结果如下：

```
mapValueB 的值为: map[key1:value1 key2:value2]
mapValueB 的长度为: 2
```

📖 **说明**

在本示例中，若给定 length 长度为 1，则运行结果依然如此。这是因为将第二个键–值对添加进去后，集合的长度会自动扩充 1。

2. 直接给定具体值来初始化集合

直接给定具体值的方法就是把具体的键–值对赋给集合变量，具体方法如下：

```
//直接给定具体值来初始化集合
var mapValueC = map[string]string{"key1": "value1", "key2": "value2"}
fmt.Println("mapValueC 的值为: ", mapValueC)
fmt.Println("mapValueC 的长度为: ", len(mapValueC))
```

运行结果如下：

```
mapValueC 的值为: map[key1:value1 key2:value2]
mapValueC 的长度为: 2
```

对比上述两种初始化集合的方法，可以得到以下结论：

```
make(map[key_type]value_type)
```

的实际作用与

```
map[key_type] value_type {}
```

一致。

◁)) **注意**

> 若将某个集合赋值为集合变量，如 mapValueB=mapValueA。此时，mapValueB 是 mapValueA 的引用（并未重新为 mapValueB 分配内存空间，mapValueB 和 mapValueA 共享同一段内存）。若修改 mapValueB 的值，则 mapValueA 的值也会随之发生变化。

3.4.3　集合中元素的检索

在 Go 语言中，通常使用键来检索相应的值，当键不存在时，将返回值的默认值。

检索某个值的格式如下：

```
map[key_value]
```

其中，map 表示 map 变量，key_value 表示键。初始化集合的示例代码如下：

```
//直接给定具体值来初始化集合
var mapValueC = map[string]string{"key1": "value1", "key2": "value2"}
fmt.Println("mapValueC 的值为：", mapValueC)
fmt.Println("mapValueC 的长度为：", len(mapValueC))
fmt.Println("获取键 key1 的值", mapValueC["key1"])
fmt.Println("获取键 key3 的值", mapValueC["key3"])
fmt.Println(mapValueC["key3"]=="")
```

运行结果如下：

```
mapValueC 的值为： map[key1:value1 key2:value2]
mapValueC 的长度为：2
获取键 key1 的值 value1
获取键 key3 的值
true
```

在本示例中，mapValueC 没有键为 key3 的键-值对，因此当尝试检索键为 key3 的值时，将返回空字符串。

为了增强程序的运行稳定性，在检索某个键的值前判断该键是否存在是非常必要的。具体示例代码如下：

```
//获取键为 key3 的值并判断是否存在这样的值
key3Value, key3Exists:=mapValueC["key3"]
fmt.Println(key3Exists)
```

运行结果如下：

```
false
```

在本示例中，key3Exists 为布尔型变量，当其为 true 时，表示 mapValueC 中存在键 key3，反之，则不存在。该变量可以作为依据在后续的代码中使用。本书第 4 章详述了条件判断语句，将这二者结合使用对程序的稳定性很有帮助。

◁» 注意

> 在检索集合时，一定要注意键的数据类型，否则将引发编译错误，导致程序无法运行。例如：1 和"1"的数据类型是不同的，前者是数值，后者是字符串。

3.4.4 向集合中添加、删除和修改元素

由于集合是可变长度的，因此可以随时向其中添加或删除元素。由于集合是无序的，因此在添加元素时，无须关心键-值对的索引位置。此外，对于已经存在的键-值对，还可以像赋值那样通过检索键来修改它的值。

删除集合中某个键-值对的格式如下：

```
delete(map,key_value)
```

其中，map 表示集合变量，key_value 表示键。以下为对集合进行操作的示例代码：

```
//直接给定具体值来初始化集合
var mapValueD = map[string]string{
    "key1": "value1",
    "key2": "value2",
    "key3": "value3"}
fmt.Println("mapValueD 的值为: ", mapValueD)
//向 mapValueD 中添加元素
mapValueD["key4"]="value4"
mapValueD["key5"]="value5"
fmt.Println("mapValueD 的值为: ", mapValueD)
//删除键为 key5 的键-值对
delete(mapValueD,"key5")
fmt.Println("mapValueD 的值为: ", mapValueD)
//修改键为 key1 的值
mapValueD["key1"]="VALUE1"
fmt.Println("mapValueD 的值为: ", mapValueD)
```

运行结果如下：

```
mapValueD 的值为:  map[key1:value1 key2:value2 key3:value3]
mapValueD 的值为:  map[key1:value1 key2:value2 key3:value3 key4:value4 key5:value5]
mapValueD 的值为:  map[key1:value1 key2:value2 key3:value3 key4:value4]
mapValueD 的值为:  map[key1:VALUE1 key2:value2 key3:value3 key4:value4]
```

▥ 说明

> 与某些编程语言不同，Go 语言并未提供清空整个集合的函数。若确实需要清空整个集合，则直接使用 make()函数即可，因为 Go 语言具有良好的垃圾回收机制。

3.5　结构体类型

Go 语言允许开发者自定义新的数据类型。这些新的数据类型通常由多个任意类型的值构成，从而形成一个新的"整体"，这个"整体"便是本节要介绍的结构体。

本节只对结构体进行简单的描述，本书第 6 章将为读者详细阐述结构体的各种用法。

3.5.1　结构体的概念及特点

结构体是通过自定义的方式形成的新的复合数据类型，由零个或多个任意类型的值聚合而成，且每个值都可以被称为结构体的成员（也被称为字段）。

这些字段具有以下特性。

- 字段拥有自己的类型和值。

- 字段名必须唯一。

- 字段的类型也可以是结构体，甚至是字段所在结构体的类型。

3.5.2　结构体的声明

声明结构体的格式如下：

```
type struct_name struct {
    field_name definition
    field_name definition
    ...
}
```

其中，type 是 Go 语言中的关键字，作用是将结构体声明为自定义类型。struct_name 表示自定义的结构体名称（通常以大写字母开头）。由 struct{}包括的内容表示结构体的内容部分。field_name 表示字段的名称，definition 表示字段的数据类型。自定义结构体 Person 的示例代码如下：

```
//结构体 Person
type Person struct {
    //string 类型字段 name
    name string
    //int 类型字段 age
    age int
    //int 类型字段 gender, 0 表示男, 1 表示女
    gender int
}
```

📖 **说明**

　　一般来说，结构体的名称以大写字母开头，内部成员的名称以小写字母开头。

　　当声明好结构体后，并不会立即为其分配内存空间，只是声明了该结构体的内部组织结构。当它被实例化后，才会为其分配具体的内存空间。

📖 **说明**

　　所谓"实例化"，可以被简单地理解为创建某种结构体类型的变量。

　　类似 int 类型的 intA 变量、intB 变量……对应到本示例，则为 Person 类型的 personA 变量、personB 变量……

3.5.3　结构体的使用

　　显然，如 3.5.2 节中声明的结构体 Person 那样，一个实例化之后的 Person 类型变量可以表示某个具体的人，不同的 Person 类型变量可以描述不同的人。

　　实例化结构体的格式如下：

```
var instance_name struct_type
```

　　其中，instance_name 表示结构体的实例名称，struct_type 表示结构体的类型。

　　为字段赋值的格式如下：

```
instance_name.field_name=value
```

　　其中，instance_name 表示结构体的实例名称，field_name 表示字段的名称，value 表示该字段的值。

　　下面的代码演示了如何实例化 Person 类型变量，并为其中的字段赋值：

```
//实例化 Person 类型变量 alice
var alice Person
alice.name="alice"
alice.gender=1
alice.age=25
//输出 alice 各字段的值
fmt.Println("姓名: ",alice.name)
fmt.Println("性别: ",alice.gender)
fmt.Println("年龄: ",alice.age)
```

　　运行结果如下：

```
姓名: alice
性别: 1
年龄: 25
```

🔊 **注意**

1. 在实例化某个结构体前，要确保结构体定义的代码在实例化该结构体之前，否则将会收到 Unresolved type（未解析的类型）编译错误，导致代码无法运行。

2. 在为某个字段赋值时，不必按照结构体定义的顺序，也不必为每个字段赋值。未被赋值的字段值为相应类型的默认值。

类似地，继续创建 Person 类型变量 bob 和 cindy，并分别输出它们的值：

```
//结构体 Person
type Person struct {
    //string 类型字段 name
    name string
    //int 类型字段 age
    age int
    //int 类型字段 gender，0 表示男，1 表示女
    gender int
}
//实例化 Person 类型变量 alice
var alice Person
alice.name="alice"
alice.gender=1
alice.age=25
//输出 alice 各字段的值
fmt.Println("alice 的值为：",alice)
//实例化 Person 类型变量 bob
var bob Person
bob.name="bob"
bob.gender=0
bob.age=28
//输出 bob 各字段的值
fmt.Println("bob 的值为：",bob)
//实例化 Person 类型变量 cindy
var cindy Person
cindy.name="alice"
cindy.gender=1
cindy.age=18
//输出 cindy 各字段的值
fmt.Println("cindy 的值为：",cindy)
```

运行结果如下：

```
alice 的值为：{alice 25 1}
bob 的值为：{bob 28 0}
cindy 的值为：{alice 18 1}
```

📖 **说明**

请读者思考：如果不使用结构体，我们如何定义 alice、bob 和 cindy，使得后续的代码可以一次性获取某个人的全部信息呢？结构体的优势体现在哪些方面呢？

3.6 练习与实验

1. 填空题

（1）在 Go 语言中，对某个变量取地址的运算符是_____。

（2）若某个变量完成了声明却没有被赋值，它的值将会是_____。

（3）一个长度为 10 的数组的索引值从_____开始到_____结束。

（4）在 Go 语言中，若切片完成了声明，但没有被初始化，它的值将会是_____。

（5）一个结构体在_____之后才会被真正地分配内存空间。

2. 判断题

（1）一个指向指针的指针变量，其本质仍然是指针。

（2）数组是不固定长度的，切片是固定长度的。

（3）Go 语言中的集合类型以键-值对的方式存放数据。

（4）结构体中的成员可以是基本数据类型，也可以嵌套其他结构体。

3. 实验题

（1）现有如下 10 个数字：1,9,2,5,4,8,3,6,7,10。要求使用数组编程，实现这些数字从小到大排序，并在控制台输出排序结果。

（2）编写程序，使用切片来存储若干名学生的成绩，具体成绩如下：72,89,65,58,87,91,53,82,71,93,76,68。计算并输出学生的平均成绩，要求保留小数部分。

（3）已知学生基本信息由学号（长整型）、姓名（字符串型）、性别（字符型）、年龄（整型）组成。定义一个结构体类型，用于存储学生的基本信息。

第 4 章

流程控制语法

掌握编程语言中的流程控制，控制代码的逻辑执行次序，是程序实现按需运转的重要环节。

本章主要介绍了 Go 语言中的基本流程控制语法，包括分支结构（if 语句和 switch 语句）、循环结构（for 语句）和跳转控制语句（break 语句、continue 语句和 goto 语句）。通过本章的学习，读者可以了解并掌握 Go 语言中的流程控制语法。在实际开发中，灵活运用这些技能可以使代码逻辑更加清晰，并在应对条件复杂的需求时从容不迫。

4.1 分支结构

在 Go 语言中，由关键字 if 开头的语句用来判断某个条件是否成立，它可能是分支结构中最常用的语句了。本节内容包括 if 语句和 if…else…结构，以及更复杂的多分支结构。

接下来，本书将结合示例代码来讲解 Go 语言中 if 语句的使用，相关代码位于 chapter04/if.go 文件中。

4.1.1 if 语句

最简单的 if 语句的使用格式如下：

```
if condition {
    //条件成立时要执行的语句
}
```

其中，condition 表示条件，它可以是布尔型值，也可以是逻辑判断语句；由花括号包裹的部分是当条件成立时要执行的语句，它可以是一条或多条语句，允许留空。

使用 if 语句的示例代码如下：

```
//声明布尔型变量 condition，值为 true
var condition bool=true
//布尔型判断：condition 的值是否为 true
if(condition){
    fmt.Println("condition 的值为 true")
}
//声明整型变量 numA，值为 100
var numA int=100
//逻辑判断：numA 的值是否大于 0
if numA>0{
    fmt.Println("numA 的值大于 0")
}
```

运行结果如下：

```
condition 的值为 true
numA 的值大于 0
```

📖 **说明**

在使用 GoLand 编写本示例代码时，可能会收到 Condition '(condition)' is always 'true'，即条件变量 condition 始终为 true 的提示。这是因为 condition 变量在代码中被赋予了 true 值。因此类似的条件判断是没有意义的，此处仅用于讲解。

除了上述写法，if 语句还有一种复合写法。它允许在 if 表达式之前添加一个语句，并根据语句的返回值进行最终判断。示例代码如下：

```
if numB:=(10-9);numB>0{
    fmt.Println("计算结果大于 0")
}
```

这种写法相当于：

```
var numB int=10-9
if numB>0{
    fmt.Println("计算结果大于 0")
}
```

也相当于：

```
if (10-9)>0{
    fmt.Println("计算结果大于 0")
}
```

上述 3 种写法在运行后均会输出：

```
计算结果大于 0
```

4.1.2　if…else…结构

在很多时候，程序不仅要处理条件成立时的逻辑，还要处理条件不成立时的逻辑。此时，使用 if…else…结构是最为理想的选择。

if…else…结构的使用格式如下：

```
if condition {
    //条件成立时要执行的语句
}else{
    //条件不成立时要执行的语句
}
```

其中，condition 表示条件，它可以是布尔型值，也可以是逻辑判断语句；紧跟在 condition 后面的由花括号包裹的部分是当条件成立时要执行的语句，它可以是一条或多条语句，允许留空；紧跟在 else 后面的由花括号包裹的部分是当条件不成立时要执行的语句，它可以是一条或多条语句，也允许留空，当留空时，相当于 if 语句。在上述结构中，两个由花括号包裹的代码块是互斥关系。每次运行仅会执行其中的一个代码块。

使用 if…else…结构的示例代码如下：

```
//声明布尔型变量 condition，值为 true
var condition bool=true
//布尔型判断：condition 的值是否为 true
if(condition){
    fmt.Println("condition 的值为 true")
}else{
    fmt.Println("condition 的值为 false")
}
//声明整型变量 numA，值为 100
var numA int=100
//逻辑判断：numA 的值是否大于 0
if numA>0{
    fmt.Println("numA 的值大于 0")
}else{
    fmt.Println("numA 的值不大于 0")
}
```

运行结果如下：

```
condition 的值为 true
numA 的值大于 0
```

4.1.3　多分支结构

在某些时候，逻辑会存在两个以上的分支，此时就要用到多分支结构了。多分支结构的使用格式如下：

```
if condition1 {
    //condition1 成立时要执行的语句
```

```
}else if condition2{
    //condition2 成立时要执行的语句
}else{
    //上述条件均不成立时要执行的语句
}
```

注意

虽然从语法上讲，多分支结构的数量是没有限制的，但是为了确保代码的可读性，通常不要引入过多的分支结构。

使用多分支结构的示例代码如下：

```
var numC=500
if numC<0{
    fmt.Println("numC 的值为负值")
}else if numC==0{
    fmt.Println("numC 的值为 0")
}else if numC<100{
    fmt.Println("numC 的值小于 100")
}else if numC<200{
    fmt.Println("numC 的值小于 200")
}else if numC<300{
    fmt.Println("numC 的值小于 300")
}else if numC<400{
    fmt.Println("numC 的值小于 400")
}else if numC<500{
    fmt.Println("numC 的值小于 500")
}else{
    fmt.Println("numC 的值大于或等于 1000")
}
```

运行结果如下：

```
numC 的值小于 600
```

说明

众多 else if...代码块彼此是互斥的，也就是说，只有某个代码块会被执行。在本示例中，虽然 numC 也满足小于 1000 的条件，但是由于小于 600 的条件先被判断，且该条件成立，因此最终输出 "numC 的值小于 600"。

4.2 switch…case…分支结构

switch…case…分支结构是 Go 语言中的另一种分支结构，在处理多分支情况时可以使代码更加易读。因此，这种分支结构是处理多分支情况的最佳选择。

接下来，本书将结合示例代码来讲解 Go 语言中 switch…case…分支结构的使用，相关代码位于 chapter04/switch.go 文件中。

switch…case…分支结构的使用格式如下：

```
switch variable {
    case condition1:
        //condition1 成立时要执行的语句
    case condition2:
        //condition2 成立时要执行的语句
    default:
        //无匹配条件时默认执行的语句
}
```

其中，variable 可以是任何类型的变量；condition 是与 variable 相同类型的值，用作条件匹配；各个 case 分支的代码块之间都是互斥关系，每次运行仅有一个代码块被执行。当没有匹配任何一个 case 分支的条件时，会执行 default 所属代码块。

switch…case…分支结构的另一种使用格式如下：

```
switch {
    case condition1:
        //condition1 成立时要执行的语句
    case condition2:
        //condition2 成立时要执行的语句
    default:
        //无匹配条件时默认执行的语句
}
```

此时，condition 为布尔型值或逻辑表达式。

📖 **说明**

在 Go 语言中，switch…case…分支结构相较其他编程语言有两大不同：一是 variable 可以是任意类型；二是每个 case 分支的结尾无须通过 break 语句终止。这样设计是为了让语法更加简单，使用起来更加方便。

需要注意的是，如果我们希望每个 case 分支的代码块都有机会匹配条件并执行，则可以使用 fallthrough 关键字。但是该关键字并不是 Go 语言推荐使用的，我们应尽量避免使用它。

下面的代码演示了如何使用 switch…case…分支结构，以及 fallthrough 关键字：

```
var str string="hello, 三酷猫"
switch {
case str=="hello, 三酷猫":
    fmt.Println("英语打招呼",str)
    fallthrough
```

```
case str!="你好，三酷猫":
    fmt.Println("汉语打招呼 你好，三酷猫")
default:
    fmt.Println("没有看到三酷猫")
}
```

运行结果如下：

```
英语打招呼 hello, 三酷猫
汉语打招呼 你好，三酷猫
```

4.3 循环结构

在实际开发中，当需要让特定的代码块重复执行，或者遍历（即逐个搜索）数组、切片或集合时，使用循环结构来实现是一个不错的选择。Go 语言提供了 for 循环、range 遍历以及若干跳转控制语句。

接下来，本书将结合示例代码来讲解 Go 语言中 for 循环的使用，相关代码位于 chapter04/for.go 文件中。

📖 **说明**

与某些其他的编程语言不同，Go 语言只支持 for 循环，不支持 while 和 do-while 循环。使用 for 循环的不同形式，完全可以达到 while 和 do-while 循环的效果。

4.3.1 for 循环的使用

Go 语言提供了 3 种 for 循环。

1. 常规 for 循环

最常见的 for 循环使用格式如下：

```
for init; condition; post {
    //循环体代码块
}
```

其中，init 是为某个变量赋初始值的表达式，该变量在首次循环执行前被赋值以备使用。condition 是关系或逻辑表达式，可以将该变量与某个条件相比较。若不成立，则退出循环，否则继续进行下一次循环。post 是该变量的赋值表达式，该表达式在每次循环结束后被执行，一般为增量或减量，可以使该变量的值发生改变。

下面的代码演示了如何使用 for 循环计算整数 1 至 10 的累加和：

```
sum:= 0
for i:= 0; i<=10; i++ {
    sum+=i
}
fmt.Println(sum)
```

运行结果如下：

```
55
```

本示例的执行流程如下：

（1）在循环开始前为变量 i 赋初始值，值为 0。

（2）判断 i 的值是否小于或等于 10，若是，则执行循环体代码块（继续执行步骤 3），否则结束循环（跳到步骤 5）。

（3）执行循环体代码块。

（4）执行表达式 i++，使 i 的值自增 1，然后跳转回步骤 2。

（5）输出 sum 的值。

2. 只包含条件的 for 循环（可实现 while 循环）

只包含条件的 for 循环相当于其他某些编程语言中的 while 循环，意为当条件成立时，执行相应代码块。这种 for 循环的使用格式如下：

```
for condition{
    //循环体代码块
}
```

其中，condition 是关系或逻辑表达式，当其结果不成立时，结束循环。

仍然计算整数 1 至 10 的累加和，并请各位读者对比只包含条件的 for 循环和常规 for 循环写法的不同之处，代码如下：

```
sum:= 0
i:=0
for i<=10{
    sum+=i
    i++
}
fmt.Println(sum)
```

运行结果如下：

```
55
```

本示例的执行流程如下：

（1）声明变量 i，并将其赋值为 0。

（2）判断 i 的值是否小于或等于 10，若该条件成立，则继续执行步骤 3，否则跳到步骤 4。

（3）执行循环体代码块。

（4）输出最终结果。

3. 始终执行的 for 循环（可实现 do-while 循环）

始终执行的 for 循环相当于其他某些编程语言中的 do-while 循环，其执行逻辑是先执行一次循环体代码块，再进行条件判断。当条件成立时，跳出循环，否则再次执行循环体代码块。这种 for 循环的使用格式如下：

```
for {
    //循环体代码块
}
```

仍然计算整数 1 至 10 的累加和，代码如下：

```
sum:= 0
i:=0
for {
    sum+=i
    i++
    if i>10{
        break
    }
}
fmt.Println(sum)
```

运行结果如下：

```
55
```

本示例的执行流程如下：

（1）声明变量 i，并将其赋值为 0。

（2）执行循环体代码块。

（3）判断 i 的值是否大于 10，若该条件成立，则继续执行步骤 4，否则跳到步骤 2。

（4）输出最终结果。

📢 **注意**

无论使用哪种循环方式，都要确保循环可以被终止，否则程序一旦进入循环，就再也无法停止，陷入死循环状态。如果不小心陷入了死循环状态，可以通过 Ctrl+C 快捷键来终止程序运行。

📖 **说明**

本示例中出现了 break 语句，它是跳转控制语句中的一种，具有终止循环的作用。本书将在 4.4 节中详细阐述它的用法和注意事项。

4.3.2　多层循环结构

对于一些较为复杂的情况，单层循环结构可能无法实现。此时，就需要用到多层循环结构。接下来的示例将尝试使用多层循环结构在控制台输出一个边长为 7 的菱形，效果如下：

```
      *
     ***
    *****
   *******
  *********
 ***********
*************
 ***********
  *********
   *******
    *****
     ***
      *
```

建议读者先想好思路，然后逐步实现它。

这里给出一种实现思路：通过观察输出结果，我们可以将其分为上、下两部分来实现。上半部分由 7 行组成，下半部分由 6 行组成。但是，无论位于哪部分，每一行的字符均是由空格和星号组成的。以上半部分为例，第 1 行由 6 个空格和 1 个星号组成；第 2 行由 5 个空格和 3 个星号组成；第 3 行由 4 个空格和 5 个星号组成；以此类推，直到第 7 行，该行由 0 个空格和 13 个星号组成。观察其规律，可以得出上半部分满足：每行的空格数=总行数-当前行数，每行的星号数=当前行数*2-1。在最终输出时，先输出空格，再输出星号即可。最后，别忘了在每行的末尾换行。到此，上半部分输出的实现思路就结束了，下半部分只需照例寻找规律即可。一旦发现了规律，实现起来就不难了。

该示例的完整代码如下：

```
func main() {
    n:= 7
    for i:=1;i<=n;i++{
        for j:=0;j<n-i;j++{
            fmt.Print(" ")
        }
        for k:=0;k<2*i-1;k++{
```

```
            fmt.Print("*")
        }
        fmt.Println()
    }
    for i:=1;i<n;i++{
        for j:=0;j<i;j++{
            fmt.Print(" ")
        }
        for k:=0;k<2*n-1-2*i;k++{
            fmt.Print("*")
        }
        fmt.Println()
    }
}
```

当然，如果读者有其他的实现思路，可以自行尝试实现。实现本示例的方式不止一种。

4.4 跳转控制语句

在实际开发中，经常会遇到的一类需求是，首先根据某个条件的成立与否结束本次或全部循环，然后跳转到代码中的其他位置继续执行。此时，就需要使用跳转控制语句实现了。本节将介绍 Go 语言中的三大跳转控制语句，分别涵盖了结束本次或全部循环，以及跳转到特定代码位置的功能。

本节代码全部位于 chapter04/process_control.go 文件中。

4.4.1 break 语句

在 Go 语言中，break 语句的作用是结束循环，无论循环的条件是否成立，都不再执行循环。

下面的代码演示了计算整数 1 至 10 的累加和：

```
var sum int = 0
var i int
for i=1;i<=100;i++{
    sum+=i
    if i==10{
        break
    }
}
fmt.Println(sum)
```

运行结果如下：

在本示例中，若没有 break 语句，代码将实现整数 1 至 100 的累加和，结果为 5050。当 i=10 时，break 语句被执行，结束了整个 for 循环，最终实现了从 1 累加到 10，即整数 1 至 10 的累加和，因此结果为 55。

在多重循环中使用 break 语句时，可以通过标记的方式结束特定的循环。请读者阅读下面的代码：

```
var i int
var j int
out:
for i=1;i<=3;i++{
    for j=10;j<=15;j++{
        fmt.Println("i=",i,",j=",j)
        if j==12{
            break out
        }
    }
}
```

运行结果如下：

```
i= 1 ,j= 10
i= 1 ,j= 11
i= 1 ,j= 12
```

在本示例中，最外层的循环被标记为 out，当内层循环的 j 变量值等于 12 时，会结束 out 循环，并输出上述结果。

4.4.2 continue 语句

在 Go 语言中，continue 语句的作用是结束本次循环，而不终止循环的整体进行，除非退出循环的条件成立。下面的代码演示了使用 continue 语句后，循环是如何进行的：

```
var i int
for i=0;i<=5;i++{
    if i>3&&i<5{
        continue
    }
    fmt.Println("i=",i)
}
```

运行结果如下：

```
i= 0
i= 1
i= 2
i= 3
i= 5
```

在本示例中，当 i>3 且 i<5 条件成立时，执行 continue 语句，结束当前循环，并继续执行下一次循环。因此，输出结果将不会出现 i= 4 的字样。

📖 **说明**

> 与 break 语句类似，continue 语句也可以根据循环的标记对特定的循环进行操作。使用的语法格式也和 4.4.1 节中的类似，这里就不再赘述了。

4.4.3 goto 语句

goto 语句的作用是跳转到特定的代码位置，并执行该位置的代码。在循环中使用 goto 语句时，无论 goto 处于第几层循环，都将跳出全部循环。请读者阅读下面的代码：

```go
func main() {
    var i int
    var j int
    for i = 0; i <= 5; i++ {
        for j = 0; j <= 5; j++ {
            if i == 1 {
                goto stopLoop
            }
            fmt.Println("i=", i, ",j=", j)
        }
    }
stopLoop:
    fmt.Println("i=1, 结束循环")
}
```

如上面的代码所示，stopLoop 标记了一条简单的文本输出语句。在代码上方的循环体中，当 i=1 时，内层循环执行了跳转到 stopLoop 的语句。此时循环结束，stopLoop 中的代码被执行。因此，运行结果如下：

```
i= 0 ,j= 0
i= 0 ,j= 1
i= 0 ,j= 2
i= 0 ,j= 3
i= 0 ,j= 4
i= 0 ,j= 5
i=1, 结束循环
```

📖 **说明**

> goto 语句的作用和 break 语句类似，都是结束循环。但实际上，goto 语句的主要目的是跳转。当代码中多处都需要执行相同的逻辑时，可以对相同部分的代码做标记，并在需要时使用 goto 语

句跳转到该标记。如此，当需要修改相同部分的代码时，仅需修改一次即可。这样就避免了在程序中进行多处修改所带来的缺陷，并节省了开发者的工作量。

4.5　for-range 结构

Go 语言有一类特有的循环遍历结构，即 for-range 结构。该结构不仅可以遍历数组和切片，还可以遍历集合、字符串和通道。而 for 循环对集合等数据结构是无能为力的（因为它们是无序的，for 循环仅针对有序数据结构）。

📖 **说明**

> 1. 有关通道的内容，本书将在第 9 章详述。
>
> 2. Go 语言中的 for-range 结构有些类似于其他编程语言中的 for-each 结构，有基础的读者可以对照理解其作用。

for-range 结构的使用格式如下：

```
for key,value:=range variable{
    //遍历时要执行的代码块
}
```

其中，key 表示键，value 表示值，variable 表示被遍历的变量。对于数组、切片及字符串，key 为索引，value 为值；对于集合，key 为键，value 为值；对于通道，则只返回通道内的值。

需要特别注意的是，虽然 value 是变量中某个元素的值，但修改 value 并不会影响该元素的值，因为 value 是值，而非指向内存地址的变量。

接下来，本书将结合示例代码来讲解 Go 语言中 for-range 结构的使用，相关代码位于 chapter04/for_range.go 文件中。

4.5.1　遍历数组与切片

遍历数组与切片的方法相同，只需直接套用 for-range 结构的使用格式即可。请读者阅读下面的代码片段：

```
for key, value := range []string{"你好", "三酷猫"} {
    fmt.Println("key=", key, ", value=", value)
}
```

运行结果如下：

```
key= 0 , value= 你好
key= 1 , value= 三酷猫
```

显然，key 为索引，value 为具体元素值。

4.5.2 遍历集合

遍历集合的方法也很简单，也是直接套用 for-range 结构的使用格式即可。只不过对集合而言，key 为键的值，value 为该键对应的具体值。请读者结合下面的示例代码理解：

```
fruit := map[string]float64{
    "apple": 5.4,
    "banana": 6.8,
    "cherry":10.5,
}
for key, value := range fruit {
    fmt.Println(key, value)
}
```

运行结果如下：

```
apple 5.4
banana 6.8
cherry 10.5
```

◀》 **注意**

由于集合本身是无序的，因此被遍历时也是无序的。虽然示例中的输出结果和为 fruit 变量赋初始值时的顺序一样，但是这并不表示对于所有集合变量均如此。

4.5.3 遍历字符串

在 Go 语言中，字符串也是可以被遍历的。在遍历字符串时，将取出字符所在的索引位置及字符值。请读者参考以下代码：

```
var str = "Hello, 三酷猫"
for key, value := range str {
    fmt.Printf("key:%d value:0x%x\n", key, value)
}
```

运行结果如下：

```
key:0 value:0x48
key:1 value:0x65
key:2 value:0x6c
key:3 value:0x6c
```

```
key:4 value:0x6f
key:5 value:0xff0c
key:8 value:0x4e09
key:11 value:0x9177
key:14 value:0x732b
```

📖 **说明**

> 在 Go 语言中，一个英文字符或标点占用 1 个位置，一个中文字符或标点占用 3 个位置。value
> 并非直接可读的字符，而是字符编码。

4.6 案例：三酷猫背九九乘法表

三酷猫学了循环语句后，决定自己用 Go 语言编写一个九九乘法表，并使用循环算法实现在控制
台输出九九乘法表的效果。具体输出样式如下：

```
1*1=1
1*2=2 2*2=4
1*3=3 2*3=6 3*3=9
1*4=4 2*4=8 3*4=12 4*4=16
1*5=5 2*5=10 3*5=15 4*5=20 5*5=25
1*6=6 2*6=12 3*6=18 4*6=24 5*6=30 6*6=36
1*7=7 2*7=14 3*7=21 4*7=28 5*7=35 6*7=42 7*7=49
1*8=8 2*8=16 3*8=24 4*8=32 5*8=40 6*8=48 7*8=56 8*8=64
1*9=9 2*9=18 3*9=27 4*9=36 5*9=45 6*9=54 7*9=63 8*9=72 9*9=81
```

本案例重点考查读者对于多层循环算法的使用。对本案例而言，需要使用二层循环，且外层循
环表示 9 行，内层循环负责每行的输出。通过观察输出样式，可以找到如下规律：每行之中被乘数
从 1 开始，到行数为止；乘数始终等于行数。因此，可以按照此规律实现，代码如下：

```go
for y := 1; y <= 9; y++ {
    for x := 1; x <= y; x++ {
        fmt.Printf("%d*%d=%d ", x, y, x*y)
    }
    fmt.Println()
}
```

4.7 案例：三酷猫学算法之冒泡排序

冒泡排序算法是一个经典的编程算法，三酷猫自然需要向它发出挑战了。本案例要求给定 10 个
整数，使用冒泡排序法将这 10 个整数按从小到大排序，并输出排序结果。这 10 个整数为：100，205，

113，15，6，78，24，-10，45，0。

所谓冒泡排序，就是使用多重循环，让最内层循环依次比较相邻的两个元素。如果前面的数更大，则交换位置，把较小的数放到前面，直到外层的一次循环结束。然后外层进行下一次循环，内层再依次比较一遍。

像这样把较小的数一个个地移动到前面，就好像气泡一样一个个地浮动到前面的排序算法称为冒泡排序。

需要注意的是，该案例需要综合使用数组/切片及循环算法实现，代码如下：

```go
package main
import "fmt"
/*三酷猫学算法之冒泡排序
 */
func main() {
    arr := [...]int{100,205,113,15,6,78,24,-10,45,0}
    var n = len(arr)
    for i := 0; i <= n-1; i++ {
        for j := i; j <= n-1; j++ {
            if arr[i] > arr[j] {
                t := arr[i]
                arr[i] = arr[j]
                arr[j] = t
            }
        }
    }
    fmt.Println(arr)
}
```

运行结果如下：

```
[-10 0 6 15 24 45 78 100 113 205]
```

📢 **注意**

初学者特别是没有任何编程基础的读者在理解冒泡排序时可能会需要一些时间，这是正常的。通过断点调试或控制台输出每个循环结束后的变量值，我们可以更容易理解冒泡排序。

4.8 练习与实验

1. 填空题

（1）对数组、切片、集合、字符串而言，通用的遍历方法是使用＿＿＿。

（2）当包含特别多的分支时，可以使用_____结构，也可以使用_____结构。

（3）在一个循环结构中，用于结束本次循环并继续下次循环的语句是_____。

（4）在一个循环结构中，用于跳出循环的语句是_____。

2. 判断题

（1）循环结构允许嵌套使用。

（2）在使用 switch…case…结构时，必须精确匹配每一种条件，否则将出现运行错误。

（3）在 Go 语言中，为了避免程序跳转发生错误，不允许使用 goto 语句。

（4）集合与数组/切片不同，是无法被遍历的。

（5）if 语句可以单独使用，也可以与 else 连用，达到多条件分支处理的目的。

3. 实验题

（1）编写程序，实现学生成绩等级判定，如果成绩大于或等于 80 分，则输出"优秀"；如果成绩大于或等于 70 分且小于 80 分，则输出"良好"；如果成绩大于或等于 60 分且小于 70 分，则输出"及格"；如果成绩小于 60 分，则输出"不及格"。

（2）编写程序，实现闰年判断，并输出某个特定年份的总天数。

（3）编写程序，使用数组存放 10 个正整数，输出其中的最大值、最小值和平均值。

第 5 章

函数

掌握 Go 语言中的函数，将有助于构建模块化的代码，并使其易于维护，增强代码的易读性。

在前面的章节中，本书或多或少地提到或使用过函数。函数（Function）就是事先组织好的、可重复使用的、用来实现单一或相关联功能的代码段，可以提高应用的模块性和代码的重复利用率。

📖 **说明**

> 优秀的代码结构遵循"DRY（Don't Repeat Yourself）原则"，即相同功能无须重复编码。实现该原则的主要方式是将特定功能的代码块封装为函数，并在需要执行它的位置调用它。

Go 语言除了支持普通函数，还支持匿名函数（Anonymous Function）和闭包（Closure），且这些函数本身可作为值进行传递。

本章将详述 Go 语言中函数的用法，包括声明、调用、延迟调用、递归等内容。

5.1 函数的声明

第 3 章曾经使用 len() 函数获取数组或切片的大小。这个 len() 函数是 Go 语言的内置函数。除了内置函数，Go 语言还允许开发者自定义函数及使用自定义函数。本节阐述函数的声明格式、参数和返回值。

本节的示例代码均位于 chapter05/custom_func.go 文件中。

5.1.1 函数的声明格式

首先来看 Go 语言是如何声明函数的，即函数的声明格式如下：

```
func function_name(params)(return_types){
    //要执行的代码块（函数体）
}
```

其中，以 func 开头，表示声明一个函数。紧跟着的 function_name 表示函数名，params 表示参数列表。在函数被调用时，可以将某些值按照参数列表的规则（包括参数类型、顺序及个数）传递给函数。params 参数列表称为形式参数，传入的值称为实际参数。此外，params 是可选的，函数可以不要求传入任何参数。return_types 是返回类型，表示函数执行后的结果的类型。若函数执行后无须返回任何结果，则可以省略 return_types；若函数执行后返回一个或多个值，则需要按顺序给定 return_types。由花括号包裹的部分是函数要执行的代码块，在函数中，这个代码块被称为函数体。

接下来，结合具体的示例代码，阐述如何在 Go 语言中声明一个简单的函数：

```go
package main
import "fmt"
/*三酷猫打招呼
 */
func main() {
    sayHello()
}
func sayHello(){
    fmt.Println("你好，三酷猫")
}
```

运行结果如下：

```
你好，三酷猫
```

在本示例中，sayHello 便是自定义的函数名了，它无须任何参数，也没有任何返回值。

◁)) 注意

在自定义函数时，Go 语言的语法并未要求自定义函数的代码位置。但是为了增强代码的可读性，通常将自定义函数放在 main()函数之后，并遵循一定的逻辑顺序。

5.1.2 函数的参数

接下来，尝试声明一个带有参数的函数，实现任意两个数相加的功能，具体代码如下：

```go
package main
import "fmt"
/*三酷猫算加法
 */
```

```
func main() {
    calcSum(1.2,3.4)
}
func calcSum(numX,numY float64){
    fmt.Println(numX+numY)
}
```

运行结果如下：

```
4.6
```

上述代码自定义了名称为 calcSum 的函数，用于计算两个数的相加和，并将计算结果输出到控制台。参数列表规定调用 calcSum()方法需传入两个 float64 类型的值。

📖 **说明**

想象一下，如果在整个项目代码中有多处涉及相同逻辑的复杂算术运算，则在没有使用函数时，实现和维护它们简直就是"噩梦"。

在本示例中，numX 和 numY 的类型相同，因此无须逐个定义它们的类型，只需在参数列表末尾一次性写明类型即可。若函数所需的每个参数各自的类型都不同，则可以进行如下定义：

```
numX int,numY float64
```

上述定义表示 numX 为 int 类型，numY 为 float64 类型。

🔊 **注意**

请读者特别注意定义参数时的格式，变量之间使用英文逗号间隔，变量与其类型之间使用空格间隔。在向函数传递参数时，若变量数量或变量类型有误，则会出现编译时错误，导致程序无法运行。

另外，若函数中的某个参数并没有在函数体内使用，则可以使用空白标识符"_"来表示。例如，若上述示例中没有使用 numY，则参数可以定义为：

```
numX int,_ float64
```

当在代码中调用该方法时，无须了解函数的具体实现，就可以得知有一个参数并没有在函数体内使用。

🔊 **注意**

Go 语言中不提供默认的参数值，因此读者在调用某个函数时，应当特别留意按照所需参数的规则传递参数。即使某个参数是空白标识符，也不允许遗漏。

5.1.3 可变参数

在某些情况下，一个函数的参数并不是固定数量的。比如，在向控制台输出文本时，调用的 fmt.Println()函数可接收的参数数量就是不确定的，调用格式如下：

```
fmt.Println("文本","文本")
```

也可以使用如下调用格式：

```
fmt.Println("文本","文本","文本","文本")
```

像这样可接收可变参数的函数，可以按如下方式定义：

```
func printStrings(strs...string){
    fmt.Println(strs)
}
```

在调用 printStrings()函数时，可以传入任意数量的参数，示例代码如下：

```
printStrings("文本")
printStrings("文本","文本","文本")
printStrings()
```

运行结果如下：

```
[文本]
[文本 文本 文本]
[]
```

从运行结果来看，...string 实际上就是 string 类型的切片，即[]string。上述代码完全可以被替换为：

```
func printStrings(strs []string){
    fmt.Println(strs)
}
```

相应地，在调用 printStrings()函数时，需要修改为：

```
printStrings([]string{"文本"})
printStrings([]string{"文本","文本","文本"})
printStrings([]string{})
```

此外，若所需可变参数的数据类型不相同，则可以使用 interface{}。interface{}是 Go 语言中指代任意类型的惯用方式。请读者结合下面的示例代码理解：

```
func main() {
    printStrings("文本",123,false)
}
func printStrings(args...interface{}){
    fmt.Println(args)
}
```

运行结果如下：

```
[文本 123 false]
```

5.1.4 函数的返回值

Go 语言中的函数允许返回单个值，也允许返回多个值。例如，当需要通过一个函数计算两个数的加、减、乘、除运算结果时，可以采用如下实现：

```go
func main() {
    fmt.Println(calc(1.2,3.4))
}
func calc(numX,numY float64)(float64,float64,float64,float64){
    var sum=numX+numY
    var sub=numX-numY
    var multi=numX*numY
    var div=numX/numY
    return sum,sub,multi,div
}
```

运行结果如下：

```
4.6 -2.2 4.08 0.35294117647058826
```

如上述代码所示，calc()函数定义了返回值的类型和数量，即 4 个均为 float64 类型的返回值，并在函数体末尾使用 return 语句将计算结果返回。在 main()函数中调用 calc()函数时，结果与上面一样。

◀» **注意**

> Go 语言中函数的返回值具有默认值，当 return 语句中不含某个变量的返回值时，该变量的值将为所属类型的默认值，如数字型为 0，字符串型为空字符串，布尔型为 false，指针类型为 nil。

细心的读者可能会有这样的疑问：函数返回值的定义只写明了类型，并没有写明变量名，这就会令人在日后的编码中产生困惑，尤其是在多返回值时。比如，本示例中的 4 个 float64 类型值表示加、减、乘、除运算结果，对于它们到底是按怎样的顺序返回的，作为 calc()函数的调用者是无法确切知道的，除非深入 calc()函数内部，看懂代码才行。这无疑增加了开发者的工作量。

实际上，在定义返回值时，完全可以像定义参数那样。比如，本示例的代码完全可以写成以下形式：

```go
func calc(numX,numY float64)(sum float64,sub float64,multi float64,div float64){
    sum=numX+numY
    sub=numX-numY
    multi=numX*numY
    div=numX/numY
    return
}
```

请读者对比 calc()函数改写前后的区别。这次在定义返回值时，写明了返回值的变量名、变量类型和数量，这样就可以在调用该函数时方便地理解返回值的含义了。在函数体内，可以为 4 个返回值的变量赋值。注意，使用该方法定义返回值变量并在函数体内为其赋值时，是无须再次声明它们的。最后，由于返回值变量在函数体内均被正确地赋值，因此只保留 return 语句即可。当然，如果希望自定义返回值，也可以在 return 语句后面追加要返回的变量。

5.2　函数的调用

无论是 Go 开发工具包内置的函数还是自定义的函数，都可以在代码的其他位置通过调用的方式执行该函数。本节将详细阐述函数的调用方法，以及在传递参数时的技巧。

本节的示例代码均位于 chapter05/custom_func.go 文件中。

5.2.1　函数的调用格式

在 Go 语言中，调用一个函数的格式如下：

```
return_values=function_name(params)
```

其中，return_values 是函数的返回值变量列表，该列表由 0 个或多个变量名构成，其类型和数量应与被调用函数定义的返回值变量列表一致。function_name 表示被调用的函数名。params 表示传递的参数列表，该列表由 0 个或多个变量名构成，其类型和数量应与被调用函数定义的参数变量列表一致。

例如，计算两个数的四则运算结果，要求在函数调用后，输出每种运算结果的值，代码如下：

```go
func main() {
    var sum float64
    var sub float64
    var multi float64
    var div float64
    sum,sub,multi,div=calc(1.2,3.4)
    fmt.Println("相加和为：",sum,"相减差为：",sub,"相乘积为：",multi,"相除商为：",div)
}
func calc(numX,numY float64)(sum float64,sub float64,multi float64,div float64){
    sum=numX+numY
    sub=numX-numY
    multi=numX*numY
    div=numX/numY
    return
}
```

运行结果如下：

```
相加和为： 4.6 相减差为： -2.2 相乘积为： 4.08 相除商为： 0.35294117647058826
```

> 📖 **说明**
>
> 　　在本示例中，main()函数和 calc()函数中均有名称为 sum、sub、multi 和 div 的变量，且类型都为 float64。由于这些变量都是在各自的函数内生成的，因此其作用域也被限制在各自的函数体内，互相不受影响。

5.2.2　值传递与引用传递

在 Go 语言中，在函数间传递参数有两种方式：一种是值传递，另一种是引用传递。

所谓值传递，是指在调用函数时将实际参数复制一份并传递到被调用的函数中。这样一来，在被调用的函数中对参数所进行的修改，将不会影响原始参数值。

所谓引用传递，是指在调用函数时将实际参数的地址传递到被调用的函数中，这样一来，在被调用的函数中对参数所进行的修改，将影响到原始参数值。

下面结合具体的代码，对比这两者的区别。首先是值传递，代码如下：

```
func main() {
    var x int=100
    var y int=200
    swap(x,y)
    fmt.Println("x 的值为: ",x,"y 的值为: ",y)
}
func swap(numA,numB int){
    var tempVar int
    tempVar=numA
    numA=numB
    numB=tempVar
}
```

运行结果如下：

```
x 的值为: 100 y 的值为: 200
```

然后是引用传递，代码如下：

```
func main() {
    var x int=100
    var y int=200
    swap(&x,&y)
    fmt.Println("x 的值为: ",x,"y 的值为: ",y)
}
func swap(numA,numB *int){
    var tempVar int
    tempVar=*numA
    *numA=*numB
```

```
        *numB=tempVar
}
```

运行结果如下：

```
x 的值为：200 y 的值为：100
```

显然，值传递和引用传递的运行结果是不同的。

在使用值传递时，只是将值作为参数传递给 swap()函数，而 numA、numB 及 tempVar 的作用域仅限于 swap()函数中，且它们的内存地址与 x、y 都不同，因此不会相互影响。也就是说，虽然在 swap()函数中将 numA 和 numB 的值交换了，但 x 和 y 并不受影响。

在使用引用传递时，swap()函数的参数变为了指针类型，在调用 swap()函数时传递的是 x、y 的内存地址。接着，在 swap()函数体内，将这两个内存地址所表示的变量值进行了交换。因此，由于 x 和 y 的内存地址不会改变，所以最终的结果是 x 和 y 的值发生交换。

5.2.3 案例：三酷猫识别数据类型

三酷猫准备编写一个函数，用于判断输入的参数值是什么类型，最终将类型输出到控制台中。

本案例的重点考查点为函数的定义、可变参数和切片循环，具体代码如下：

```
package main
import (
    "fmt"
    "reflect"
)
/*三酷猫识别数据类型
 */
func main() {
    //函数测试代码
    getVarType("abcd",0,true,[3]int{0,1,2},[]string{})
}
func getVarType(args ...interface{}) {
    for _, arg := range args {
        fmt.Println(reflect.TypeOf(arg))
    }
}
```

运行结果如下：

```
string
int
bool
[3]int
[]string
```

5.3 递归函数

递归函数（Recursion Function）是指在函数体内调用函数自身的函数。合理地使用递归函数可以帮助开发者巧妙地处理很多相似的重复逻辑，如产生斐波那契数列、递归列出磁盘中某个目录的完整树形结构等。

📖 **说明**

斐波那契数列（Fibonacci Sequence），又称黄金分割数列，指的是这样一个数列：0、1、1、2、3、5、8、13、21、34……其规律为：$F(0)=0$，$F(1)=1$，$F(n)=F(n-1)+F(n-2)$。

虽然递归函数很好用，但是需要注意：只有在满足下面 3 个条件的前提下才能考虑使用它。

- 要解决的问题可以被拆分成多个逻辑相同的子问题。
- 拆分前的原问题与拆分后的子问题具有相同的处理逻辑。
- 子问题必须有结束的条件，递归函数不能被无休止地调用下去。

接下来，以向控制台输出斐波那契数列为例，演示如何在 Go 语言中使用递归函数，代码如下：

```go
package main
import (
    "fmt"
)
/*输出斐波那契数列
 */
func main() {
    var array [10]int
    for i := 0; i < 10; i++ {
        array[i] = fibonacci(i)
    }
    fmt.Println(array)
}
func fibonacci(n int) (res int) {
    if n <= 1 {
        res = n
    }else{
        res = fibonacci(n-1) + fibonacci(n-2)
    }
    return
}
```

运行结果如下：

```
[0 1 1 2 3 5 8 13 21 34]
```

如上述代码所示，fibonacci()函数是计算斐波那契数列元素值的函数。传入的参数 n 代表元素所在数列位置的索引下标。当 n 为 0 或 1 时，直接返回 n 的值，即数列的前两个元素 0 或 1。当 n 为 2 时，分别调用 fibonacci(1) 和 fibonacci(0)，得到返回结果 1 和 0，再将 1 和 0 相加，最终得到 fibonacci(2) 的返回值为 1。当 n 为 3 时，分别调用 fibonacci(2) 和 fibonacci(1)，得到返回结果 fibonacci(1)+fibonacci(0) 和 1，再分别调用 fibonacci(1) 和 fibonacci(0)，得到返回结果 1 和 0，将 1 和 0 相加得到 1，并将本次相加的结果 1 和 1 相加，最终得到 fibonacci(3) 的返回值为 2。以此类推，直到完成 n 为 9 的计算后，退出循环，完成程序运行。

◀))) **注意**

> 由于 Go 语言内部使用了可变函数调用栈大小，因此在使用递归时，无须开发者关注栈溢出的问题。

5.4 匿名函数

与命名函数相对应，匿名函数是指不需要定义函数名的一种函数实现方式，由一个不带函数名的函数声明和函数体组成。匿名函数通常用于给变量赋值、回调等。本节将结合实际使用场景阐述匿名函数的用法。

本节的示例代码均位于 chapter05/anonymous_func.go 文件中。

5.4.1 匿名函数的声明

在 Go 语言中，声明一个匿名函数的格式如下：

```
func ([params])([return_types]){
    //函数体
}
```

其中，以 func 开头，表示声明一个函数。params 是参数列表，在函数被调用时，可以将某些值按照参数列表的规则（包括参数类型、顺序及个数）传递给函数。params 参数列表称为形式参数，传入的值称为实际参数。此外，params 是可选的，函数可以不要求传入任何参数。return_types 是返回类型，表示函数执行后的结果的类型。若函数执行后无须返回任何结果，则可以省略 return_types；若函数执行后返回一个或多个值，则需要按顺序给定 return_types。由花括号包裹的部分是函数体。

对比命名函数的声明格式可以明显地发现，匿名函数就是省略了函数名的函数。有关参数列表和返回类型的定义方法，请读者参考 5.1 节中的内容。

5.4.2　匿名函数的调用

当声明匿名函数后，即可立即调用它。示例代码如下：

```go
func main() {
    func(str string) {
        fmt.Println(str)
    }("你好，三酷猫")
}
```

运行结果如下：

```
你好，三酷猫
```

本示例定义了一个匿名函数，且要求传入的参数为 string 类型。在完成函数声明后，末尾的圆括号表示对该函数的调用，传入的值为"你好，三酷猫"。

◀》注意

> 和命名函数不同，匿名函数应声明在某个函数内部，即使普通的函数也不允许使用圆括号立即调用。

5.4.3　将匿名函数赋值给变量

匿名函数与命名函数不同，由于没有函数名，在调用匿名函数时会很不方便。为了弥补这个缺陷，开发者可以将匿名函数赋值给某个变量，通过变量的名称发起调用。示例代码如下：

```go
func main() {
    //声明变量 functionA，并将匿名函数赋值给它
    functionA:=func(str string) {
        fmt.Println(str)
    }
    //通过 functionA()调用匿名函数
    functionA("你好")
    functionA("三酷猫")
}
```

运行结果如下：

```
你好
三酷猫
```

5.4.4　使用匿名函数实现回调

在实际开发中，某些程序逻辑可能会消耗一段时间才能完成，如网络下载、文件复制等。这些操作通常运行在程序后台，只需在必要时向用户界面告知进度即可。类似这样的操作，可以借助函数

回调来实现，根本原理就是先将匿名函数作为变量，再将这个变量用作函数参数传递。

下面的代码实现了每隔一秒向控制台中输出当前时间的功能，请读者重点关注匿名函数的使用：

```
func main(){
    //调用命名函数 start()，传入匿名函数，输出当前时间
    start(func(){
        t:=time.Now()
        fmt.Println(t.Year(),t.Month(),t.Day(),t.Hour(),t.Minute(),t.Second())
    })
}
//start()函数每隔一秒通过 f()调用一次匿名函数
func start(f func()){
    for{
        //延迟 1 秒执行
        time.Sleep(1*time.Second)
        f()
    }
}
```

运行结果如下：

```
2021 October 22 9 56 39
2021 October 22 9 56 40
2021 October 22 9 56 41
...
```

结合代码中的注释，main()函数调用了命名函数 start()，并传入了一个匿名函数。该匿名函数的作用就是获取当前时间，并输出到控制台中。start()函数内部只有一个无休止的循环，作用是每隔一秒通过 f()调用传入的匿名函数。因此，本示例代码运行的结果是每隔一秒，控制台就会出现一行表示当前时间的文本。

5.4.5　案例：三酷猫的下载"神器"

本案例要求读者帮助三酷猫制作一个文件下载器，且每隔一秒下载进度增加 1%，并向控制台中输出当前进度。每次下载从 0%开始到 100%结束。

暂停一秒执行的语句如下：

```
time.Sleep(1*time.Second)
```

实现上述需求的思路很简单，以下为解题思路：首先，创建一个命名函数 download()，参数为匿名函数，匿名函数的参数为进度百分比；然后，实现 download()函数，其函数体的逻辑由 for 循环构成，循环体内部每隔一秒调用传入的匿名函数，并将进度数据作为参数传入其中；最后，在 main()函数中调用 download()函数，并传入匿名函数，匿名函数内部是输出参数的值（即当前进度的百分比）。

完整的实现代码如下：

```go
package main
import (
    "fmt"
    "time"
)
/*三酷猫的下载"神器"
 */
func main() {
    download(func(progress int) {
        fmt.Println("当前下载进度: ",progress)
    })
}
func download(output func(progress int))  {
    value:=0
    for{
        output(value)
        value++
        if value>100{
            break
        }
        time.Sleep(1*time.Second)
    }
}
```

运行结果如下：

```
当前下载进度: 0
当前下载进度: 1
当前下载进度: 2
当前下载进度: 3
...
当前下载进度: 100
```

📖 说明

在实现本案例时，读者可以先将 download() 函数体中循环的终止条件改为 value>5，这样有助于减少验证终止条件是否准确的时间。如果程序运行逻辑无误，将终止条件改为 value>100 即可。

5.5 闭包

在 Go 语言中，闭包是指函数体内使用了自由变量的函数，被使用的自由变量和函数一同存在。即使已经离开了自由变量的环境，自由变量也不会被释放或删除，且在闭包中可以继续使用这个自由变量。因此，可以说闭包为函数带来了"记忆效应"。

下面的示例代码位于 chapter05/closure.go 文件中，它实现了多个累加器，并在多个累加器之间，通过传入不同的起点，演示了累加器生成函数是如何"记住"其内部的变量值的：

```go
package main
import (
    "fmt"
)
func main() {
    accumulator := Accumulate(1)
    fmt.Println(accumulator())
    fmt.Println(accumulator())
    fmt.Println(accumulator())
    accumulator2 := Accumulate(10)
    fmt.Println(accumulator2())
    fmt.Println(accumulator2())
    fmt.Println(accumulator2())
    accumulator3 := Accumulate(100)
    fmt.Println(accumulator3())
    fmt.Println(accumulator3())
    fmt.Println(accumulator3())
    //再次通过每个变量调用各自的函数
    fmt.Println(accumulator())
    fmt.Println(accumulator2())
    fmt.Println(accumulator3())
}
func accumulate(value int) func() int {
    return func() int {
        value++
        return value
    }
}
```

运行结果如下：

```
2
3
4
11
12
13
101
102
103
5
14
104
```

在本示例中，accumulator、accumulator2、accumulator3 是 3 个变量，分别通过调用 accumulate()
函数被赋予了初始值。accumulate()函数最终返回匿名函数，因此它们 3 个的初始值均为匿名函数。
这 3 个匿名函数之间没有任何关系，其中的 value 变量是通过值传递赋值的局部变量。这 3 个匿名函
数便是 3 个闭包。当被调用时，由于 value 变量不同，因此它们 3 个内部的 value 参数的初始值各不
相同，累加起点也会随之变化，独立运行，互不干扰。此外，无论在何处再次发起匿名函数的调用
时，累加都会在之前的结果上执行，而非完全重新开始，这就是使用闭包的好处。

5.6 函数的延迟调用

在某些特殊的场景下，开发者希望函数不要立即执行，这通常用于数据库、文件等读/写操作中。
试想，如果有多个函数同时修改数据库的某个值，或者读/写某个文件，将会造成冲突，导致数据出
现错误。这些函数的执行应该是"互斥"的，它们不可以同时执行。类似这种场景，就需要开发者使
用延迟调用语句，让这些互斥的函数按顺序排队执行。

本节将介绍 Go 语言中的延迟调用语句，相关示例代码位于 chapter05/defer.go 文件中。

5.6.1 延迟调用的使用和特点

在 Go 语言中，延迟调用的关键词是 defer。

当有多个 defer 行为时，这些行为将以逆序的方式执行，请读者阅读下面的代码，并结合其运行
结果理解 defer 行为的执行顺序：

```
fmt.Println("defer 行为开始")
defer fmt.Println("操作 1")
defer fmt.Println("操作 2")
defer fmt.Println("操作 3")
fmt.Println("defer 行为结束")
```

运行结果如下：

```
defer 行为开始
defer 行为结束
操作 3
操作 2
操作 1
```

很明显，使用 defer 行为实现延迟调用有如下特点。

- defer 行为的实际执行顺序与代码定义的顺序是相反的。

- 所有的 defer 行为将在整个函数体执行结束后执行（即使发生宕机也会执行。在 Go 语言中，宕机也被称为 panic）。

📖 **说明**

> 延迟调用在函数体运行结束后才会执行。开发者可以利用该特点在业务逻辑运行结束后，通过延迟调用释放相关资源，比如关闭文件流、关闭数据库链接等。

5.6.2　使用延迟调用的注意事项

1. 案例 1：defer 表达式与函数返回

请读者先阅读下面的代码，然后猜想其运行结果：

```
package main
import "fmt"
func main() {
    i := 0
    defer fmt.Println(i)
    i++
    fmt.Println(i)
    return
}
```

运行结果如下：

```
1
0
```

根据前文中描述的延迟调用的特点，这段代码的运行结果应该是两个 1，但是实际运行结果为什么会是 1 和 0 呢？

这是因为在这段代码中，虽然 defer 表达式确实是在 i++ 之后才运行的，但是根据 Go 语言的内部实现，defer 表达式中传入的 i 在整个 defer 表达式运行之前已经被保存了，即使后期再有变化，也不会修改被保存的 i 的值，因此运行结果中的第二个数为 0。

2. 案例 2：defer 表达式与闭包

当 defer 表达式"遇"上闭包，代码将如何执行呢？请读者先阅读下面的代码，然后猜测其运行结果：

```
package main
import "fmt"
func main() {
    fmt.Println(funcA())
```

```
}
func funcA() (numA int) {
    defer func() {
        numA++
    }()
    return 0
}
```

运行结果如下：

```
1
```

相信很多读者会感到奇怪，为什么最终运行结果是 1 而不是 0 呢？实际上，当 funcA()函数被调用时，函数返回结果应当是 0，但是由于 defer 表达式的引入，会在设置函数返回值之后与返回 main() 函数之前的间隙执行 defer 表达式，修改 numA 的值，使得最终的运行结果为 1。

3. 案例 3：在循环体中的 defer 表达式

当 defer 表达式位于某个循环体中的时候，其运行结果会是什么样的呢？请读者先阅读下面的代码，然后猜测其运行结果：

```
package main
import "fmt"
func main(){
    numArr := [5]int{1, 2, 3, 4, 5}
    for _, value := range numArr {
        defer fmt.Println(value)
    }
    fmt.Println("函数开始执行")
}
```

运行结果如下：

```
函数开始执行
5
4
3
2
1
```

理解这段代码并不难，只需把握一个原则，即当有多个 defer 表达式同时存在时，其实际执行顺序与代码定义的顺序相反。本案例的代码逻辑与以下的代码逻辑相同：

```
package main
import "fmt"
func main() {
    numArr := [5]int{1, 2, 3, 4, 5}
    defer fmt.Println(numArr[0])
    defer fmt.Println(numArr[1])
```

```
    defer fmt.Println(numArr[2])
    defer fmt.Println(numArr[3])
    defer fmt.Println(numArr[4])
    fmt.Println("函数开始执行")
}
```

4. 案例 4：在循环体中的 defer 表达式与闭包

当 defer 表达式在循环体中，其本身又是闭包时，程序的执行又将如何呢？请读者先阅读下面的代码，然后尝试写出其运行结果：

```
package main
import "fmt"
func main(){
    numArr := [5]int{1, 2, 3, 4, 5}
    for _, value := range numArr {
        defer func() {
            fmt.Println(value)
        }()
    }
    fmt.Println("函数开始执行")
}
```

运行结果如下：

```
5
5
5
5
5
```

之所以本案例得到上面的运行结果，是因为当执行 defer 表达式时，for 循环已经结束，而循环体中的 value 是最后一次循环的值 5，当执行 defer 表达式时，只能反复输出 numArr[4] 的值。

5.7 Go 语言的异常处理

对于大部分的高级编程语言来说，异常处理是必不可少的。在编码过程中，编译时错误会被 IDE 捕获，并告知开发者。但这仅限于编译时错误，运行时错误只能在程序运行的时候暴露。

比如，从网络中获取一段数组数据，当获取的数据长度为 0 时，如果不对其进行长度判断就直接使用索引下标访问，则会引发数组越界错误，而这些错误将导致宕机。

本节将阐述 Go 语言中的宕机现象，以及如何从宕机状态中恢复（Recover）。相关示例代码位于 chapter05/panic_recover.go 文件中。

5.7.1 运行时宕机

在 Go 语言中，如果程序发生宕机，将会停止执行后面的代码，转而执行 defer 表达式。在 defer 表达式全部被执行完成后，程序将产生崩溃日志。对于多线程的情况来说，宕机将发生在相应的线程中，且每个线程拥有单独的日志信息。

📖 **说明**

有关多线程的知识，将在本书第 9 章中详述。

此外，宕机还可以被手动触发。接下来，本书将演示如何通过手动触发宕机。示例代码如下：

```
package main
import "fmt"
func main(){
    fmt.Println("程序开始执行")
    defer fmt.Println("发生宕机后要运行的逻辑")
    panic("发生宕机! ")
    fmt.Println("程序停止执行")
}
```

运行结果如下：

```
程序开始执行
发生宕机后要运行的逻辑
panic: 发生宕机!
goroutine 1 [running]:
main.main()
        /Users/wenhan/Project/GoLearn/panic_recover.go:6 +0xe8
Process finished with the exit code 2
```

在本示例中，由 panic()函数触发宕机。一旦发生宕机，正常的代码逻辑就会停止，并且无法输出"程序停止执行"字样，而是执行 defer 表达式，输出"发生宕机后要运行的逻辑"字样。当 defer 表达式被执行完毕后，控制台输出了发生崩溃的堆栈跟踪信息。显然，开发者可以轻松地找到发生宕机的代码位置——panic_recover.go 文件中的第 6 行。

对于大多数运行时错误，开发者都可以通过控制台信息轻松地找到发生宕机的位置。示例代码如下：

```
package main
import "fmt"
func main(){
    fmt.Println("程序开始执行")
    defer fmt.Println("发生宕机后要运行的逻辑")
    numA:=[]int{}
    fmt.Println(numA[5])
    fmt.Println("程序停止执行")
}
```

本示例声明了切片 numA，但其长度为 0，接着尝试输出 numA[5]。毫无疑问地，这将引发宕机。

因此，本示例运行结果如下：

```
程序开始执行
发生宕机后要运行的逻辑
panic: runtime error: index out of range [0] with length 0
goroutine 1 [running]:
main.main()
        /Users/wenhan/Project/GoLearn/hello_go.go:9 +0xe0
Process finished with the exit code 2
```

显然，开发者依旧可以通过运行结果找到发生宕机的对应代码位置。

5.7.2 宕机时恢复

在实际开发中发生宕机的情况时，可能希望程序依然可以继续执行，而非就此终止。此时，就需要程序自身能够"聪明地"从宕机状态中恢复。

比如，当程序正在向 USB 外接存储设备中读/写数据时，该设备突然被拔出，这将使程序发生错误，导致崩溃。为了增强程序的健壮性，一种做法是捕获此类异常后回收相关的资源，使程序处于等待状态并给出恰当的提示。当重新插入设备时，程序将继续之前的读/写操作。

下面的代码演示了如何捕获手动触发的异常，并从异常中恢复程序的运行：

```go
package main
import (
    "fmt"
)
func main(){
    fmt.Println("程序开始执行")
    defer func() {
        err:=recover()
        if err=="USB 设备被拔出"{
            fmt.Println("USB 设备被拔出，请重新插入")
        }
    }()
    panic("USB 设备被拔出")
}
```

运行结果如下：

```
程序开始执行
USB 设备被拔出，请重新插入
Process finished with the exit code 0
```

📢 注意

如本示例所示，对没有发生任何异常的程序而言，其退出码通常为 0。对比 5.7.1 节中的示例可以发现，如果程序发生异常且未从中恢复，则其退出码为 2。换言之，如果使用了 recover()函数，并在程序发生异常后调用了它，则程序依然会被认为是正常运行的。

其他运行时异常的处理方法也是类似的，示例代码如下：

```go
package main
import (
    "fmt"
)
func main(){
    fmt.Println("程序开始执行")
    defer func() {
        err:=recover()
            fmt.Println(err)
    }()
    numA:=[]int{}
    fmt.Println(numA[5])
}
```

运行结果如下：

```
程序开始执行
runtime error: runtime error: index out of range [5] with length 0
Process finished with the exit code 0
```

5.8 案例：三酷猫的面积计算器

本案例要求读者帮助三酷猫制作一个面积计算器。同时，需要使用函数封装具体的计算逻辑，并最终返回计算结果。当用户输入错误的数据（如负数）时，应当能够避免程序崩溃并给出提示（手动触发宕机和恢复）。

本案例主要考查读者使用函数，以及将程序从崩溃中恢复的能力，具体代码如下：

```go
package main
import (
    "fmt"
)
func main(){
    var width float64=12
    var height float64=14
    defer func() {
        err:=recover()
        if err!=nil{
            fmt.Println(err)
        }
    }()
    if width<0||height<0 {
        panic("数值应为正值。")
    }
```

```
    fmt.Println("面积为：",width*height)
}
```

🔊 **注意**

　　无论程序是否发生异常，defer 表达式都会在函数返回后被执行，因此请注意考虑程序未发生异常时的 defer 表达式的内容。若本案例不对 err 变量进行非空判定，则程序的输出结果将始终带有 <nil> 字样。

5.9　练习与实验

1. 填空题

（1）普通函数的声明应包含_____，以及可选的_____和_____。

（2）在调用函数时，值传递实际上是参数的_____，引用传递实际上传递的是_____。

（3）和普通函数相比，匿名函数在声明时不应包含_____。

（4）若要在 Go 语言中实现回调，则应当使用_____实现。

（5）在 Go 语言中，处理运行时宕机的语句是_____。

2. 判断题

（1）在调用函数时，必须处理函数的返回值，否则将出现编译时错误。

（2）在函数间传递参数时，值传递本质上传递的是指针，引用传递则是参数的复制。

（3）调用匿名函数非常不方便，只能先将匿名函数赋值给变量，再通过变量调用。

（4）当代码中存在若干条 defer 语句时，它们将会在最后被按顺序执行。

（5）如果一个 Go 程序在运行时发生 panic，表示发生了宕机，开发者对此无能为力。

3. 实验题

（1）编写程序，使用递归函数实现斐波那契数列前 100 个数值的输出。

（2）编写程序，求 1 至 100 以内的所有素数之和，要求使用函数实现素数的判断。

（3）编写程序，输出杨辉三角的前 10 行。

第 **6** 章
结构体

掌握 Go 语言中的结构体，并使用结构体描述真实世界中的实体，将有助于帮助开发者轻松地实现项目需求。

在 3.5 节中，本书简单地阐述了结构体、结构体成员，以及它们的使用方法。本章将深入探讨结构体，读者通过本章的学习，不仅可以根据需要定义合适的结构体，还可以通过结构体的内嵌，并配合接口，构建出比其他面向对象的编程语言更具扩展性和灵活性的代码。

📖 **说明**

> 与某些编程语言不同，Go 语言没有"类"的概念，更不支持类继承等方法，但可以通过使用结构体实现继承的功能。不仅如此，在 Go 语言中，结构体的内嵌配合接口比面向对象具有更高的扩展性和灵活性。

6.1 类型

本书第 2 章及第 3 章阐述了 Go 语言的基本数据类型和各种高级数据类型。相信各位读者已经对它们非常熟悉了，这些数据类型都是 Go 语言自带类型。除了这些类型，Go 语言还可以通过 type 或 struct 关键字定义新的类型，这种新的类型被称为自定义类型。

当然，自定义类型是基于 Go 语言中自带类型的，通常是某个自带类型的别名，或者是一个或多个类型的组合，后者被称为结构体。

本节的示例代码位于 chapter06/type.go 文件中。

6.1.1 自定义类型

使用 type 关键字声明自定义类型的格式如下：

```
type new_type_name origin_type_name
```

其中，type 为关键字，new_type_name 是自定义类型名，origin_type_name 是 Go 语言中的某个自带类型。下面的代码演示了如何将 NewInt 定义为 int 类型：

```
type NewInt int
```

在完成如上定义后，即可在后续的代码中使用 NewInt 进行变量声明：

```
func main() {
    type NewInt int
    var intNum NewInt=10
    fmt.Println("intNum 的值为：",intNum,"，类型为：",reflect.TypeOf(intNum))
}
```

运行结果如下：

```
intNum 的值为： 10 ，类型为： main.NewInt
```

注意

使用自定义类型前必须先声明该类型。在本示例中，NewInt 的声明应当在 intNum 的声明之前，否则将会引发编译时错误：Unresolved type 'NewInt'，即无法识别的类型"NewInt"。另外，从输出的结果来看，intNum 的类型为 main.NewInt。这意味着声明的 NewInt 类型的作用域仅为 main() 函数内部。若在另外一个未声明 NewInt 类型的方法中使用它，则会引发相同的编译时错误。若要使 NewInt 类型全局可用，则需要将其声明移动到 main() 函数外部，即全局声明。

6.1.2 自定义别名

在 Go 语言中，除了可以自定义类型，还可以自定义某个自带类型的别名。这种通过"起别名"的方式实现的自定义类型，其本质还是自带类型，这个别名仅存在于代码中，一旦完成编译，别名就不再存在。

自定义别名的格式如下：

```
type new_type_name = origin_type_name
```

注意

请注意区分自定义类型和自定义别名的区别，两者仅有一个等号的差别。

下面的代码演示了如何为 int 类型起别名：

```
type NewInt = int
```

类似地，在完成如上定义后，即可在声明变量时使用 NewInt 类型，例如：

```
func main() {
    type NewInt = int
    var intNum NewInt=10
    fmt.Println("intNum 的值为：",intNum,"，类型为：",reflect.TypeOf(intNum))
}
```

运行结果如下：

```
intNum 的值为： 10 ，类型为： int
```

◁)) **注意**

　　与自定义类型不同，从本示例的运行结果中可以看到，intNum 的类型依然为 int 而非 NewInt，这就是别名仅存在于代码中的原因。

在实际开发中，自定义别名通常用于处理代码升级、迁移过程中的类型兼容问题。

6.2 结构体的基本使用

众所周知，生活中的大多数实体都不是由单个属性构成的。例如：一个人有姓名、年龄、性别、身高、体重等信息；一辆汽车有品牌、颜色、种类、名称等信息。这些信息有些是文字，有些是数值，甚至是更为复杂的结构。像这样的实体，可以使用结构体来定义。结构体可以封装一个或多个类型数据，并且更为复杂的结构可以在结构体内嵌套其他结构体。

本节将阐述结构体的一般声明和使用方法，相关示例代码位于 chapter06/struct_basic.go 文件中。

6.2.1 结构体的声明及实例化

声明结构体的格式如下：

```
type struct_name struct {
    field_name definition
    field_name definition
    ...
}
```

其中，type 是 Go 语言中的关键字，作用是声明为自定义类型；struct_name 表示自定义的结构体名称（通常以大写字母开头）；由 struct{}包裹的内容表示结构体的内容部分；field_name 表示字段的名称；definition 表示字段的数据类型。

下面的示例代码是用于描述书籍的结构体 Book 的:

```
type Book struct {
  title string
  author string
  subject string
}
```

如上面的代码所示,名称为 Book 的结构体由 3 个变量组成: title、author 和 subject,分别表示标题、作者和主题。一本书籍的信息由一个 Book 结构体组织,不同书籍的信息由不同的 Book 结构体分别组织。

在通常情况下,若结构体中的字段名以大写字母开头,则表示该字段允许被公开访问;若结构体中的字段名以小写字母开头,则表示该字段为私有字段。所谓私有,就是仅允许在定义当前结构体的包中访问。关于包的更多内容,将在第 8 章中详细阐述。

📖 **说明**

本示例仅做代码讲解之用,因为上述 3 个要素不足以描述一本书籍的所有特点。在实际开发中,读者应结合项目业务需求,在声明结构体时尽可能全面地描述一个实体。

此外,Go 语言还允许省略结构体中的字段名,比如:

```
type AnonymousStruct struct {
    int
    string
}
```

像这类不具有字段名的字段,被称为"匿名字段"。匿名字段将采用其类型名作为字段名,因此在使用匿名字段时,要求所有字段名必须是唯一的。也就是说,整个结构体中同种类型的字段只能有一个。

上述代码通过声明结构体定义了新的类型,但由于暂时没有该类型的变量,系统不会为其分配内存空间。只有该类型的变量被实例化后,才会被分配内存空间。

实例化结构体的格式如下:

```
var instance_name struct_type
```

其中,instance_name 表示结构体的实例名称;struct_type 表示结构体类型。比如,要声明一个类型为 Book,名称为 bookOne 的变量,代码如下:

```
var bookOne Book
```

如此,bookOne 变量的类型就是 Book 了。在声明变量后,就要对其赋值,完成实例化。

为结构体变量中的字段赋值，格式如下：

```
instance_name.field_name=value
```

其中，instance_name 表示结构体的实例名称，field_name 表示字段的名称，value 表示字段的值。接上例，为 bookOne 变量赋值，代码如下：

```
bookOne.title="书籍名称"
bookOne.author="作者名称"
bookOne.subject="书籍主题"
fmt.Println(bookOne)
fmt.Println(reflect.TypeOf(bookOne))
```

运行结果如下：

```
{书籍名称 作者名称 书籍主题}
main.Book
```

上述代码通过 name.field 的方式访问结构体中的某个字段值，这种方式在对字段进行赋值和取值操作中均可用。

除了可以按照上述格式赋值，还可以直接在声明变量时通过键–值对的方式赋值，示例代码如下：

```
bookOne:=Book{
    title:"书籍名称",
    author: "作者名称",
    subject: "书籍主题"}
fmt.Println(bookOne)
fmt.Println(reflect.TypeOf(bookOne))
```

运行结果依然是下面这样的：

```
{书籍名称 作者名称 书籍主题}
main.Book
```

在使用键–值对进行字段赋值时，键–值对的赋值顺序和结构体中定义的字段顺序无须保持一致。下面的写法与上述示例的作用相同，同样是被允许的：

```
bookOne:=Book{
    subject: "书籍主题",
    title:"书籍名称",
    author: "作者名称"}
fmt.Println(bookOne)
fmt.Println(reflect.TypeOf(bookOne))
```

这段代码首先为 subject 字段赋值，而在结构体的声明中，subject 字段是最后一个声明的。由于在赋值时，显式写明了字段名，因此在运行时可以精准地将值与字段匹配到一起。

在使用键–值对进行字段赋值时，允许省略某个字段，比如：

```
bookOne:=Book{
    title: "书籍名称"}
```

```
fmt.Println(bookOne)
fmt.Println(reflect.TypeOf(bookOne))
```

运行结果如下：

```
{书籍名称  }
main.Book
```

此外，Go 语言还允许在实例化结构体变量时，直接省略键，并直接使用值列表的方式实现赋值。
比如：

```
bookOne:=Book{
    "书籍名称",
    "作者名称",
    "书籍主题"}
fmt.Println(bookOne)
fmt.Println(reflect.TypeOf(bookOne))
```

运行结果如下：

```
{书籍名称 作者名称 书籍主题}
main.Book
```

◀» **注意**

在使用值列表的方式赋值时，要注意每个值的顺序应与声明结构体时的字段顺序保持一致，
且必须依次为每个字段赋值。键-值对与值列表不能同时使用。

6.2.2 匿名结构体

匿名结构体，指的是没有定义结构体名称，且无须通过 type 关键字声明的结构体。这类结构体
可以先被赋值给某个变量，然后通过变量来访问结构体中的字段。

声明匿名结构体及其变量的格式如下：

```
variable_name:=struct {
    field_name definition
    field_name definition
    ...
}{
    field_name:value
    field_name:value
    ...
}
```

其中，variable_name 表示该结构体实例化后的变量名，field_name 表示字段的名称，definition 表
示字段的数据类型，value 表示字段的值。显然，匿名结构体的声明和实例化通常会在一起完成。

下面的代码演示了如何使用匿名结构体实现描述一本书籍的信息的目的：

```
bookOne:=struct{
    //结构体的声明
    title string
    author string
    subject string}{
    //结构体变量的赋值
    title:"书籍名称",
    author:"作者名称",
    subject:"书籍主题",
}
fmt.Println(bookOne)
fmt.Println(reflect.TypeOf(bookOne))
```

运行结果如下：

```
{书籍名称 作者名称 书籍主题}
struct { title string; author string; subject string }
```

当然，在为匿名结构体变量赋值时，可以自由选择使用键–值对或值列表的方式，详情可参考 6.2.1 节中的相关内容。

6.2.3　内存中的结构体变量

一旦结构体变量完成实例化，就完成了内存地址分配。在一个变量中，每个字段的内存地址通常是连续的。下面的代码演示了结构体变量在内存中的地址分配情况：

```
func main() {
    testStruct :=struct{
        intA int8
        intB int8
        intC int8
        intD int8}{
        1,
        2,
        3,
        4}
    fmt.Println(&testStruct.intA)
    fmt.Println(&testStruct.intB)
    fmt.Println(&testStruct.intC)
    fmt.Println(&testStruct.intD)
}
```

如上述代码所示，testStruct 是匿名结构体变量，其中有 4 个字段，都是 int8 类型，且均完成了赋值。运行结果如下：

```
0xc00000a088
0xc00000a089
```

```
0xc00000a08a
0xc00000a08b
```

很明显地，结构体变量内部的 4 个字段在内存中的地址是连续的。

6.2.4 声明并实例化指针类型的结构体变量

在 Go 语言中，使用 new() 函数可以对结构体变量进行实例化，并返回结构体变量的地址。下面的代码演示了如何使用 new() 函数实例化结构体变量：

```
type Book struct {
    title string
    author string
    subject string
}
func main() {
    var bookTwo=new(Book)
    fmt.Println(&bookTwo)
    fmt.Println(bookTwo)
    fmt.Println(reflect.TypeOf(bookTwo))
}
```

运行结果如下：

```
0xc000006028
&{ }
*main.Book
```

显而易见地，名称为 bookTwo 的变量是指向 Book 结构体变量的指针。在使用 new() 函数实例化后，bookTwo 变量便有了值，其值为 Book 结构体变量的内存地址。由于尚未赋值，因此该结构体变量中的字段值均为默认值，即空字符串。若要对其进行赋值，则可以通过 bookTwo 变量实现，具体代码如下：

```
bookTwo.title="书籍名称"
bookTwo.author="作者名称"
bookTwo.subject="书籍主题"
fmt.Println(bookTwo)
```

运行结果如下：

```
&{书籍名称 作者名称 书籍主题}
```

除了 new() 函数，还可以使用 "&" 运算符直接对结构体进行取地址操作，完成结构体变量的实例化。示例代码如下：

```
func main() {
    bookTwo:=&Book{}
    fmt.Println(&bookTwo)
    fmt.Println(bookTwo)
```

```
    fmt.Println(reflect.TypeOf(bookTwo))
    bookTwo.title="书籍名称"
    bookTwo.author="作者名称"
    bookTwo.subject="书籍主题"
    fmt.Println(bookTwo)
}
```

运行结果如下：

```
0xc000006028
&{  }
*main.Book
&{书籍名称 作者名称 书籍主题}
```

📖 **说明**

在进行字段赋值操作时，似乎(*bookTwo).xxx=xxx 更符合语法。实际上，直接使用 bookTwo.xxx=xxx 也是允许的。Go 语言自动帮助我们完成了从地址取值的操作，这正是 Go 语言的便利优势。

6.3 构造函数与方法

某些其他面向对象的语言具有实体类及其构造函数与方法，但是 Go 语言没有。而借助结构体，开发者可以自己实现构造函数与方法。本节将详细阐述 Go 语言中的构造函数与方法是如何实现的，相关示例代码位于 chapter06/constructor_method.go 文件中。

6.3.1 使用结构体实现构造函数

在 Go 语言中，构造函数是通过初始化结构体来模拟实现的。

📖 **说明**

在其他编程语言中，所谓构造函数，就是具备以下功能和特点的函数。

- 每个类都可以添加构造函数，多个构造函数使用函数重载实现。
- 构造函数一般与类同名，且没有返回值。
- 构造函数有一个静态构造函数，一般用这个特性来调用父类的构造函数。
- C++还有默认构造函数、拷贝构造函数等。

接下来，以猫为例，根据不同的性别、颜色和名字构建不同的猫。具体代码如下：

```
package main
```

```
import (
    "fmt"
    "reflect"
)
type Cat struct {
    //性别, 0 为公, 1 为母
    gender int
    //颜色
    color string
    //名字
    name string
}
func newCat(gender int,color string,name string) *Cat {
    return &Cat{
        gender: gender,
        color: color,
        name: name}
}
func main(){
    //通过 newCat()函数生成 Cat 实例
    catOne:=newCat(0,"white","三酷猫")
    fmt.Println(catOne)
    fmt.Println(reflect.TypeOf(catOne))
}
```

运行结果如下：

```
&{0 white 三酷猫}
*main.Cat
```

本示例声明了结构体变量 Cat，由 newCat()函数接收全部对应字段，并最终返回了 Cat 的指针。使用类似 newCat()这样的函数可以通过构建不同的结构体变量实现构造方法，且每个结构体变量对应一个实体类。

接着，main()函数通过调用 newCat()函数构建了结构体实例，并将该实例的指针赋值给 catOne 变量。随后，可以通过 catOne 变量访问构建好的 Cat 实例。

🔊 **注意**

> 在 newCat()函数中构建函数体实例时，最好返回结构体指针。若返回整个实例，则会执行一次值传递（有关值传递和引用传递的区别，请参考 5.2.2 节）。值传递的性能会随着结构体本身的复杂度发生变化，结构体越复杂，值传递的性能就越差。而直接返回实例的内存地址则跳过了实例的值传递，这对于程序运行性能的提升是很有帮助的。

在 Go 语言中，一个构建好的 Cat 实例相当于某些编程语言中的实体类。

6.3.2　方法与接收者

在某些编程语言中，一个实体类通常还会有"方法"。这些方法通常作用于类中的成员变量。比如，Cat 类用来描述猫，而猫不仅有颜色、名字等信息，还可以执行某些动作，如吃饭、喵喵叫、睡觉等。执行某个方法，可以让特定的 Cat 实例执行相应的动作，方法本身就是执行动作的详细过程。

在 Go 语言中，也有方法（Method）的概念。它作用于结构体中特定字段的函数，这些字段变量被称为接收者（Receiver）。

方法的声明格式如下：

```
func (receiver_name receiver_type) function_name(params)(return_types){
    //要执行的代码块
}
```

其中，func 是用于声明方法的关键字；receiver_name 表示接收者字段的变量名；receiver_type 表示接收者字段所属的类型；params 是方法所需的参数列表，可以为空；return_types 是方法返回的参数列表；由花括号包裹的部分是方法执行的具体逻辑。

◀》 **注意**

在 Go 语言中，方法和函数的声明格式很像，请读者不要混淆。声明函数是无须给定接收者参数的。

接下来，以结构体变量 Cat 为例，为其添加 eat()、dream()和 mewing()方法，分别表示吃饭、睡觉和喵喵叫的动作，并在 main()函数中让三酷猫依次执行这些动作。示例代码如下：

```
package main
import (
    "fmt"
    "reflect"
)
type Cat struct {
    //性别, 0 为公, 1 为母
    gender int
    //颜色
    color string
    //名字
    name  string
}
//构造函数
func newCat(gender int,color string,name string) *Cat {
    return &Cat{
        gender: gender,
        color: color,
        name: name}
```

```
}
//吃饭
func (catInstance Cat) eat(food string){
    fmt.Println(catInstance.name,"正在吃: ",food)
}
//睡觉
func (catInstance Cat) dream(){
    fmt.Println(catInstance.name,"睡得正香")
}
//喵喵叫
func (catInstance Cat) mewing(){
    fmt.Println(catInstance.name,"喵喵喵")
}
func main(){
    //通过 newCat()函数生成 Cat 实例
    catOne:=newCat(0,"white","三酷猫")
    fmt.Println(catOne)
    fmt.Println(reflect.TypeOf(catOne))
    //catOne 变量执行吃饭动作
    catOne.eat("鱼")
    //catOne 变量执行睡觉动作
    catOne.dream()
    //catOne 变量执行喵喵叫动作
    catOne.mewing()
}
```

运行结果如下：

```
&{0 white 三酷猫}
*main.Cat
三酷猫 正在吃: 鱼
三酷猫 睡得正香
三酷猫 喵喵喵
```

◀》 **注意**

　　请读者注意方法与函数调用时的区别。在调用方法时，需要使用特定实例，通过 "." 符号调用某个方法。在使用 GoLand 时，当开发者输入 "." 符号后，智能代码提示工具会显示出所有该实例可调用的方法列表。

　　本示例中的 3 个方法均未对三酷猫的各种属性进行修改，只是使用了它的 name 属性。现在，继续为其添加一个方法，该方法的目的是更改三酷猫的名字。此时，由于在方法之间直接传递实例，会发生值传递，若按如下方式修改 name 属性，则会发现三酷猫的属性并没有任何变化：

```
//改名
func (catInstance Cat) rename(newName string){
    catInstance.name=newName
    fmt.Println("方法中 catInstance 的 name 属性值为",catInstance.name)
```

```
}
func main(){
    //通过 newCat()函数生成 Cat 实例
    catOne:=newCat(0,"white","三酷猫")
    //修改 catOne 的名字
    catOne.rename("另一只三酷猫")
    fmt.Println(catOne)
}
```

运行结果如下：

```
方法中 catInstance 的 name 属性值为 另一只三酷猫
&{0 white 三酷猫}
```

显然，rename()方法对 catInstance 变量中的 name 字段进行了修改，但 catInstance 变量与 main()
函数中的 catOne 变量并不是同一个变量，前者是后者进行值传递后的新 Cat 实例，对 catInstance 变
量的修改并不会使 catOne 变量发生任何改变。因此，若要成功修改 catOne 变量中的字段值，则需要
将其指针传递给 rename()方法，通过指针来改变 catOne 变量中的字段值。示例代码如下：

```
//改名
func (catInstance *Cat) rename(newName string){
    catInstance.name=newName
    fmt.Println("方法中 catInstance 的 name 属性值为",catInstance.name)
}
func main(){
    //通过 newCat()函数生成 Cat 实例
    catOne:=newCat(0,"white","三酷猫")
    //修改 catOne 的名字
    catOne.rename("另一只三酷猫")
    fmt.Println(catOne)
}
```

运行结果如下：

```
方法中 catInstance 的 name 属性值为 另一只三酷猫
&{0 white 另一只三酷猫}
```

在实际开发中，建议各位读者优先使用引用传递，因为值传递的性能受结构体本身的影响，结
构体越复杂，值传递的性能越差。同时，使用引用传递可以成功地修改接收者变量的字段值，而使用
值传递则做不到这一点。最后，出于一致性的考虑，如果某个方法使用指针类型作为接收者，则其他
的方法最好也使用指针类型作为接收者。

在 Go 语言中，开发者还可以为任意类型添加方法，不限于结构体。例如，为 string 类型添加方
法，示例代码如下：

```
type MyString string
func(name MyString) whoAmI(){
    fmt.Println("我的名字是：", name)
```

```
}
func main(){
    var me MyString="三酷猫"
    me.whoAmI()
}
```

运行结果如下：

我的名字是：三酷猫

需要特别注意的是，这里无法为非本地类型添加方法。虽然在代码中可以使用 string 类型，但是该类型并未在示例代码中声明，所以需要通过声明和使用 MyString，间接地为 string 类型添加方法。

6.4　结构体的嵌套

对于具有复杂属性的实体，使用基本数据类型通常无法将其准确地描述出来。比如，在描述一个人的时候，除姓名、性别、年龄、体重等属性可以使用基本数据类型描述外，还有类似住址等属性，其内部包含了国家、省、市、区/县等信息。像这种情况，就需要使用嵌套结构体来描述了。

本节将阐述如何嵌套结构体，以及如何在 Go 语言中实现继承，相关示例代码位于 chapter06/struct_nest.go 文件中。

6.4.1　嵌套结构体

在 Go 语言中，实现结构体的嵌套十分简单，只需将被嵌套的结构体类型"看作"基本数据类型即可。下面的代码演示了 Cat（猫）结构体中是如何嵌套 BodyInfo（身体数据，如体重、颜色等）结构体的：

```
//Cat 结构体
type Cat struct {
    //名字
    name  string
    //身体数据
    bodyInfo BodyInfo
}
//BodyInfo 结构体
type BodyInfo struct{
    //体重
    weight float64
    //颜色
    color string
}
func main(){
```

```
catOne:=Cat{
    name: "三酷猫",
    bodyInfo: BodyInfo{
        weight: 10.5,
        color: "白色"}}
fmt.Println("我的名字是: ",catOne.name,", 体重: ",catOne.bodyInfo.weight,", 毛色: ",
catOne.bodyInfo.color)
}
```

运行结果如下：

我的名字是：三酷猫 ，体重：10.5 ，毛色：白色

本示例演示了一个结构体是如何嵌套另一个结构体的，以及如何访问结构体与子结构体中的字段。

6.4.2 嵌套匿名结构体

在一个结构体中，Go 语言不强制要求为每个字段命名，匿名字段将采用其类型名作为字段名。只不过若要使用匿名字段，则整个结构体中同种类型的字段只能有一个。开发者也可以采用匿名的方式嵌套子结构体。下面的代码演示了 Cat（猫）结构体中是如何嵌套 BodyInfo（身体数据，如体重、颜色等）结构体的：

```
//Cat 结构体
type Cat struct {
    //名字
    name  string
    //身体数据（匿名嵌套）
    BodyInfo
}
//BodyInfo 结构体
type BodyInfo struct{
    //体重
    weight float64
    //颜色
    color string
}
func main(){
    var catOne Cat
    catOne.name="三酷猫"
    catOne.weight=10.5
    catOne.color="白色"
    fmt.Println("我的名字是: ",catOne.name,", 体重: ",catOne.weight,", 毛色: ",catOne.color)
}
```

运行结果如下：

我的名字是：三酷猫，体重：10.5，毛色：白色

请读者对比本示例与 6.4.1 节中的示例，当使用嵌套匿名结构体时，子结构体的字段访问方式有什么区别。当访问结构体成员时，会先在结构体中查找该字段，在找不到时，再到匿名结构体中查找。

◀》 **注意**

　　当多个子结构体以匿名的方式嵌套时，如果在子结构体中存在相同名称的字段，则在访问它们时，依然需要通过匿名结构体.字段名的方式访问。

　　例如，本示例中若需要嵌套多个匿名结构体，且 weight 字段名在多个匿名结构体中存在，则需要以 catOne.BodyInfo.weight 的方式才能顺利地访问 BodyInfo 结构体中的 weight 字段。

6.4.3　使用结构体实现继承

Go 语言中没有类的概念，自然也就没有继承的概念。但是开发者通过对结构体的合理嵌套，可以实现继承的效果。比如，动物和猫相比，后者比前者更具体；前者比后者在范围上更广。

下面的代码演示了 Cat（猫）和 Dog（狗）两个结构体。它们都嵌套了 Animal（动物）结构体，都能使用 Animal 结构体中的字段，同时具有各自不同的字段和方法：

```go
//Cat 结构体
type Cat struct {
    //眼睛的颜色
    eyeColor string
    //Animal 结构体
    animal *Animal
}
//猫 - 喵喵叫
func (catInstance Cat) mewing(){
    fmt.Println(catInstance.animal.name,"喵喵喵")
}
//Dog 结构体
type Dog struct {
    //身体的颜色
    bodyColor string
    //Animal 结构体
    animal *Animal
}
//狗 - 汪汪叫
func (dogInstance Dog) bowwow(){
    fmt.Println(dogInstance.animal.name,"汪汪汪")
```

```
}
//Animal 结构体
type Animal struct{
    //名字
    name  string
}
func main(){
    dogOne:=&Dog{bodyColor: "黑色",animal: &Animal{
        name: "贝贝"}}
    fmt.Println(dogOne.animal.name,"身体的颜色是",dogOne.bodyColor)
    dogOne.bowwow()
    catOne:=&Cat{eyeColor: "蓝色",animal: &Animal{
        name: "三酷猫"}}
    fmt.Println(catOne.animal.name,"眼睛的颜色是",catOne.eyeColor)
    catOne.mewing()
}
```

运行结果如下：

```
贝贝 身体的颜色是 黑色
贝贝 汪汪汪
三酷猫 眼睛的颜色是 蓝色
三酷猫 喵喵喵
```

在本示例中，Animal 结构体是包含 name 字段的结构体，Dog 和 Cat 结构体都嵌套了 Animal 结构体，因为无论是狗还是猫，都有名字。猫的眼睛颜色和狗的相比更具特色，因此 Cat 结构体中包含 eyeColor 字段，表示猫的眼睛颜色。狗的身体颜色则由 Dog 结构体中的 bodyColor 字段表示。另外，猫可以执行喵喵叫的动作，即 mewing()方法；狗可以执行汪汪叫的动作，即 bowwow()方法。在 main() 函数中，分别声明了 Dog 类型的 dogOne 变量和 Cat 类型的 catOne 变量，并为它们进行了赋值。最后，分别调用了 bowwow()和 mewing()方法，得到上述运行结果。

📖 **说明**

在本示例中，dogOne 变量可以调用 bowwow()方法；catOne 变量可以调用 mewing()方法。那么，为什么 dogOne 变量不可以调用 mewing()方法，catOne 变量不可以调用 bowwow()方法呢？

6.5 案例：三酷猫开银行

本案例要求读者帮助三酷猫开一家银行，且初始储蓄总额为 10000 元。另有储户 A，初始储蓄额为 2000 元；储户 B，初始储蓄额为 3000 元；储户 C，初始储蓄额为 5000 元。要求 3 个储户都可以正常地在银行进行储蓄和支取操作，且每个储户都拥有账户名和余额属性。当银行储蓄总额小于储户要求支取的金额时，给出相应提示。

　　本案例主要考查结构体的使用，内容涉及构造函数与方法等。具体实现代码如下：

```go
package main
import "fmt"
//银行初始储蓄总额为 10000 元
var totalBalance float64=10000
//Customer 结构体
type Customer struct {
    Name string
    Balance float64
}
//存钱
func (customerInstance *Customer) deposit(money float64){
    customerInstance.Balance+=money
    totalBalance+=money
    fmt.Println(customerInstance.Name,"当前余额：",customerInstance.Balance,"元")
    fmt.Println("银行储蓄总额：",totalBalance,"元")
}
//取钱
func (customerInstance *Customer) withdraw(money float64){
    if customerInstance.Balance<money{
        fmt.Println("账户余额不足，无法支取")
    }else if totalBalance<money{
        fmt.Println("银行储蓄总额不足，无法支取")
    }else{
        customerInstance.Balance-=money
        totalBalance-=money
        fmt.Println(customerInstance.Name,"当前余额：",customerInstance.Balance,"元")
        fmt.Println("银行储蓄总额：",totalBalance,"元")
    }
}
func main(){
    //声明 customerA, 即储户 A
    var customerA Customer
    customerA.Name="储户 A"
    customerA.Balance=2000
    //声明 customerB, 即储户 B
    var customerB Customer
    customerB.Name="储户 B"
    customerB.Balance=3000
    //声明 customerC, 即储户 C
    var customerC Customer
    customerC.Name="储户 C"
    customerC.Balance=5000
    //储户 A 存入 5000 元
    customerA.deposit(5000)
```

```
    //储户 C 支取 3000 元
    customerC.withdraw(3000)
    //储户 B 支取 4000 元
    customerB.withdraw(4000)
    //储户 A 存入 6000 元
    customerA.deposit(6000)
    //储户 B 存入 2000 元
    customerB.deposit(2000)
    //储户 C 存入 10000 元
    customerC.deposit(10000)
    //储户 B 支取 500 元
    customerB.withdraw(500)
}
```

运行结果如下：

```
储户 A 当前余额： 7000 元
银行储蓄总额： 15000 元
储户 C 当前余额： 2000 元
银行储蓄总额： 12000 元
账户余额不足，无法支取
储户 A 当前余额： 13000 元
银行储蓄总额： 18000 元
储户 B 当前余额： 5000 元
银行储蓄总额： 20000 元
储户 C 当前余额： 12000 元
银行储蓄总额： 30000 元
储户 B 当前余额： 4500 元
银行储蓄总额： 29500 元
```

读者可以随意调用 deposit() 和 withdraw() 方法执行存取操作，测试方法是否正常运行。

6.6 练习与实验

1. 填空题

（1）结构体中成员的类型可以是_____也可以是_____，后者称为结构体的嵌套。

（2）在 Go 语言中，结构体真正占用内存空间是在_____之后。

（3）在 Go 语言中，结构体可以用来实现_____函数，通过嵌套结构体，可以实现_____。

2. 判断题

（1）Go 语言中的结构体成员可以是 int、float 等基本数据类型，不允许使用结构体。

（2）方法和函数很像，在声明和使用时的方法是一样的，因此很好用。

（3）匿名结构体就是不带名称的结构体。

（4）Go 语言允许使用匿名结构体，也允许嵌套结构体，但不允许嵌套匿名结构体。

3. 实验题

（1）编写程序，实现日期的统计功能。要求给定年、月、日 3 个值，计算该日在当年中是第几天。例如，2021 年 12 月 21 日，最终控制台将输出 356。

（2）编写程序，模拟投票统计。假设有 3 个候选人，名字分别为 Alice、Bob 和 Cindy。使用结构体存储每一个候选人的名字和得票数。记录每一张选票的得票人名，输出每一个候选人的名字和最终的得票数。

第 7 章

接口

掌握 Go 语言中接口的用法，可以构建更加灵活、更加具有适应能力、更加规范的函数。

很多面向对象的编程语言都有接口（Interface）的概念。接口定义了一个对象的"行为规范"，但只限于定义而非具体实现，具体实现仍然需要由对象本身来实现。本章将深入探讨使用接口的优势，以及如何定义和实现接口。

7.1　接口概述

接口实际上也是一种数据类型，它更为抽象，把所有具有共性的方法定义在一起。这些方法只有函数声明，没有具体的函数体。任何其他类型只要实现了接口中定义好的这些方法，就可以说，这个类型实现（Implement）了这个接口。

这种只进行函数声明的做法为任何实现该接口的类型定义了"行为规范"。接口更关心"行为"，实现接口的类型要遵循这些预先定义好的"行为"，并结合自身的特点来实现它们。

从接口的定义来看，使用接口的目的之一就是让代码更加规范。除此之外，使用接口还可以简化代码。例如，下面的代码定义了两个类型——Cat 和 Dog，分别表示猫和狗。它们都有共同的方法——say()，表示叫的动作，并在 main() 函数中被调用。在未使用接口的前提下，代码实现如下：

```
//定义 Cat 类型
type Cat struct{}
//猫的动作
func (catInstance Cat) say() string { return "喵喵喵" }
//定义 Dog 类型
type Dog struct{}
//狗的动作
```

```
func (dogInstance Dog) say() string { return "汪汪汪" }
func main() {
    c := Cat{}
    fmt.Println(c.say())
    d := Dog{}
    fmt.Println(d.say())
}
```

运行结果如下：

```
喵喵喵
汪汪汪
```

本示例只有猫和狗两种动物，代码看上去比较简单、易懂。在实际项目中，往往会有很多类型，若依旧采用本示例的做法，将会产生大量重复的逻辑，代码就会显得过度冗余了。使用接口可以很好地解决代码过度冗余的问题。

7.2 接口的定义和使用

本节将详细阐述接口是如何定义和使用的，相关示例代码位于 chapter07/interface_basic.go 文件中。

7.2.1 接口的定义

定义一个接口的格式如下：

```
type interface_name interface{
    function_name(params) return_types
    function_name(params) return_types
    function_name(params) return_types
    ...
}
```

其中，type 表示定义一个接口；interface_name 表示接口名，习惯上以 er 作为结尾；interface 表示接口类型；由花括号包裹的部分是若干方法声明，其中不包含任何方法体；function_name 表示方法名，params 表示参数列表；return_types 表示返回值列表。根据具体情况，params 和 return_types 可以被省略。

例如，Cat 和 Dog 类型都有 say()方法，因此可以定义一个 Sayer 接口，里面包含 say()方法声明。代码如下：

```
//Sayer 接口，几乎所有动物都应实现该接口
```

```
type Sayer interface {
    //执行叫动作
    say()
}
```

正如上述代码注释中描述的那样，几乎所有的动物都可以执行叫动作，因此都应实现该接口。这个接口为几乎所有的动物类型规定了执行叫动作的规范，即 say()方法。

执行叫动作非常简单，只需一个 say()方法即可。对于行为更加复杂的动作，则需要定义更多方法。例如，程序需要从网络上下载一张图片，通常需要采用以下几个步骤。

（1）打开网络连接。

（2）从网络中下载图片。

（3）将下载的图片保存到磁盘中。

（4）关闭网络连接。

而下载图片的动作又可以抽象为下载任意类型的文件，如文档、音乐、视频等，因此，可以定义一个名称为 FileDownloader 的接口，并让不同的文件类型都实现 FileDownloader 接口。定义 FileDownloader 接口的代码如下：

```
//从网络上下载文件，所有的文件类型均需实现该接口
type FileDownloader interface {
    //打开网络连接
    openConnection()
    //通过给定的网络资源地址下载文件
    downloadFromUrl(downloadUrl string) []byte
    //将下载的文件保存到本地
    saveToLocalDisk(fileLocation string)
    //关闭网络连接
    closeConnection()
}
```

📖 **说明**

本示例仅用于讲解接口定义，在实际的项目中，进行网络下载的代码实现通常会更加复杂。

7.2.2 接口的实现

一旦完成接口的定义，就可以在任意类型的方法中实现这个接口了。所谓接口的实现，是指在某个类型的众多方法中包含了这个接口中定义的全部方法。

📢 **注意**

当实现接口时，需要特别注意与接口定义中的方法声明保持一致，且必须全部实现这些方法。同时，要求严格复查方法名、参数列表与返回值。方法名是大小写敏感的，参数列表和返回值的变量名可以被省略。

例如，7.2.1 节中实现了 Sayer 接口，定义了动物执行叫动作的规范。接下来，本节将定义 Cat 和 Dog 类型，并分别实现 Sayer 接口。具体代码如下：

```
//定义 Cat 类型
type Cat struct{}
//猫的动作
func (catInstance Cat) Say() {
    fmt.Println("喵喵喵")
}
//定义 Dog 类型
type Dog struct{}
//狗的动作
func (dogInstance Dog) Say() {
    fmt.Println("汪汪汪")
}
```

如此，就完成了接口的实现。类似地，对于包含多个方法定义的接口，我们需要全部实现它们。

例如，7.2.1 节中实现了 FileDownloader 接口，用于下载任意类型的文件。接下来，本节以图片和音频文件为例，分别实现 FileDownloader 接口中定义的方法。具体代码如下：

```
type ImageFile struct{}
func (imageFileInstance ImageFile) openConnection() {
    fmt.Println("准备下载图片文件, 打开网络连接")
}
func (imageFileInstance ImageFile) downloadFromUrl(remoteUrl string) []byte{
    fmt.Println("正在下载图片文件")
    return []byte{}
}
func (imageFileInstance ImageFile) saveToLocalDisk(localFileUrl string) {
    fmt.Println("正在保存图片文件")
}
func (imageFileInstance ImageFile) closeConnection() {
    fmt.Println("下载图片文件成功, 关闭网络连接")
}
type AudioFile struct{}
func (audioFileInstance AudioFile) openConnection() {
    fmt.Println("准备下载音频文件, 打开网络连接")
}
func (audioFileInstance AudioFile) downloadFromUrl(string) (data []byte){
    fmt.Println("正在下载音频文件")
```

```
    data=[]byte{}
    return
}
func (audioFileInstance AudioFile) saveToLocalDisk(string) {
    fmt.Println("正在保存音频文件")
}
func (audioFileInstance AudioFile) closeConnection() {
    fmt.Println("下载音频文件成功，关闭网络连接")
}
```

◀)) **注意**

请读者留意 ImageFile 和 AudioFile 类型在实现 FileDownloader 接口时，方法声明中的参数列表和返回值列表。虽然变量名与接口中定义的不同，甚至被省略了，但它们仍然是合法的。

值得一提的是，为某个类型实现某个接口，不会影响这个类型本身的方法和属性。代码中仍然可以自由地为某种类型添加独有的方法和属性。例如，音频文件有时长（duration）属性，还有播放方法 play()；图片文件有尺寸（width/height）属性，还有显示方法 display()。若要继续完善这两个类型，则只需添加这些属性和方法即可。完整代码如下：

```
type ImageFile struct{
    width int32
    height int32
}
func (imageFileInstance ImageFile) display(){
    fmt.Println("显示图片内容")
}
func (imageFileInstance ImageFile) openConnection() {
    fmt.Println("准备下载图片文件，打开网络连接")
}
func (imageFileInstance ImageFile) downloadFromUrl(remoteUrl string) []byte{
    fmt.Println("正在下载图片文件")
    return []byte{}
}
func (imageFileInstance ImageFile) saveToLocalDisk(localFileUrl string) {
    fmt.Println("正在保存图片文件")
}
func (imageFileInstance ImageFile) closeConnection() {
    fmt.Println("下载图片文件成功，关闭网络连接")
}
type AudioFile struct{
    duration int64
}
func (audioFileInstance AudioFile) play(){
    fmt.Println("播放音频文件")
```

```
}
func (audioFileInstance AudioFile) openConnection() {
    fmt.Println("准备下载音频文件，打开网络连接")
}
func (audioFileInstance AudioFile) downloadFromUrl(string) (data []byte){
    fmt.Println("正在下载音频文件")
    data=[]byte{}
    return
}
func (audioFileInstance AudioFile) saveToLocalDisk(string) {
    fmt.Println("正在保存音频文件")
}
func (audioFileInstance AudioFile) closeConnection() {
    fmt.Println("下载音频文件成功，关闭网络连接")
}
```

7.2.3 调用接口方法

完成了接口的定义和实现，接下来就可以调用接口方法了。

7.2.2 节中定义了 Cat 和 Dog 类型，并实现了 Sayer 接口。接下来，就可以在代码中声明一个通用变量，这个通用变量是 Sayer 类型的。只要是实现了 Sayer 接口的类型就可以被赋值给这个通用变量。同时，由于 say()方法定义在 Sayer 类型中，因此可以通过这个通用变量调用 say()方法。像这样的通用变量称为接口类型变量。

具体代码如下：

```
var anyAnimalSayer Sayer
c := Cat{}
anyAnimalSayer=c
anyAnimalSayer.say()
d := Dog{}
anyAnimalSayer=d
anyAnimalSayer.say()
```

运行结果如下：

```
喵喵喵
汪汪汪
```

在上述代码中，anyAnimalSayer 就是接口类型变量。通过 anyAnimalSayer 调用 say()方法，可以"屏蔽"动物的具体类型。只要是实现了 Sayer 接口的类型就可以被赋值给 Sayer 类型的变量 anyAnimalSayer，并通过 anyAnimalSayer 调用该类型内部实现的 say()方法。在实际执行时，执行的就是具体类型中的 say()方法。

◀)) **注意**

　　当某个类型未按接口中定义的方法格式实现时，若将该类型变量赋值给要实现接口类型的变量，将引发编译时错误，内容为 Type does not implement 'xxx' as some methods are missing: xxx()，意思是 xxx 接口没有在类型中实现，因为名称为 xxx() 的方法缺失了。

　　类似地，我们还可以先声明接口类型变量 FileDownloader，然后通过调用其中的不同方法，分别实现 ImageFile 和 AudioFile 等不同类型的文件下载。代码如下：

```
var fileDownloader FileDownloader
imageFile:=ImageFile{}
fileDownloader=imageFile
fileDownloader.openConnection()
fileDownloader.downloadFromUrl("https://xxx.xxx.xxx/xxx.jpg")
fileDownloader.saveToLocalDisk("D:\\xxx.jpg")
fileDownloader.closeConnection()
audioFile:=AudioFile{}
fileDownloader=audioFile
fileDownloader.openConnection()
fileDownloader.downloadFromUrl("https://xxx.xxx.xxx/xxx.m4a")
fileDownloader.saveToLocalDisk("D:\\xxx.m4a")
fileDownloader.closeConnection()
```

　　运行结果如下：

```
准备下载图片文件，打开网络连接
正在下载图片文件
正在保存图片文件
下载图片文件成功，关闭网络连接
准备下载音频文件，打开网络连接
正在下载音频文件
正在保存音频文件
下载音频文件成功，关闭网络连接
```

7.2.4　值接收者与指针接收者

　　在 6.3.2 节中，阐述了如何使用值和指针作为方法的接收者。而对于那些用于实现接口的方法，使用值作为接收者和使用指针作为接收者有何不同呢？下面结合具体的示例进行讲解。

　　首先使用值作为接收者，还是以 Cat 类型为例，实现叫动作接口——Sayer。代码如下：

```
//Sayer 接口，所有动物都应实现该接口
type Sayer interface {
    //执行叫动作
    say()
}
//定义 Cat 类型
```

```go
type Cat struct{}
//猫的动作
func (catInstance Cat) say() {
    fmt.Println("喵喵喵")
}
func main() {
    var anyAnimalSayer Sayer
    //catOne 是 Cat 类型，表示结构体变量
    catOne := Cat{}
    anyAnimalSayer=catOne
    anyAnimalSayer.say()
    //catTwo 是*Cat 类型，表示结构体指针
    var catTwo=&Cat{}
    anyAnimalSayer=catTwo
    anyAnimalSayer.say()
}
```

运行结果如下：

```
喵喵喵
喵喵喵
```

在本示例中，say()方法实现的接收者是 Cat 类型，catTwo 是 Cat 结构体变量的指针类型。在将 catTwo 赋值给 anyAnimalSayer 时，Go 语言会通过 catTwo 的值自动获取其指向的结构体变量值。因此，虽然 catTwo 是指针类型，但是仍然可以将其赋值给 anyAnimalSayer。

接下来，将 say()方法实现的接收者修改为*Cat 类型，即指针类型。代码片段如下：

```go
//猫的动作
func (catInstance *Cat) say() {
    fmt.Println("喵喵喵")
}
```

此时，再次尝试将 catOne 赋值给 anyAnimalSayer，将会发生编译时错误。错误信息为 Type does not implement 'Sayer' as the 'say' method has a pointer receiver，意思是 Sayer 接口没有被声明，因为 say()方法的接收者是指针类型。若要修正该错误，则只能将 catOne 所在地址赋值给 anyAnimalSayer，代码如下：

```go
anyAnimalSayer=&catOne
```

7.2.5　实现多个接口

得益于 Go 语言的灵活性，一个类型可以同时实现多个接口，且多个接口之间互相独立、互不影响。比如，猫不仅会叫，还会跑、睡觉等，而诸如叫、跑、睡觉等动作可以被抽象为接口，以便被大多数动物类型实现。此时，就需要猫（Cat 类型）分别实现叫（Sayer 接口）、跑（Runner 接口）、睡

觉（Sleeper 接口）等动作。

使用 Go 语言在一个类型中实现多个接口非常简单，下面的代码演示了如何在 Cat 类型中实现

Sayer、Runner 和 Sleeper 接口：

```go
//Sayer 接口，所有动物都应实现该接口
type Sayer interface {
    //执行叫动作
    say()
}
//Runner 接口，所有动物都应实现该接口
type Runner interface {
    //执行跑动作
    run()
}
//Sleeper 接口，所有动物都应实现该接口
type Sleeper interface {
    //执行睡觉动作
    sleep()
}
//定义 Cat 类型
type Cat struct{}
//猫的动作：叫
func (catInstance Cat) say() {
    fmt.Println("喵喵喵")
}
//猫的动作：跑
func (catInstance Cat) run() {
    fmt.Println("奔跑中")
}
//猫的动作：睡觉
func (catInstance Cat) sleep() {
    fmt.Println("睡眠中")
}
func main() {
    var anyAnimalSayer Sayer
    var anyAnimalRunner Runner
    var anyAnimalSleeper Sleeper
    catOne := Cat{}
    anyAnimalSayer=&catOne
    anyAnimalRunner=&catOne
    anyAnimalSleeper=&catOne
    anyAnimalSayer.say()
    anyAnimalRunner.run()
    anyAnimalSleeper.sleep()
}
```

运行结果如下：

```
喵喵喵
奔跑中
睡眠中
```

显而易见地，要想在一个类型中实现多个接口，只需逐个实现每个接口的方法即可。

📢 **注意**

> 若不同的接口中具有相同的方法声明，则在实现这些接口时，虽然编译和运行时均不会发生崩溃，但是在业务逻辑上可能是错误的。因此，在为接口中的方法命名时要尽量明确，避免发生逻辑上的问题。

7.2.6　接口的嵌套

在 Go 语言中，接口和接口之间还可以通过嵌套生成新的接口。比如，叫（Sayer 接口）、跑（Runner 接口）和睡觉（Sleeper 接口）可以被归类为动物的动作，因此可以将它们嵌套在一起，生成新的接口（Action 接口）。具体实现代码如下：

```go
//Sayer 接口, 所有动物实现 Action 接口即可
type Sayer interface {
    //叫动作
    say()
}
//Runner 接口, 所有动物实现 Action 接口即可
type Runner interface {
    //跑动作
    run()
}
//Sleeper 接口, 所有动物实现 Action 接口即可
type Sleeper interface {
    //睡觉动作
    sleep()
}
//Action 接口, 所有动物都应实现该接口
type Action interface {
    Sayer
    Runner
    Sleeper
}
//定义 Cat 类型
type Cat struct{}
//猫的动作: 叫
func (catInstance Cat) say() {
    fmt.Println("喵喵喵")
```

```
}
//猫的动作：跑
func (catInstance Cat) run() {
    fmt.Println("奔跑中")
}
//猫的动作：睡觉
func (catInstance Cat) sleep() {
    fmt.Println("睡眠中")
}
func main() {
    var anyAnimalActions Action
    catOne := Cat{}
    anyAnimalActions=&catOne
    anyAnimalActions.say()
    anyAnimalActions.run()
    anyAnimalActions.sleep()
}
```

运行结果如下：

```
喵喵喵
奔跑中
睡眠中
```

请读者对比本示例及 7.2.5 节的示例中的 main()函数的实现，前者较后者更加简洁。在面对复杂的业务逻辑时，使用嵌套接口可以便于对业务逻辑进行分类处理，使代码的逻辑更加清晰，更加易读。

7.3　空接口的定义和使用

Go 语言允许开发者定义空接口。空接口就是不含任何方法的接口，可以存储任意类型的变量，有些类似于某些编程语言中的范型。

本节将阐述如何在 Go 语言中定义空接口，以及空接口的使用。相关示例代码位于 chapter07/interface_empty.go 文件中。

7.3.1　空接口的定义

在 Go 语言中，定义空接口非常简单，示例代码如下：

```
type EmptyInterface interface {
}
```

由此可见，定义空接口依旧遵循定义接口的格式，只是不包含任何方法。

7.3.2　空接口的使用

　　合理地使用空接口，可以实现某些编程语言中的范型。这也正是 Go 语言的灵活之处——空接口可以用来存储任意类型的变量。下面的代码演示了如何使用空接口存储数字型、字符串型和布尔型变量：

```
type EmptyInterface interface {
}
func main() {
    var emptyInterface EmptyInterface
    //使用空接口存储字符串型变量
    strVar:="我是三酷猫"
    emptyInterface= strVar
    fmt.Println(emptyInterface)
    fmt.Println(reflect.TypeOf(emptyInterface))
    //使用空接口存储数字型变量
    numVar:=18
    emptyInterface= numVar
    fmt.Println(emptyInterface)
    fmt.Println(reflect.TypeOf(emptyInterface))
    //使用空接口存储布尔型变量
    boolVar:=true
    emptyInterface=boolVar
    fmt.Println(emptyInterface)
    fmt.Println(reflect.TypeOf(emptyInterface))
}
```

　　运行结果如下：

```
我是三酷猫
string
18
int
true
bool
```

　　利用这个特点，可以轻松打破对数据类型的限制。比如，集合（Map）类型要求明确定义键的类型和值的类型。接下来，本书将演示如何使用空接口打破对值的类型的限制。具体代码如下：

```
type EmptyInterface interface {
}
func main() {
    var animalInfo=make(map[string]EmptyInterface)
    animalInfo["name"]="三酷猫"
    animalInfo["age"]=3
    animalInfo["married"]=false
    fmt.Println(animalInfo)
}
```

运行结果如下：

```
map[age:3 married:false name:三酷猫]
```

本示例使用空接口轻松地"兼容"了不同类型的数据，并将它们成功地存入集合中。

📖 **说明**

本示例虽然可以成功地将不同类型的数据存储到名称为 animalInfo 的集合中，但是从本质上说，animalInfo 中键的类型为 string，值的类型为 EmptyInterface。其中，EmptyInterface 存储了不同类型的变量。

7.4 类型断言

在实际开发中，获取某个变量的类型是很有用的。比如，如果要使用空接口中存储的值，但是事先并不知道这个值的类型，那么，在使用前就要先获取该值的类型。在 Go 语言中，通常使用断言来判断某个变量是否属于某种类型，格式如下：

```
x.(T)
```

其中，x 表示类型为空接口的变量，T 表示要比较的类型。

下面的代码演示了对 string 类型的断言：

```
type EmptyInterface interface {
}
func main() {
    var emptyInterface EmptyInterface
    str:="我是三酷猫"
    emptyInterface=str
    val, boolVal :=emptyInterface.(string)
    if boolVal {
        fmt.Println("emptyInterface 存储了字符串型数据：",val)
    }else{
        fmt.Println("emptyInterface 存储的不是字符串型数据。")
    }
}
```

运行结果如下：

```
emptyInterface 存储了字符串型数据： 我是三酷猫
```

7.5 练习与实验

1. 填空题

（1）接口的本质是_____。

（2）_____接口不包含任何方法，但是可以存储任何类型的变量。

（3）在判断某个变量是何种类型时，通常使用的方法称为_____。

2. 判断题

（1）若要实现接口，则需要实现接口中定义的所有方法。

（2）接口更关心如何实现"行为"，而实现接口的类型则定义了行为的"规范"。

（3）在 Go 语言中，一个类型可以实现多个接口。

（4）在 Go 语言中，接口是不允许嵌套的。

（5）空接口就是不包含任何方法的接口。

3. 实验题

使用接口作为参数，编写一个计算器程序，用于完成加、减、乘、除四则运算。要求定义一个通用的计算接口，并且四则运算相关的操作均需要实现这个接口。

第 **8** 章

包

掌握并熟练使用 Go 语言中的包，可实现代码的复用。对大型的项目而言，这样能构建出结构更清晰的代码。

在 Go 语言中，使用包（Package）实现代码的复用。一个 Go 应用程序以 main()函数开始运行，main()函数所在的包是 main 包，该包在代码的开头被导入。类似地，若想在代码中使用其他包中的代码，则必须以类似的方式导入其他包。

本章将阐述 Go 语言中包的基础知识、常用内置包的使用，以及如何封装属于自己的包。

📖 **说明**

> 有经验的开发者通常会拥有一套属于自己的"包"，其中包括了几乎适用于任何项目的通用函数，比如读/写文件、网络请求等。打造这样的包将使得未来的开发工作更加轻松，读者可以随着工作的积累，逐渐打磨出一套适合自己使用的"包"。

8.1 包的声明与导入

任何一个 Go 语言的源码文件都需要进行包的声明，若要使用某个包中的特定源码，则需要进行导入。本节将分别阐述包的声明和导入是如何进行的。

8.1.1 包的声明

在 Go 语言中，任何一个源码文件都需要进行包的声明，格式如下：

```
package packageName
```

其中，package 关键字表示声明一个包，packageName 表示要声明的包名。

例如，包含 main() 函数的源码位于 main 包中，相应代码为：

```
package main
```

进行包声明是为了能够访问包中的成员。Go 语言中包的组织形式基于文件系统中的树形目录结构。如果某个名称为 packageA 的包位于/src/xxx/packages/中，则声明 packageA 的方式仍然为：

```
package packageA
```

而不是：

```
package xxx/packages/packageA
```

习惯上，包的名称一般由小写字母构成，且不宜过长。包的名称就是源文件所在目录的名称。为了确保包名的唯一性，通常会使用域名作为目录的一部分，如/src/gitee.com/wh1990xiao2005/goPackage。

另外，main 包比较特殊，它是程序的入口，没有 main 包的源码在编译后无法得到任何平台的可执行文件。

📢 注意

> 在组织某个包中的源码时，属于相同包的源码不能被放到多个目录下。换言之，一个目录下的所有源码文件都应只属于同一个包。

8.1.2 包的导入

若要使用包中的成员，则需要先导入包。导入包的格式如下：

```
import "path"
```

其中，import 关键字表示导入，由双引号包裹的 path 表示要导入的包的完整路径。对于导入多个包的情况，以下两种格式的写法都是合法的：

```
// 写法 1
import "pathOne"
import "pathTwo"

// 写法 2
import (
    "pathOne"
    "pathTwo"
)
```

以上是 Go 语言中包的标准导入格式，除此之外，还有自定义别名格式、省略导入格式和匿名格式。剩余 3 种格式将在本节稍后讲解。

举例来说，要通过 reflect 包输出某个数据变量的类型，完整的代码如下：

```go
package main
import (
    "fmt"
    "reflect"
)
func main() {
    var numOne=100
    fmt.Println(reflect.TypeOf(numOne))
}
```

运行结果如下：

```
int
```

📢 **注意**

像 fmt、reflect 等都属于 Go 语言的内置包。它们位于 Go 语言的 SDK 中。

请读者关注本示例前 5 行的代码，它完成了包的声明和导入。当然，将本示例的代码修改为：

```go
package main
import "fmt"
import "reflect"
func main() {
    var numOne=100
    fmt.Println(reflect.TypeOf(numOne))
}
```

程序依然可以运行。

某些时候，不同路径下可能会存在相同名称的包。例如，rand 包既存在于 math/rand 中，又存在于 crypto/rand 中。在导入它时，就需要明确地给定路径。例如，我们需要在代码中生成一个随机整数，这一操作需要使用 math/rand 包，所以必须先将其导入（import）。

完整的代码如下：

```go
package main
import (
    "fmt"
    "math/rand"
)
func main() {
    fmt.Println(rand.Int())
}
```

运行结果如下：

```
5577006791947779410
```

📖 **说明**

本示例的运行结果可能会与读者的运行结果不一致，这是正常的，只要输出结果为整型数据就表示代码没有问题。

从包的来源上区分，导入方式有两种，分别为完整路径导入和相对路径导入；从格式上区分，导入方式则有 4 种，分别为标准导入格式、自定义别名格式、省略导入格式和匿名格式。

完整路径导入和相对路径导入很容易理解，前者要求开发者在导入包时，给定完整的目录路径，不允许省略；相对路径则允许省略，起始路径就是系统中的 GOPATH 环境变量值。因此，相对路径只能导入位于 GOPATH 环境变量目录下的包，完整路径则无此限制。

下面重点探讨包的 4 种导入格式。

1. 标准导入格式

本节中的上述示例使用的都是标准导入格式，其具体格式和示例已经阐述过，这里不再赘述。

2. 自定义别名格式

Go 语言支持在导入包的时候，为其取一个别名，并在之后使用该别名。其格式如下：

```
import custom_name "path"
```

其中，import 是导入包的关键字，custom_name 是自定义的别名，由双引号包裹的 path 表示要导入的包的完整路径。

比如，首先为 fmt 取别名为 myFmt，然后使用 myFmt，示例代码如下：

```
package main
import myFmt "fmt"
func main() {
    myFmt.Println("你好，三酷猫")
}
```

运行结果如下：

```
你好，三酷猫
```

🔊 **注意**

一旦为某个导入的包起了别名，则在后续的代码中只能通过别名来访问这个包的内容。使用原始包名会引发两个编译时错误，若本示例在 main()函数中使用 fmt，则报错信息为 Unresolved reference 'fmt'（无法识别的引用'fmt'）及 Unused import（未使用的导入）。

3. 省略导入格式

使用省略导入格式可以使包在使用时无须添加前缀。其格式如下：

```
import . "path"
```

其中，import 是导入包的关键字，点 "." 表示以省略导入格式导入包，由双引号包裹的 path 表示要导入的包的完整路径。

例如，依旧导入 fmt 包，并在控制台中输出一些文本，示例代码如下：

```
package main
import . "fmt"
func main() {
    //使用省略导入格式，无须添加 fmt.前缀
    Println("你好，三酷猫")
}
```

运行结果如下：

```
你好，三酷猫
```

4. 匿名格式

在某些场景下，只需要执行某个包的初始化函数 init()，无须访问其内部成员。此时，使用匿名格式导入再合适不过了。其格式如下：

```
import _ "path"
```

其中，import 是导入包的关键字，下画线 "_" 表示以匿名格式导入包，由双引号包裹的 path 表示要导入的包的完整路径。

📖 **说明**

包的初始化函数 init()通常在这个包执行 main()函数前执行，目的是执行一些初始化操作，在包初始化时自动被调用并执行。一个包内可以有 0 个或多个 init()函数，在包被加载时，这些 init()函数都会被执行，但不保证其先后顺序。在实际开发中，通常一个包中只有一个 init()函数。

以上 4 种导入包的方式足以应对几乎所有的实际开发场景，在导入包时，要特别注意环形导入是不被允许的。例如，X 包导入了 Y 包，Y 包导入了 Z 包，Z 包又导入了 X 包，这样的导入将会引发编译时错误，导致程序无法运行。但重复导入是合法的。例如，A 包导入了 B 包和 C 包，B 包和 C 包都导入了 D 包。此时，D 包被重复导入，但程序合法，依旧可以正常运行，且 D 包中的 init()函数仍然只会执行一次。

8.2 Go 应用程序的启动流程

上一节提到了包的初始化函数 init()。这个函数的目的是在程序真正的业务逻辑开始运行之前，执行一些初始化操作。通常，Go 应用程序的启动流程可以使用图 8.1 来表示。

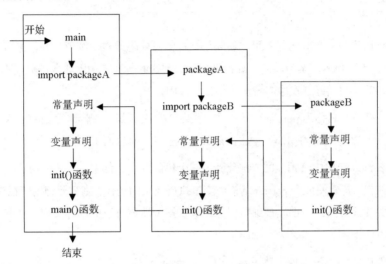

图 8.1 Go 应用程序的启动流程

如图 8.1 所示，从左到右依次是 main 包、packageA 包和 packageB 包。其中，main 包导入了 packageA 包，packageA 包导入了 packageB 包。程序在运行后，首先会来到 main 包，发现它导入了 packageA 包，于是寻找 packageA 包；然后会发现 packageA 包导入了 packageB 包，于是寻找 packageB 包；在发现 packageB 包后，发现其并没有导入其他包，于是执行 packageB 包中的常量声明、变量声明和 init() 函数；执行结束后，返回 packageA 包，继续执行 packageA 包中的常量声明、变量声明和 init() 函数；执行结束后，返回 main 包，继续执行 main 包中的常量声明、变量声明、init() 函数和 main() 函数；最终，程序将伴随 main() 函数的结束而终止运行。

由此可见，Go 语言在启动时，包的初始化步骤如下。

（1）包的初始化程序从 main() 函数导入的包开始，逐级查找包的导入，直到发现某个包没有导入其他任何包为止。

（2）每个包的 init() 函数是逐层进行的，并按照步骤（1）的结果逆序执行。

（3）对单个包而言，初始化的过程为执行常量声明、变量声明和 init() 函数。

◄))) **注意**

在包的初始化过程中，声明的常量和变量的作用域均为全局范围。

8.3 创建包

在很多编程语言中，有效的封装可以使某个结构体对外隐藏实现细节，并拒绝接受和保存无效的数据，Go 语言也不例外。本节将阐述如何创建包。创建的包通常用于业务逻辑代码的归类、通用工具函数的封装等，在实际开发中起着至关重要的作用。

举例来说，有一个名称为 person 的结构体，表示一个人。其中，名称为 age 的字段，表示年龄；GrowUp()方法用来表示成长的动作，方法内部可对 age 字段值自增 1。

现在，将 person 结构体及相关的方法放到另一个包的源码文件中。若要使用 person 结构体，则需要导入其所在包。若要使某个 person 结构体变量执行成长的动作，则需要调用所在包的 GrowUp()方法，但无须关注该方法的内部实现细节，也无法直接干涉该方法的内部实现。如此，就实现了对 person 结构体的封装。

接下来，使用代码逐步实现上述思路。首先创建两个 Go 源码文件，分别是 main/main.go 和 model/person.go。前者是包含 main()函数的程序入口，后者是封装的结构体。model/person.go 文件的完整代码如下：

```go
package model
import "fmt"
type person struct {
    //以小写字母开头的变量是私有变量，不可以在其他包中访问
    age int
    //以大写字母开头的变量是公开变量，可以在其他包中访问
    Name string
}
//构造函数，返回 person 结构体变量的指针
//以大写字母开头的函数是公开函数，可以在其他包中访问
func NewPerson(personName string,personAge int) *person{
    return &person{
        Name: personName,
        age: personAge,
    }
}
//年龄增长
func (personInstance *person) GrowUp() {
    personInstance.age++
```

```
    fmt.Println("年龄增长至",personInstance.age)
}
```

在完成 person.go 文件的编码后，实现 main.go 文件，代码如下：

```
package main
import (
    "../model"
    "fmt"
)
func main() {
    personTest:=model.NewPerson("三酷猫",18)
    fmt.Println(personTest.Name)
    personTest.GrowUp()
}
```

运行结果如下：

```
三酷猫
年龄增长至 19
```

显然，main.go 文件中并未实现 GrowUp()方法，也无权干涉该方法的具体实现。由于 age 是包内私有成员，因此在 main.go 中无法直接修改它的值，保证了数据的安全性。

感兴趣的读者可以尝试在 person.go 文件中添加 SetAge()方法。该方法所需参数是年龄值，当年龄值不合法（小于 0 或大于 100）时，在控制台中给出数值错误的提示。反之，则将新值赋给 age 字段。当然，这些判断、提示和赋值均在 SetAge()方法中完成。

通过本案例的实现，总结出封装的步骤如下。

（1）将要封装的结构体或字段的首字母小写。

（2）通过首字母大写的构造函数生成带封装的结构体变量。

（3）对于结构体中的成员字段，可提供 SetXxx()或 GetXxx()方法，用于赋值和取值。这一步是可选的。在赋值时，可以根据需要对新值进行合法性验证。

（4）提供任何满足业务需要的方法。若方法是提供给其他包调用的，则方法名应使用大写字母开头；反之，则使用小写字母开头。这一步也是可选的。

8.4 Go 语言中的常用内置包

Go 语言本身内置了大量的包，在配置好开发环境后就可以使用它们了。本节将介绍 Go 语言中较为常用的内置包的使用方法。这些内置包广泛应用于文本格式化输出、时间/日期处理、命令行参数解析、日志记录、本地文件读/写、网络接口请求、JSON 格式转换等。

受篇幅所限，本书不可能把每个内置包的方法全部罗列出来，更多的用法请读者参考 Go 语言的 SDK 文档。

8.4.1 文本格式化输出：fmt 包

fmt 包可以算得上"老相识"了，在本书前面的多个示例中都有用到。fmt 包是 Go 语言中的标准输入/输出包，有些类似于 C 语言中的 printf 和 scanf 包。本节将分别从输出和输入的角度阐述 fmt 包的用法。

1. 格式化占位符

使用格式化占位符的作用之一是输出的内容会随着变量值的改变而发生变化，更加灵活。此外，对于某些类型的变量，使用占位符还可以完成一些格式转换的工作。通常，不同的数据类型要求使用不同的占位符。但也有少许占位符可以对应任何数据类型，它们被称为通用占位符。

表 8.1 列举了 Go 语言中的通用占位符及其作用。

表 8.1　通用占位符及其作用

占 位 符	作 用
%v	按值的默认格式输出
%+v	按值的默认格式输出。对于结构体，则会添加字段名
%#v	按值的语法格式输出
%T	按值的类型输出
%%	用于输出单个百分号

下面的代码演示了针对一个结构体，分别按照不同的格式输出的结果：

```
catModel := struct{
    catName string
    age int}{"三酷猫",18}
fmt.Printf("%v\n", catModel)
fmt.Printf("%+v\n", catModel)
fmt.Printf("%#v\n", catModel)
fmt.Printf("%T\n", catModel)
```

运行结果如下：

```
{三酷猫 18}
{catName:三酷猫 age:18}
struct { catName string; age int }{catName:"三酷猫", age:18}
struct { catName string; age int }
```

对于整型变量，Go 语言提供了 8 个占位符，如表 8.2 所示。

表 8.2 整型占位符及其作用

占 位 符	作 用
%b	按二进制数形式输出值
%c	按 Unicode 值形式输出值
%d	按十进制数形式输出值
%o	按八进制数形式输出值
%x	按十六进制数形式输出值，英文部分用小写形式表示
%X	按十六进制数形式输出值，英文部分用大写形式表示
%U	按 Unicode 值形式输出值，格式为 Unicode 格式
%q	将整型值以字符型字面值形式输出

具体示例代码如下：

```
intNum := 26
fmt.Printf("%b\n", intNum)
fmt.Printf("%d\n", intNum)
fmt.Printf("%o\n", intNum)
fmt.Printf("%x\n", intNum)
fmt.Printf("%X\n", intNum)
fmt.Printf("%U\n", intNum)
fmt.Printf("%q\n", intNum)
```

运行结果如下：

```
11010
26
32
1a
1A
U+001A
'\x1a'
```

📖 **说明**

所谓字符型字面值，是指某个字符对应的 ASCII 值。在本示例中，若 intNum 的值为 65，使用%q 格式占位符输出，则会得到'A'，因为字符 A 的 ASCII 值为 65。

对于浮点型和复数型变量，Go 语言提供了 7 个占位符，如表 8.3 所示。

表 8.3　浮点型和复数型占位符及其作用

占　位　符	作　用
%b	无小数部分，二进制指数部分以科学记数法的形式输出
%e	以科学记数法的形式输出，字母为小写形式
%E	以科学记数法的形式输出，字母为大写形式
%f	有小数部分、无指数部分
%F	等同于%f
%g	自动选择以%e 或%f 的形式输出，以更简洁、准确的输出为判断标准
%G	自动选择以%E 或%F 的形式输出，以更简洁、准确的输出为判断标准

请参考下面的示例代码，理解表 8.3 中各种占位符的用法：

```
floatNum:=123.456
fmt.Printf("%b\n", floatNum)
fmt.Printf("%e\n", floatNum)
fmt.Printf("%E\n", floatNum)
fmt.Printf("%f\n", floatNum)
fmt.Printf("%g\n", floatNum)
fmt.Printf("%G\n", floatNum)
```

运行结果如下：

```
8687443681197687p-46
1.234560e+02
1.234560E+02
123.456000
123.456
123.456
```

对于字符串型和[]byte 类型变量，Go 语言提供了 4 个占位符，如表 8.4 所示。

表 8.4　字符串型和[]byte 类型占位符及其作用

占　位　符	作　用
%s	直接输出字符串型或[]byte 类型值
%q	将值以字符串型字面值输出
%x	字节用双字符十六进制数表示，字母部分为小写形式
%X	字节用双字符十六进制数表示，字母部分为大写形式

字符串型和[]byte 类型占位符的使用示例如下：

```
strVal :="你好, 三酷猫"
fmt.Printf("%s\n", strVal)
fmt.Printf("%q\n", strVal)
fmt.Printf("%x\n", strVal)
fmt.Printf("%X\n", strVal)
```

运行结果如下：

```
你好，三酷猫
"你好，三酷猫"
e4bda0e5a5bdefbc8ce4b889e985b7e78cab
E4BDA0E5A5BDEFBC8CE4B889E985B7E78CAB
```

对于布尔型变量，Go 语言提供了 1 个占位符，如表 8.5 所示。

表 8.5　布尔型占位符及其作用

占　位　符	作　用
%t	输出布尔型变量的值

对于布尔型变量，使用%t 会原样输出变量的值，参考下面的代码：

```
boolVal :=true
fmt.Printf("%t\n", boolVal)
fmt.Println(boolVal)
```

运行结果如下：

```
true
true
```

对于指针类型的变量，使用占位符可以在该类型的值前面加上 0x，并将其以十六进制数表示。指针类型占位符及其作用如表 8.6 所示。

表 8.6　指针类型占位符及其作用

占　位　符	作　用
%p	将指针类型的值以十六进制数表示，并在开头加上 0x

具体使用示例如下：

```
strVal :="你好，三酷猫"
fmt.Printf("%p\n", &strVal)
```

运行结果如下：

```
0x14000188050
```

除了上述 6 类占位符，还有一类可指定数值宽度/精度的占位符。使用这类占位符可以按照指定的宽度/精度输出十进制数。因此，该占位符要求对应的变量必须是十进制数。表 8.7 列出了该占位符及其作用。

表 8.7　指定宽度/精度占位符及其作用

占　位　符	作　用
%f	按照指定的宽度/精度输出十进制数

现有一个十进制数 1234.5678，要求以不同的宽度/精度输出，示例代码如下：

```
numVal :=1234.5678
fmt.Printf("%f\n", numVal)
fmt.Printf("%4.2f\n", numVal)
fmt.Printf("%2.2f\n", numVal)
fmt.Printf("%.2f\n", numVal)
fmt.Printf("%7.f\n", numVal)
fmt.Printf("%7.3f\n", numVal)
fmt.Printf("%8.4f\n", numVal)
```

运行结果如下：

```
1234.567800
1234.57
1234.57
1234.57
   1235
1234.568
1234.5678
```

此外，Go 语言中还有一些不太方便归类的占位符。它们通常和前文中提到的占位符一起使用，在某些场景下发挥着不可或缺的作用。这些占位符及其作用如表 8.8 所示。

表 8.8　其他占位符及其作用

占　位　符	作　用
'+'	总是输出数值的正负号，当与%q 组合使用时，会输出 ASCII 值
' '	对于数字型数据，若数值为正数，则加空格；若数值为负数，则加负号。当与%x 组合用于字符串型值时，会在字符之间添加空格
'-'	改变默认的对齐方式
'#'	对八进制数前面加 0；对十六进制数前面加 0x 或 0X；对指针类型数据去掉 0x。当与%U 组合使用时，会输出空格和由单引号包裹的字面值
'0'	使用 0 填充空白区域，对于数字型数据，则会把 0 填充到正负号和具体值之间

上述占位符的示例代码如下：

```
numVal:=-1234.5678
fmt.Printf("%8.f\n", numVal)
fmt.Printf("%08.f\n", numVal)
fmt.Printf("%-8.f\n", numVal)
fmt.Printf("%#p\n", &numVal)
```

运行结果如下：

```
 -1235
-0001235
-1235
1400018c008
```

2. 输出函数 Print()、Printf()和 Println()

fmt 包中的 Print()、Printf()和 Println()函数是重要的输出函数，作用是将内容输出至系统标准输出中，最为常见的就是控制台。这 3 个函数的声明格式如下：

```
func Print(a ...interface{}) (n int, err error)
func Printf(format string, a ...interface{}) (n int, err error)
func Println(a ...interface{}) (n int, err error)
```

在实际使用时，应注意它们之间的区别。Print()函数直接输出参数的内容；Printf()函数可以输出格式化后的字符串；Println()函数直接输出内容，并在结尾处换行。

📖 **说明**

对于 fmt 包的上述 3 个输出函数，其参数均需要采用不定长度匿名接口的切片类型。换言之，它们并不严格要求传入的参数必须是基本数据类型。感兴趣的读者可以查看这 3 个函数的源码，因为源码是非常好的学习和使用切片及匿名接口的示例。

下面的代码演示了如何使用上述 3 个函数进行输出：

```
func main() {
    fmt.Print("你好，")
    catName := "三酷猫"
    fmt.Printf("%s\n", catName)
    fmt.Println("你好，三酷猫")
}
```

运行结果如下：

```
你好，三酷猫
你好，三酷猫
```

在本示例中，Print()和 Println()函数的使用很容易理解，而 Printf()函数则需要展开叙述。

实际上，本示例在调用 Printf()函数时，传入的首个参数中的%s 被称为格式化占位符，将使用后面的变量进行替换。fmt.Printf("%s\n", catName)与 fmt.Print("三酷猫\n")等效。

3. 向文件中写入内容

fmt 包提供了向文件中写入内容的函数，分别是 Fprint()、Fprintf()和 Fprintln()，使用起来非常便捷。这 3 个函数的声明格式如下：

```
func Fprint(w io.Writer, a ...interface{}) (n int, err error)
func Fprintf(w io.Writer, format string, a ...interface{}) (n int, err error)
func Fprintln(w io.Writer, a ...interface{}) (n int, err error)
```

显而易见，这 3 个函数与 Print()、Printf()和 Println()函数非常像，唯一不同的是，当需要向文件中写入内容时，需要传入 io.Writer 型变量。

📖 **说明**

io.Writer 型变量通过 os 包中的 OpenFile()函数返回。有关 os 包的使用，将在 8.4.2 节中阐述。现在，只需了解该类型的变量是参数之一即可。

例如，现在向某个路径下的文件中写入"你好，三酷猫"，代码实现如下：

```
fileObj, err := os.OpenFile("./text.txt", os.O_CREATE|os.O_WRONLY|os.O_APPEND, 0644)
if err != nil {
    fmt.Println("打开文件出错: ", err)
    return
}
textContent := "你好，三酷猫"
fmt.Fprint(fileObj, textContent)
```

运行本示例，控制台没有任何自定义的文本输出，只有"exit code 0"字样，表示程序成功运行完毕。打开项目根目录，可以发现名称为 text.txt 的文件。使用记事本或其他文本查看/编辑器打开这个文件，可以看到内容为"你好，三酷猫"。这样就完成了文件内容的写入操作。

4. 获取输出的字符串

在实际开发中，有时并不需要将内容直接输出到文件中或控制台上，而是要获取输出的字符串。此时，Sprint()、Sprintf()和 Sprintln()函数就派上用场了。这 3 个函数最终将返回 string 类型的值，内容为要输出的字符串，声明格式如下：

```
func Sprint(a ...interface{}) string
func Sprintf(format string, a ...interface{}) string
func Sprintln(a ...interface{}) string
```

这 3 个函数的调用方式与 Print()、Printf()和 Println()函数一样。下面的代码演示了这 3 个函数是如何使用的：

```
strOne := fmt.Sprint("你好")
strTwo := fmt.Sprintf(", %s","三酷猫! ")
fmt.Println(strOne, strTwo)
```

运行结果如下：

```
你好 , 三酷猫!
```

📖 **说明**

Sprint()、Sprintf()和 Sprintln()函数本身不会有任何输出，这 3 个函数都将原本要输出的字符串换成了函数的返回值。

5. 错误信息的输出

fmt 包中还有一类输出函数，专门用于输出错误信息。函数名为 Errorf()，声明格式如下：

```
func Errorf(format string, a ...interface{}) error
```

举例来说，代码中要输出文本信息"这个操作包含错误"，则可以采用如下代码实现：

```
err := fmt.Errorf("这个操作包含错误")
fmt.Println(err)
//输出 err 变量的类型
fmt.Printf("%T",err)
```

运行结果如下：

```
这个操作包含错误
*errors.errorString
```

请读者留意 err 变量的类型，虽然在直接输出 err 变量的内容时，看上去是 string 类型，但实际上它的类型为*errors.errorString。

6. 输入函数 Scan()、Scanf()和 Scanln()

与 Print()、Printf()和 Println()函数相对，Scan()、Scanf()和 Scanln()函数分别用于普通输入、按格式输入及整行输入。这 3 个函数的声明格式如下：

```
func Scan(a ...interface{}) (n int, err error)
func Scanf(format string, a ...interface{}) (n int, err error)
func Scanln(a ...interface{}) (n int, err error)
```

这 3 个函数都将返回两个值：一个是整型的值，表示收到的数据个数；另一个是 error 类型的值，表示在输入时遇到的任何错误。

下面的代码演示了如何使用它们，先来看 Scan()函数：

```
var strOne string
var strTwo string
num,err:=fmt.Scan(&strOne,&strTwo)
fmt.Println(num,err)
fmt.Printf("输入的字符串：%s %s", strOne, strTwo)
```

在运行代码后，控制台会等待用户输入。用户依次输入"你好"，并按 Enter 键（或者输入空格），接着输入"三酷猫"，并按 Enter 键，可以得到如下输出：

```
2 <nil>
```

输入的字符串：你好 三酷猫

再来看 Scanf()函数，Scanf()函数对输入格式进行了严格限制。在输入时，用户必须按照定义的格式进行输入，否则将无法正常输入。具体示例代码如下：

```go
var strOne string
var strTwo string
num,err:=fmt.Scanf("strOne:%s strTwo:%s",&strOne,&strTwo)
fmt.Println(num,err)
fmt.Printf("输入的字符串：%s %s", strOne, strTwo)
```

在运行这段代码后，控制台依旧会等待用户输入。根据格式定义，用户在控制台中输入"strOne:你好 strTwo:三酷猫"，并按 Enter 键，可以得到如下输出：

```
2 <nil>
输入的字符串：你好 三酷猫
```

若未按照定义的格式进行输入，比如输入"你好 三酷猫"，则会得到如下输出：

```
你好 三酷猫
0 input does not match format
输入的字符串：
```

显然，根据 Scanf()函数的返回值可以得出，总共输入了 0 个数据，错误信息为"input does not match format"，即输入的内容与格式不匹配。

最后来看 Scanln()函数，Scanln()函数类似于 Scan()函数，只不过它只在遇到换行或到达结尾处时才会停止输入最后一个数据。具体示例代码如下：

```go
var strOne string
var strTwo string
num, err := fmt.Scanln(&strOne, &strTwo)
fmt.Println(num, err)
fmt.Printf("输入的字符串：%s %s", strOne, strTwo)
```

在运行程序后，程序依旧会等待用户输入。这次，用户只能输入"你好 三酷猫"，并按 Enter 键，才能保证程序正常接收这两个字符串。输出如下：

```
2 <nil>
输入的字符串：你好 三酷猫
```

由于 Scanln()函数会在换行时结束输入，若在输入"你好"后立即按 Enter 键，则相当于换行，输入过程会立即停止。此时，Scanln()函数只能接收一个数据，程序输出如下：

```
1 unexpected newline
输入的字符串：你好
```

错误信息为"unexpected newline"，意思是意料之外的换行。

7. 从文件中输入数据

与 Fprint()、Fprintf()、Fprintln()函数相对，fmt 包提供了 Fscan()、Fscanf()、Fscanln()函数。这 3 个函数提供了从文件中输入数据的功能，声明格式如下：

```
func Fscan(r io.Reader, a ...interface{}) (n int, err error)
func Fscanf(r io.Reader, format string, a ...interface{}) (n int, err error)
func Fscanln(r io.Reader, a ...interface{}) (n int, err error)
```

📖 说明

io.Reader 型变量通过 bufio 包中的 NewReader()函数获得。关于 bufio 包的内容，将在后续的章节中详述。在从文件中输入数据时，可能会在文件中包含多余的空格或换行符，而这些多余的内容可能会干扰文件内容的正常输入，因此合理使用 bufio 包中的 NewReader()函数可以解决这个问题。

8. 从字符串型变量中输入数据

与 Sprint()、Sprintf()、Sprintln()函数相对，fmt 包提供了 Sscan()、Sscanf()、Sscanln()函数。这 3 个函数提供了从字符串型变量中输入数据的功能，声明格式如下：

```
func Sscan(str string, a ...interface{}) (n int, err error)
func Sscanf(str string, format string, a ...interface{}) (n int, err error)
func Sscanln(str string, a ...interface{}) (n int, err error)
```

受篇幅所限，Fscan()和 Sscan()系列输入函数很好理解，请读者对照 Fprint()和 Sprint()函数理解和使用它们，本书就不再赘述了。

8.4.2 磁盘文件读/写：os 包

在 Go 语言中操作文件时，需要用到 os 包。这个包中包含文件/目录的创建、打开、关闭和删除，文件读/写及带缓冲区的文件读/写等函数。借助这些函数，除了可以实现基础的读/写操作，还可以实现文件的复制等操作。本节将详细阐述 os 包中的常用函数。

1. 文件/目录的创建、打开、关闭和删除

os 包提供了文件/目录的创建、打开、关闭和删除函数。这些函数的声明格式如下：

```
//使用提供的字符串参数作为文件名创建文件，文件权限为 0666
func Create(name string) (file *File, err Error)
//使用提供的字符串参数作为目录名创建目录，perm 参数表示文件权限
func Mkdir(name string, perm FileMode) error
//使用提供的字符串参数作为目录名创建目录及涉及的所有目录，perm 参数表示文件权限
func MkdirAll(path string, perm FileMode) error
```

```
//使用提供的字符串和文件描述符创建文件
func NewFile(fd uintptr, name string) *File
//以只读方式打开名称为给定字符串参数的文件
func Open(name string) (file *File, err Error)
//打开名称为给定字符串参数的文件，通过 flag 参数指定打开方式（只读/读写），perm 表示文件权限
func OpenFile(name string, flag int, perm uint32) (file *File, err Error)
//删除名称为给定字符串参数的文件
func Remove(name string) Error
//关闭*File 类型变量表示的文件
func (f *File) Close() error
```

📖 **说明**

os 包使用类似于 Linux 中的文件权限定义某个文件的权限，具体定义方式请读者参考 Linux 中的文件权限设置相关资料，本书不再展开叙述。

下面的代码演示了如何使用 os 包中的函数创建和关闭一个文件：

```
//创建一个文件，目录为./test.txt（./表示当前目录）
file, err := os.Create("./test.txt")
if err != nil {
    fmt.Println("创建文件失败，错误信息：", err)
    return
}
//关闭文件操作
file.Close()
```

在运行程序后，若没有发生意外，则没有任何错误信息输出。回到项目根目录，可以发现 test.txt 文件被创建。

os 包中的 Mkdir() 和 MkdirAll() 函数可以用于创建目录。例如，要在当前目录下创建一个名称为 testDir 的目录，代码片段如下：

```
err := os.Mkdir("./testDir",os.ModePerm)
if err != nil {
    fmt.Println("创建文件失败，错误信息：", err)
    return
}
```

🔊 **注意**

Mkdir() 和 MkdirAll() 函数的返回值只有错误信息，没有*File 类型的变量，因此无须执行关闭文件操作。

在执行这段代码后，再次打开项目根目录，可以发现 testDir 目录被创建。

接下来，尝试创建路径为./testDir/nestDir/test 的目录。若继续使用 Mkdir() 函数，则必须先创

建./testDir/nestDir，再创建./testDir/nestDir/test。若直接创建./testDir/nestDir/test，则会报错"The system cannot find the path specified"，意思是系统找不到指定的路径。因为 nestDir 目录不存在，因此无法在 nestDir 目录下创建 test 目录。

如果要应对这种情况，就需要使用 MkdirAll() 函数。这个函数会自动按需创建整个目录结构，因此，若要创建./testDir/nestDir/test，则可以采用如下实现：

```
err := os.MkdirAll("./testDir/nestDir/test",os.ModePerm)
if err != nil {
    fmt.Println("创建文件失败，错误信息：", err)
    return
}
```

这样就不会再收到错误信息了。回到项目根目录，可以依次打开 testDir 目录下的 nestDir 目录，最终发现新建的 test 目录。

◀）注意

在使用 Mkdir() 和 MkdirAll() 函数创建目录时，若对应的目录已经存在，则前者会报错"Cannot create a file when that file already exists"，即目录已经存在，无法再次创建；后者则不会报错。在使用 Create() 函数创建文件时，若对应的文件已经存在，也不会报错，但旧文件会被新文件替代，旧文件中的数据会丢失。

若要打开一个文件，以便后续进行读/写操作，则只需调用打开文件函数 OpenFile()，并将路径作为参数传入即可，请参考下面的代码片段：

```
//打开一个文件，路径为./test.txt（./表示当前目录）
file, err := os.Open("./test.txt")
if err != nil {
    fmt.Println("打开文件失败，错误信息：", err)
    return
}
//关闭文件操作
file.Close()
```

运行这段代码，若没有发生意外，则控制台依旧不会有任何错误信息。但是，如果 test.txt 文件不存在，则会出现错误信息"open ./test.txt: The system cannot find the file specified"，意思是系统无法找到特定的文件。

◀）注意

无论 test.txt 是文件还是目录，os.Open() 函数都可以成功打开它。因此，即使 os.Open() 函数执行后没有报错，也不能证明这个文件真实存在，因为有可能存在同名目录。

另外，在执行关闭文件操作时，若代码中需要关闭多个文件，则需要针对每个*File 类型变量调用 Close()函数，不要遗落。

当需要通过程序删除某个文件时，可以使用 Remove()函数，示例代码如下：

```go
err:=os.Remove("./test.txt")
if err != nil {
    fmt.Println("删除文件失败，错误信息: ", err)
    return
}
```

删除文件的核心代码非常简单，仅需传入要删除的文件完整路径即可。该函数将返回错误信息。若操作成功，则错误信息为 nil。

2. 判断文件/目录是否存在及是否为目录

在进行文件读/写前，通常会先判断文件/目录是否存在，再判断*File 变量表示的路径是文件还是目录，最后才是读/写操作。进行这些判断对于保持程序运行的稳定性和正确性具有很大的帮助。

os 包中的 Stat()函数可以用来获取文件的属性信息，其声明格式如下：

```go
func Stat(name string) (FileInfo, error)
```

该函数将返回两个值：一个是 FileInfo 类型变量，该变量包含了文件的各种属性信息；另一个是error 类型变量，表示错误信息。

当 Stat()函数成功地获取文件信息时，文件/目录肯定是存在的，此时 error 类型返回值为 nil。因此，当 error 类型返回值为 nil 时，即表示文件/目录存在。当 Stat()函数获取文件信息发生错误时，并非一定表示文件不存在。因此，当 error 类型返回值不是 nil 时，需要进一步调用其他函数来判断文件是否存在，即 IsExist()和 IsNotExist()函数。前者会在文件或目录存在时返回 true，否则返回 false；后者会在文件或目录不存在时返回 true，否则返回 false。下面的代码用于检测当前目录下是否存在名称为 test.txt 的文件或目录：

```go
fileInfo, err := os.Stat("./test.txt")
if err != nil {
    if os.IsExist(err) {
        fmt.Println("文件存在")
    } else {
        fmt.Println("文件不存在")
    }
} else {
    fmt.Println("文件存在")
}
```

运行结果如下：

文件存在

接下来，继续判断这个文件到底是文件还是目录。此时，需要用到本示例中的 fileInfo 变量来调用 IsDir() 函数，完整的示例代码如下：

```
fileInfo, err := os.Stat("./test.txt")
if err != nil {
    if os.IsExist(err) {
        fmt.Println("文件存在")
        fmt.Println("这个文件是目录吗? ",fileInfo.IsDir())
    } else {
        fmt.Println("文件不存在")
    }
} else {
    fmt.Println("文件存在")
    fmt.Println("这个文件是目录吗? ",fileInfo.IsDir())
}
```

运行结果如下：

文件存在
这个文件是目录吗? false

📖 说明

　　fileInfo 变量包含了文件的众多属性信息，我们可以通过不同的函数获取它们。例如：执行 fileInfo.Size() 函数可以获取文件大小（单位为字节）；执行 fileInfo.Mode() 函数可以获取文件权限；执行 fileInfo.ModTime() 函数可以获取文件的修改日期等。感兴趣的读者可以自行探索，本书不再展开叙述。

3. 向文件中写入数据

os 包支持两种类型数据的文件写入：一种是 string；另一种是[]byte。前者多用于写入纯文本文件中，后者则支持写入二进制数据文件中，如图片、音频、可执行程序等。这两种方式的函数声明格式如下：

```
func (f *File) WriteString(s string) (n int, err error)
func (f *File) Write(b []byte) (n int, err error)
```

显然，这两个方法分别对应 string 类型和[]byte 类型数据的文件写入，均返回写入字节数或错误信息。以纯文本类型的文件为例，写文件示例代码如下：

```
count, err:=file.WriteString("你好，三酷猫")
fmt.Println("总计写入: ",count)
if err != nil {
```

```
    fmt.Println("写入文件异常，错误信息: ", err)
    return
}
//关闭这个文件操作
file.Close()
```

若没有异常，则运行结果如下：

```
总计写入: 18
```

由于一个汉字占用 3 字节，而"你好，三酷猫"共包含 6 个汉字，因此最终结果为 18。回到项目根目录，打开 test.txt 文件，可以看到文本内容："你好，三酷猫"。

📢 **注意**

WriteString()和 Write()函数在执行写入数据操作时，并不会保留旧的数据。若希望在旧的数据后面追加新的数据，则需要先将旧的数据读取出来，再与新的数据一同写入文件中。

4. 读取文件中的数据

在 Go 语言中，读取数据非常简单，只需打开文件，并通过*File 类型变量调用 read()函数即可。read()函数的声明格式如下：

```
func (f *File) Read(b []byte) (n int, err error)
```

该函数需要[]byte 类型的参数，用于指定本次读取的内容大小。该函数将返回两个变量，分别表示本次读取的内容大小（单位是字节）及错误信息。值得注意的是，若文件读取到末尾，错误信息为 io.EOF，则读取的内容大小为 0。根据这一规律，可以轻松地使用 Go 语言读取文件内容。

下面的代码演示了读取根目录下 test.txt 文件的内容：

```
//打开一个文件，路径为./test.txt ( ./表示当前目录 )
file, err := os.Open("./test.txt")
if err != nil {
    fmt.Println("打开文件失败，错误信息: ", err)
    return
}
//关闭这个文件操作 ( 使用断言 )
defer file.Close()
//声明 oneTimeBuf 变量，用作循环中读取文件时的缓冲
var oneTimeBuf [512]byte
//声明 fileData 变量，用于保存文件完整数据
var fileData []byte
for{
    count, err:=file.Read(oneTimeBuf[:])
    if err != nil {
        //当错误信息为 io.EOF 时，表示已经到达文件末尾，应结束读取
        if err==io.EOF{
```

```
            fmt.Println("读文件结束。")
            break
        }else {
            fmt.Println("读文件出错, 错误信息: ", err)
            return
        }
    }
    fileData=append(fileData,oneTimeBuf[:count]...)
}
fmt.Println(string(fileData))
```

运行结果如下:

读文件结束。
你好,三酷猫

本示例使用了长度为 512 字节的 oneTimeBuf 变量作为读文件操作中每次循环的缓冲。在每次循环中,当错误信息返回 io.EOF 时结束读文件操作。在每次循环的末尾,将每次读取的数据合并到 fileData 变量中。最终,fileData 变量保存了所有读取的数据。

📖 **说明**

为什么要循环读取文件,而非一次操作、全部读取呢?

这是因为在获取文件信息前,文件大小未知。在使用循环读取时,若文件字节数在定义的缓冲变量的大小范围之内,则一般一次就可以将文件内容全部读取到缓冲变量中;若文件字节数超过缓冲变量的大小,就需要循环读取了,直到不能从文件中读到字节为止,也就是将文件的内容全部读取完毕。

另外,在处理较大的文件时,一次性读取可能会造成程序卡顿现象。将线程和循环读取结合,可以在循环体中不断输出读取进度,使用户体验更佳。

5. 带缓冲区的文件读/写

bufio 包实现了带缓冲区的文件读/写操作。bufio 包中的缓冲区本质上是一块内存空间。无论是读还是写,都会先在这块内存空间中进行,从而减少了磁盘的读/写操作次数。最后,一次性将缓冲区的内容写入文件中。因此,bufio 包特别适用于需要频繁地读/写磁盘的场景。

下面的代码演示了如何使用 bufio 包向文件中写入内容,并读取这些内容:

```
func main() {
    write()
    read()
}

//写文件
```

```go
func write() {
    //打开文件，模式为创建并只写，权限为 0777
    file, err := os.OpenFile("./test.txt", os.O_CREATE|os.O_WRONLY, os.ModePerm)
    if err != nil {
        return
    }
    //关闭这个文件操作（使用断言）
    defer file.Close()
    writer := bufio.NewWriter(file)
    //使用 bufio 包写入 30 行字符串
    for i := 0; i < 30; i++ {
        writer.WriteString("你好，三酷猫! ")
    }
    //将 bufio 包缓冲区的内容一次性写入磁盘中
    writer.Flush()
}
//读文件
func read() {
    //打开 test.txt
    file, err := os.Open("./test.txt")
    if err != nil {
        return
    }
    //关闭这个文件操作（使用断言）
    defer file.Close()
    reader := bufio.NewReader(file)
    var fileData []byte
    //使用 bufio 包按行读取文件内容
    for {
        line, _, err := reader.ReadLine()
        if err != nil {
            //当错误信息为 io.EOF 时，表示已经到达文件末尾，应结束读取
            if err == io.EOF {
                break
            }else{
                fmt.Println("读文件出错，错误信息：", err)
                return
            }
        }
        fileData=append(fileData, line...)
    }
    fmt.Println(string(fileData))
}
```

运行结果如下：

你好，三酷猫! 你好，三酷猫! 你好，三酷猫! 你好，三酷猫! 你好，三酷猫! 你好，三酷猫! 你好，三酷猫! 你好，三酷猫! 你好，三酷猫! 你好，三酷猫! 你好，三酷猫! 你好，三酷猫! 你好，三酷猫! 你好，三酷猫! 你好，三酷猫! 你好，三酷猫! 你好，三酷猫! 你好，三酷猫! 你好，三酷猫! 你好，三酷猫!

你好，三酷猫！你好，三酷猫！你好，三酷猫！你好，三酷猫！你好，三酷猫！你好，三酷猫！你好，三酷猫！你好，三酷猫！你好，三酷猫！你好，三酷猫！你好，三酷猫！你好，三酷猫！你好，三酷猫！你好，三酷猫！你好，三酷猫！

📖 **说明**

笔者在计算机上测试 100 万次机械磁盘写入，使用 bufio 包时仅需 0.27 秒，而不使用 bufio 包时需要耗时 29.99 秒。

对于文件打开模式，os 包内置了多个常量，可供读者使用，如表 8.9 所示。

表 8.9　文件打开模式常量及其含义

模 式 常 量	含　义
os.O_WRONLY	写模式
os.O_CREATE	创建文件模式
os.O_RDONLY	读模式
os.O_RDWR	读/写模式
os.O_TRUNC	清空内容模式
os.O_APPEND	追加内容模式

6. 使用 ioutil 辅助工具包进行文件读/写

Go 语言内置的 io 包附带了 ioutil 辅助工具包。使用该工具包可以简化 I/O 操作代码。下面的代码演示了如何使用 ioutil 工具包实现文件的读/写操作：

```go
func main() {
    write()
    read()
}
//写文件
func write() {
    err := ioutil.WriteFile("./test.txt", []byte("你好，三酷猫！"), os.ModePerm)
    if err != nil {
        fmt.Println("写文件操作出现错误，异常信息：",err)
        return
    }
}
//读文件
func read() {
    fileData, err := ioutil.ReadFile("./test.txt")
    if err != nil {
        fmt.Println("读文件操作出现错误，异常信息：",err)
        return
    }
    fmt.Println(string(fileData))
}
```

运行结果如下：

你好，三酷猫!

ioutil 工具包基于普通的 I/O 操作封装，并不像 bufio 包那样具有内存缓冲区，因此它简化了代码，但并不会对性能有显著提升。

8.4.3 网络服务：net 包

使用 Go 语言编程，不仅可以实现客户端，还可以实现服务器端。Go 语言内置的 net 包提供了非常完善的客户端和服务器端支持。本节将详细阐述如何使用 net 包实现客户端网络请求，以及服务器端网络响应。

1. 客户端 GET 请求

根据请求是否需要携带参数，从客户端发起的 GET 请求可分为不带参数的和带参数的两类。它们都通过 Get()函数进行请求。Get()函数的声明格式如下：

```
func Get(url string) (resp *Response, err error)
```

该函数只需要一个字符串型的参数，表示请求地址 URL，并返回两个变量：一个是*Response，表示服务器端的返回数据；另一个是 error 类型变量，表示错误信息。

先来看不带参数的 GET 请求示例：

```
//使用 net 包发起 GET 请求
resp, err := http.Get("https://api.*****.cn/api/lishijr")
if err != nil {
    fmt.Println("HTTP 请求失败，错误信息：", err)
    return
}
//使用断言关闭网络请求
defer resp.Body.Close()
//使用 ioutil 工具包获取服务器端响应数据
body, err := ioutil.ReadAll(resp.Body)
if err != nil {
    fmt.Println("读取网络响应失败，错误信息：", err)
    return
}
fmt.Print(string(body))
```

运行结果如下：

```
{"code":"200","msg":"success","data":{"Poetry":"立身不高一步立，如尘里振衣、泥中濯足，如何超达？","Poet":"null","Poem_title":"菜根谭·概论"}}
```

本示例使用 GET 请求从服务器端接口获取了信息。代码中调用了 http.Get()函数，并向该函数中传入了网址字符串参数。当没有发生错误时，err 变量的值将为 nil。resp.Body 包含了完整的服务器端响应数据，可以使用 ioutil 工具包将 resp.Body 中的数据全部读出，并保存到 body 变量中。最后，将 body 变量转换为字符串并输出到控制台上。

再来看带参数的 GET 请求示例，以下代码演示了获取天气预报信息的功能。在发起 GET 请求时，需要两个参数：一个是 type，表示查询类型，值为 1 表示当天，值为 2 表示未来 7 天，值为 3 表示未来 8～15 天；另一个参数是 city，表示要查询的城市名，此处直接使用简体中文的城市名作为值即可。

```go
//请求地址和参数
params:= url.Values{}
apiUrl,err:=url.Parse("https://api.*****.cn/api/tianqi")
if err != nil {
    fmt.Println("解析请求地址出错，错误信息：", err)
    return
}
params.Set("type","1")
params.Set("city","北京")
//调用 Encode()函数，为 URL 添加参数，并兼容中文字符
apiUrl.RawQuery=params.Encode()
//使用 net 包发起 GET 请求
fmt.Println("请求地址：",apiUrl.String())
resp, err := http.Get(apiUrl.String())
if err != nil {
    fmt.Println("HTTP 请求失败，错误信息：", err)
    return
}
//使用断言关闭网络请求
defer resp.Body.Close()
//使用 ioutil 工具包获取服务器端响应数据
body, err := ioutil.ReadAll(resp.Body)
if err != nil {
    fmt.Println("读取网络响应失败，错误信息：", err)
    return
}
fmt.Print(string(body))
```

运行结果如下：

```
请求地址：https://api.*****.cn/api/tianqi?city=%E5%8C%97%E4%BA%AC&type=1
{"code":"200","msg":"success","data":{"cityname":"北京","nameen":null,"temp":"11","WD":"西
北风","WS":"2级","wse":"11km/h","SD":"30%","weather":"晴","pm25":"19","limitnumber":"5
和0","time":"09:15"}}
```

在本示例中，params 变量类型为 Values，所有的请求参数都被保存在其中。apiUrl 变量类型为 *URL，由 url.Parse()函数返回。接着，通过 params 调用 Encode()函数，并将返回的 string 类型数据（本示例中为"city=%E5%8C%97%E4%BA%AC&type=1"）赋值给 apiUrl.RawQuery 变量。RawQuery 变量是经过编码的不带问号"?"的 string 类型请求参数值。最后，通过 apiUrl 变量调用 String() 函数，将 apiUrl 变量组装为合法的 string 类型 URL 地址。后面的操作和不带参数的 GET 请求示例一致。

2. 客户端 POST 请求

POST 请求一般会携带表单数据，并通过 Post()函数发起。该函数的声明格式如下：

```
func Post(url, contentType string, body io.Reader) (resp *Response, err error)
```

该函数需要传入 3 个参数，分别为请求地址 URL、提交的内容类型和 Reader 类型的请求体。执行该函数后，将返回两个变量，分别是服务器端响应的数据及错误信息。下面的代码演示了如何使用 net 包实现获取百度搜索热词的功能：

```
//请求地址
url := "https://res.*****.cn/api-baidu_keyword"
    //内容类型
contentType := "application/x-www-form-urlencoded"
//表单数据
data:="wd=golang"
//使用 net 包发起 POST 请求
resp, err := http.Post(url, contentType, strings.NewReader(data))
if err != nil {
    fmt.Println("HTTP 请求失败，错误信息：", err)
    return
}
//使用断言关闭网络请求
defer resp.Body.Close()
//使用 ioutil 工具包获取服务器端响应数据
b, err := ioutil.ReadAll(resp.Body)
if err != nil {
    fmt.Println("读取网络响应失败，错误信息：", err)
    return
}
fmt.Println(string(b))
```

运行结果如下：

```
{"code":200,"msg":"ok","wd":"golang","data":["Golang","Golang 语言","Golang 面试题",
"Golang 语言和 Java 对比","Golang 微服务框架","Golang 语言前景如何","Golang 和 Go 的区别",
"Golang 前景","Golang 培训","Golang 和 Java"]}
```

📖 **说明**

> 在本节的上述示例中，服务器端均返回了 JSON 格式数据。JSON 格式数据本质上是字符串，本书将在 8.4.4 节对 JSON 格式数据的使用和生成进行深入阐述。

3. 自定义客户端请求头

在实际开发中，可能会为每次网络请求（无论是 GET 请求还是 POST 请求）添加一些额外信息。这些额外信息通常会位于请求头（Header）中，请求头同样是一组键-值对。

下面的代码演示了如何为一个 GET 请求添加请求头信息：

```
//构建自定义的 client 变量
client := &http.Client{}
//定义 HTTP 请求的方式、地址和参数
req,err:=http.NewRequest("GET","https://api.*****.cn/api/lishijr",nil)
//为本次请求添加 Header 信息
req.Header.Add("headerKey1","headerValue1")
//使用自定义的 client 变量发起 GET 请求
resp, err := client.Do(req)
if err != nil {
    fmt.Println("HTTP 请求失败，错误信息: ", err)
    return
}
//使用断言关闭网络请求
defer resp.Body.Close()
//使用 ioutil 工具包获取服务器端响应数据
body, err := ioutil.ReadAll(resp.Body)
if err != nil {
    fmt.Println("读取网络响应失败，错误信息: ", err)
    return
}
fmt.Print(string(body))
```

运行结果如下：

```
{"code":"200","msg":"success","data":{"Poetry":"立身不高一步立，如尘里振衣、泥中濯足，如何超达? ","Poet":"null","Poem_title":"菜根谭·概论"}}
```

本示例是获取信息示例的变体，在请求时加入了自定义的请求头。NewRequest()函数会返回 *Request 类型变量，该变量详细定义了 HTTP 请求的方式（GET 或 POST）、地址、参数、请求头、重定向策略等信息。通过自定义 client 变量及 req 变量，即可达到自定义请求头的目的。

📖 **说明**

> 除了可以自定义请求头，req 变量中还定义了诸如重定向策略等信息，读者可以根据服务器端接口文档来定义其中的内容。

此外，通过自定义 http.Transport 类型变量，我们还可以配置网络代理、TLS、Keep-Alive、请求数据压缩等参数，感兴趣的读者可以自行尝试，其使用方式与自定义 http.Client 类型变量类似。

4. 服务器端响应

对服务器端开发而言，使用 net 包实现起来非常容易，只需使用 HandleFunc()函数即可。该函数的声明格式如下：

```
func HandleFunc(pattern string, handler func(ResponseWriter, *Request))
```

该函数需要两个参数，即 string 类型值（表示网络路径）和处理网络请求的方法。下面的代码演示了如何启动本地服务器、如何响应网络请求，以及如何获取请求参数：

```
//响应 localhost:8080
http.HandleFunc("/", func(w http.ResponseWriter, r *http.Request) {
    fmt.Fprintf(w, "你好，三酷猫！")
})
//响应 localhost:8080/echo，并从请求参数中获取 key 为 text 的值
http.HandleFunc("/echo", func(w http.ResponseWriter, r *http.Request) {
    //对 GET 请求的响应
    if r.Method=="GET"&&r.ParseForm()==nil{
        fmt.Fprintln(w, r.FormValue("text"))
        fmt.Fprintf(w, "GET")
    }
    //对 POST 请求的响应
    if r.Method=="POST"&&r.ParseForm()==nil{
        fmt.Fprintln(w, r.PostFormValue("text"))
        fmt.Fprintf(w, "POST")
    }
})
//启动本地服务器（localhost:8080）
err:=http.ListenAndServe(":8080", nil)
if err!=nil{
    fmt.Println("启动服务器失败，错误信息：",err)
}
```

在程序运行后，若没有发生意外，则控制台中不会有任何错误信息输出。这时表示服务器端已经在运行，本地服务器启动成功。使用浏览器访问 http://localhost:8080/，可以看到"你好，三酷猫！"字样；访问 http://localhost:8080/echo?text=test，可以看到"test"和"GET"字样。

📢 **注意**

当服务器启动成功，但不响应请求时（通常为客户端超时），请检查防火墙设置。

📖 **说明**

> 使用浏览器访问 http://localhost:8080/echo?text=test，将以 GET 方式执行网络请求。若要以 POST 方式执行网络请求，则可以编写相应的客户端代码或使用接口测试工具（如 Postman）实现。

5. 自定义服务器端配置

在默认情况下，net 包中内置了服务器端配置参数，如超时时间。若要自定义，则需要自定义 http.Server 类型变量，并使用这个变量启动服务器。

下面的代码演示了如何自定义服务器端口，以及读/写操作的超时时间：

```
//启动本地服务器（localhost:8080）
server:=&http.Server{
    Addr:":8080",
    ReadTimeout:30*time.Second,
    WriteTimeout:60*time.Second,
}
err:=server.ListenAndServe()
if err!=nil{
    fmt.Println("启动服务器失败，错误信息：",err)
}
```

在程序运行后，若没有发生意外，则不会在控制台中看到任何错误信息。

8.4.4　JSON 格式工具包：json 包

JSON 全称为 JavaScript Object Notation。它是一种轻量级的数据交换格式，易于阅读和编写，同时易于机器解析和生成。虽然它最初源于 JavaScript，但是目前被广泛应用于各种客户端/前端与服务器端交互中。像 8.4.3 节中客户端请求示例的返回结果，就是 JSON 格式的。

📖 **说明**

> 有关 JSON 格式的更多详情，如语法、对象/数组的表示、与 XML 的对比等不在本书中展开叙述，感兴趣的读者请参考更多相关的资料。

JSON 格式采用了 UTF-8 编码，不依赖某种特定的编程语言，比 XML 更加方便、更加紧凑，且性能更高。使用 JSON 格式不仅可以传输字符串型、数字型、布尔型等基本类型的数据，还可以传输数组或更复杂的数据结构。因此，我们可以很方便地从 JSON 格式的字符串中还原某个结构体，从而在代码中使用结构体变量；也可以很方便地以某个结构体为基础，将其转换为 JSON 格式的字符串进行传输。

本节将阐述如何从 JSON 格式的字符串中还原结构体，以及如何以结构体为基础，将其转换为

JSON 格式的字符串。

1. 从 JSON 格式的字符串中还原结构体

首先来看下面这段返回结果：


```
{"code":"200","msg":"success","data":{"cityname":"北京
","nameen":null,"temp":"11","WD":"西北风","WS":"2 级
","wse":"11km/h","SD":"30%","weather":"晴","pm25":"19","limitnumber":"5 和
0","time":"09:15"}}
```


经过格式化后，可以很容易地展现其结构，如图 8.2 所示。

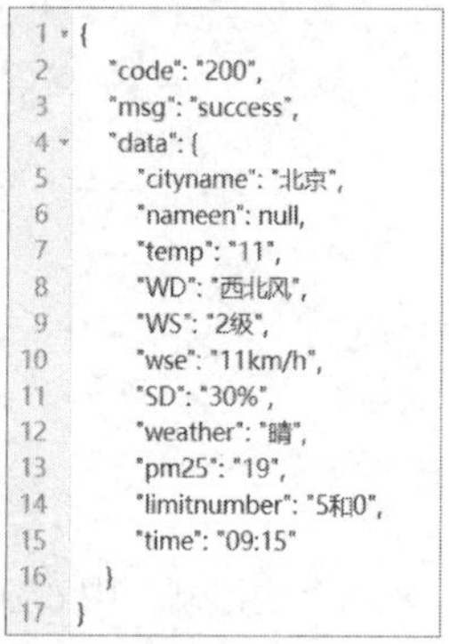

```
{
    "code": "200",
    "msg": "success",
    "data": {
        "cityname": "北京",
        "nameen": null,
        "temp": "11",
        "WD": "西北风",
        "WS": "2级",
        "wse": "11km/h",
        "SD": "30%",
        "weather": "晴",
        "pm25": "19",
        "limitnumber": "5和0",
        "time": "09:15"
    }
}
```

图 8.2　格式化后的 JSON 结构

接下来，就可以根据图 8.2 中的 JSON 结构，构建相应的结构体了，代码如下：

```
type WeatherResp struct{
    Code string `json:"code"`
    Msg string `json:"msg"`
    Data WeatherData `json:"data"`
}
type WeatherData struct{
    CityName string `json:"cityname"`
    NameEn string `json:"nameen"`
    Temp string `json:"temp"`
    WD string `json:"WD"`
    WS string `json:"WS"`
    Wse string `json:"wse"`
    SD string `json:"SD"`
    Weather string `json:"weather"`
    PM25 string `json:"pm25"`
    LimitNumber string `json:"limitnumber"`
    Time string `json:"time"`
}
```

显而易见地，对于图 8.2 中的数据结构，需要使用嵌套结构体来描述。WeatherData 结构体对应图 8.2 中的 data 字段；WeatherResp 结构体对应图 8.2 中的整个结构。

请读者留意，在 WeatherResp 和 WeatherData 结构体中，每个成员的末尾都添加了`json:""`类型的标签，用于精准匹配 JSON 字符串中的字段与成员。若成员的名称与 JSON 字符串中的字段名完全一致，则可以直接写成：`json:""`（此处不区分大小写）。

📢 **注意**

> 为了确保结构体中的成员能被正常访问，请读者在为成员命名时，将首字母大写。

接着，调用 json 包中的 Unmarshal()函数将 JSON 格式字符串转换为 WeatherResp 类型变量。Unmarshal()函数的声明格式如下：

```
func Unmarshal(data []byte, v interface{}) error
```

该函数需要两个参数，分别为表示 JSON 格式数据的[]byte 类型变量 data，以及用于保存数据的 interface{}类型变量 v。该函数最终可能返回转换错误信息，若没有发生异常，则为 nil。

现假设有名称为 body 的变量，类型为[]byte，保存的是 JSON 格式字符串。要将 body 变量转换为 WeatherResp 结构体变量，示例代码如下：

```
var weatherRespData WeatherResp
errJson:=json.Unmarshal(body,&weatherRespData)
if err!=nil{
    fmt.Println(errJson)
    return
}
fmt.Printf("%+v",weatherRespData)
```

运行结果如下：

```
{Code:200 Msg:success Data:{CityName:北京 NameEn: Temp:14 WD:西北风 WS:3级 Wse:16km/h
SD:23% Weather:晴 PM25:22 LimitNumber:5 和 0 Time:14:10}}
```

📢 **注意**

> 在某些情况下，JSON 格式字符串可能并不包含全部的字段值。为了避免在这种情况下发生异常（尽管在大多数情况下不会出现问题），可以在结构体成员结尾的`json:""`标签处加上 omitempty。例如，若本示例中 WeatherData 结构体不包含对应的 nameen，则 NameEn 成员应当被修改为 NameEn string `json:"nameen,omitempty"`。

2. 转换结构体变量为 JSON 字符串

json 包中的 Marshal()函数提供了将结构体变量转换为 JSON 格式字符串的功能，其作用和

Unmarshal()函数恰好相反。Marshal()函数的声明格式如下：

```
func Marshal(v interface{}) ([]byte, error)
```

该函数需要一个参数，即 interface{}类型的参数 v，它是结构体变量。该函数在执行后输出两个变量，一个是[]byte 类型，表示 JSON 格式的字符串；另一个是包含错误信息的 error 类型变量。

下面的代码演示了如何将 weatherRespData 类型的结构体变量转换为 JSON 格式的字符串：

```
data,err:=json.Marshal(weatherRespData)
if err!=nil{
    fmt.Println(errJson)
    return
}
fmt.Println("JSON 格式的字符串: ",string(data))
```

运行结果如下：

```
JSON 格式字符串: {"Code":"200","msg":"success","data":{"cityname":"北京","nameen":"",
"temp":"14","WD":"西北风","WS":"3 级","wse":"16km/h","SD":"22%","weather":"晴","pm25":"22",
"limitnumber":"5 和 0","time":"14:35"}}
```

8.4.5 时间和日期：time 包

在实际开发中，时间和日期的显示与计算都是经常会用到的功能。Go 语言内置了 time 包，可以实现时间和日期的获取、计算、格式化输出等。本节将详细阐述 time 包的使用。

1. 获取当前时间和 UNIX 时间戳

使用 time 包获取当前时间非常简单，只需调用 Now()函数即可。该函数的声明格式如下：

```
func Now() Time
```

调用该函数不需要传入任何参数。执行该函数后，将返回 Time 类型变量。通过 Time 类型变量，可以获取当前时间的年、月、日、时、分、秒等信息。下面的代码演示了如何获取当前时间：

```
now:=time.Now()
fmt.Println(now)
year:=now.Year()
month:=now.Month()
day:=now.Day()
hour:=now.Hour()
minute:=now.Minute()
second:=now.Second()
fmt.Printf("当前时间: %d 年%02d 月%02d 日 %02d 时%02d 秒%02d 分\n", year, month, day, hour,
minute, second)
fmt.Println("UNIX 时间戳（秒）: ",now.Unix())
fmt.Println("UNIX 时间戳（毫秒）: ",now.UnixMilli())
fmt.Println("UNIX 时间戳（纳秒）: ",now.UnixNano())
```

运行结果如下：

```
2021-11-10 15:39:02.1045222 +0800 CST m=+0.002874301
当前时间：2021 年 11 月 10 日 15 时 39 秒 02 分
UNIX 时间戳（秒）：1636529942
UNIX 时间戳（毫秒）：1636529942104
UNIX 时间戳（纳秒）：1636529942104522200
```

📖 **说明**

UNIX 时间戳是指从 1970 年 1 月 1 日 00 时 00 分 00 秒（UTC）至当前时刻的时间长度，且该时间不会受所在时区的影响。

2. 计算时间的偏移量

在实际开发中，某些项目需要实现计算时间偏移量的功能。time 包提供了 Add() 和 Sub() 函数，用于计算时间的相加和时间之间的差值。这两个函数的声明格式如下：

```
func (t Time) Add(d Duration) Time
func (t Time) Sub(u Time) Duration
```

Add() 函数需要 Duration 类型的参数，表示要向后推移的时间长度。执行该函数后，将返回 Time 类型变量，包含计算后的结果。Sub() 函数需要传入另一个 Time 类型的参数，表示要减去的时刻。执行该函数后，将返回 Duration 类型变量，表示两个 Time 变量的差值。下面的代码演示了这两个函数的使用方法：

```
now:=time.Now()
fmt.Println(now)
oneHourLater:=now.Add(time.Hour)
fmt.Println(oneHourLater)
duration:=now.Sub(oneHourLater)
fmt.Println(duration)
```

运行结果如下：

```
2021-11-10 15:53:02.7355957 +0800 CST m=+0.002785201
2021-11-10 16:53:02.7355957 +0800 CST m=+3600.002785201
-1h0m0s
```

Add() 函数既能接受正值，也能接受负值。换言之，若需要在某个时刻的基础上减去一个时间长度，则只需传入负值即可。

在使用 Sub() 函数做减法时，若计算结果超过了 Duration 类型能表示的限值，则直接返回 Duration 类型的限值。

📖 **说明**

time.Hour 使用了 time 包中定义的便于直接使用的常量，表示一个小时。类似地，还有 time.Minute，表示 1 分钟；time.Second，表示 1 秒，time.Millisecond，表示 1 毫秒；time. Microsecond，表示 1 微秒；time.Nanosecond，表示 1 纳秒。这些常量还可以参与计算，若要表示 5 秒，则可以写为 5*time.Second。

3. 时间的比较

time 包中还有 3 个函数，专门用于比较两个时间的先后，分别是 Equal()、Before()和 After()。这 3 个函数的声明格式如下：

```
func (t Time) Equal(u Time) bool
func (t Time) Before(u Time) bool
func (t Time) After(u Time) bool
```

这 3 个函数都需要传入 Time 类型变量 u，在执行后都返回 bool 类型的结果。Equal()函数的作用是比较 t 和 u 的时间，若完全一致，则返回 true；Before()函数的作用是比较 t 和 u 的时间，若 t 早于 u，则返回 true；After()函数的作用是比较 t 和 u 的时间，若 t 晚于 u，则返回 true。

下面的代码对比了当前时间 now 与晚于当前时间 1 个小时后的时间 oneHourLater：

```
now:=time.Now()
oneHourLater:=now.Add(time.Hour)
fmt.Println(now.Equal(oneHourLater))
fmt.Println(now.Before(oneHourLater))
fmt.Println(now.After(oneHourLater))
```

运行结果如下：

```
false
true
false
```

📢 **注意**

在进行时间的比较时，应考虑时区。因此，上述 3 个函数可以用于比较不同时区的时间。

4. 定时器

time 包中的定时器可以实现每隔一段特定的时间，执行特定的逻辑。若要启动定时器，则需要调用 Tick()函数。该函数的声明格式如下：

```
func Tick(d Duration) <-chan Time
```

该函数需要传入 Duration 类型的变量，该变量给定了执行特定逻辑的间隔时长。

说明

从原理来说，定时器其实是一个通道（Channel）。有关通道的内容，将在第 9 章中详细阐述。

下面的代码演示了每隔 1 秒向控制台输出"你好，三酷猫！"及当前时间：

```
ticker := time.Tick(time.Second)
for i := range ticker {
    fmt.Println("你好，三酷猫！",i)
}
```

运行结果如下：

```
你好，三酷猫！ 2021-11-10 16:19:05.6176758 +0800 CST m=+1.014929101
你好，三酷猫！ 2021-11-10 16:19:06.6158014 +0800 CST m=+2.013054701
你好，三酷猫！ 2021-11-10 16:19:07.6130521 +0800 CST m=+3.010305401
你好，三酷猫！ 2021-11-10 16:19:08.6087358 +0800 CST m=+4.005989101
你好，三酷猫！ 2021-11-10 16:19:09.6154557 +0800 CST m=+5.012709001
...
```

5. 时间格式化输出

time 包中有一个 Format()函数，用于输出格式化后的时间。格式化后的时间便于人们阅读和理解。与其他编程语言不同，Go 语言使用 2006 年 01 月 02 日 15 时 04 分 05 秒作为时间格式化输出的模板。

说明

Go 语言诞生的时间是 2006 年 01 月 02 日 15 时 04 分 05 秒，可按如下格式记忆：20061234。

下面的代码演示了如何调用 Format()函数进行各种常见的时间格式化输出：

```
now := time.Now()
fmt.Println(now.Format("2006-01-02 15:04:05"))
fmt.Println(now.Format("2006-01-02 3:04:05 PM"))
fmt.Println(now.Format("2006/01/02 15:04"))
fmt.Println(now.Format("15:04:05 2006/01/02"))
fmt.Println(now.Format("2006/01/02"))
fmt.Println(now.Format("15:04:05"))
```

运行结果如下：

```
2021-11-10 16:30:32
2021-11-10 4:30:32 PM
2021/11/10 16:30
16:30:32 2021/11/10
2021/11/10
16:30:32
```

6. 从字符串中解析时间

从服务器端响应的数据往往会用字符串表示时间，此时就需要将 string 类型数据解析为 Time 类型，才能进行时间的计算或变换格式显示。从字符串中解析时间分为两步：第一步是设置时区；第二步是结合时区和给定的字符串解析 Time 类型变量。具体示例代码如下：

```
//设置时区
location, err := time.LoadLocation("Asia/Shanghai")
if err != nil {
    fmt.Println("设置时区出现错误，错误信息：",err)
    return
}
//解析时间
timeVal, err := time.ParseInLocation("2006/01/02 15:04:05", "2021/11/10 16:37:20", location)
if err != nil {
    fmt.Println("解析时间出现错误，错误信息：",err)
    return
}
fmt.Println(timeVal)
```

运行结果如下：

```
2021-11-10 16:37:20 +0800 CST
```

📖 **说明**

用于设定时区的字符串参数（本示例中的 Asia/Shanghai），请参考 IANA 时区数据库。

8.4.6 日志服务：log 包

Go 语言中内置了 log 包，用于记录程序运行日志。使用 log 包可以实现不同等级日志的记录、为日志添加前缀信息、保存日志到文件中等，还可以创建自定义 Logger 变量，达到自定义日志输出的目的。

1. 日志服务的使用

log 包中定义了 3 种日志类型，分别是普通日志（Print/Printf/Println）、错误日志（Fatal/Fatalf/Fatalln）和宕机日志（Panic/Panicf/Panicln）。当输出普通日志后，不会影响程序的运行；当输出错误日志后，log 包会调用 os.Exit(1)，从而结束程序的运行；当输出宕机日志后，程序会发生宕机，也会终止运行。

以普通日志为例，3 种普通日志的输出在使用方式上类似用于文本格式化输出的 fmt 包。Print() 函数会按参数原样输出，Printf() 函数会按设置好的格式输出，Println() 函数会在输出的内容结尾处自动换行。

下面的代码以输出普通日志为例进行演示：

```
log.Println("打印日志, 结尾自动换行")
log.Print("打印日志, 第二行\n")
log.Printf("打印日志, 第%s 行","三")
```

运行结果如下：

```
2021/11/11 07:19:20 打印日志, 结尾自动换行
2021/11/11 07:19:20 打印日志, 第二行
2021/11/11 07:19:20 打印日志, 第三行
```

2. 为日志添加前缀

在默认情况下，像上一个示例那样进行日志输出时，会自带日期和时间前缀。log 包提供了用于添加自定义前缀的 SetPrefix()函数，使用这个函数可以轻松地为日志添加自定义前缀信息。该函数的声明格式如下：

```
func SetPrefix(prefix string)
```

显然，这个函数使用起来非常简单，只需传入 string 类型的数据即可。这个数据将作为前缀输出到每一条日志中。示例代码如下：

```
log.SetPrefix("log 包测试")
log.Println("日志前缀测试")
```

运行结果如下：

```
log 包测试 2021/11/11 07:26:48 日志前缀测试
```

需要注意的是，日志前缀可以随时被更改，并且将影响之后的日志输出，但不影响之前的日志输出。例如：

```
log.SetPrefix("log 包测试")
log.Println("日志前缀测试")
log.SetPrefix("GoLearn")
log.Println("日志前缀测试")
```

运行结果如下：

```
log 包测试 2021/11/11 07:29:20 日志前缀测试
GoLearn2021/11/11 07:29:20 日志前缀测试
```

如果要清空自定义前缀，则只需向 SetPrefix()函数中传入长度为 0 的字符串即可。

3. 配置日志服务

在某些情形下，日志还需要包含其所在代码的位置，即源码文件名及所在行号，以便开发人员排查问题，或者修改默认的日期和时间输出等。log 包提供了 SetFlags()和 Flags()函数，前者用于设置要添加的信息，后者用于获取当前的设置状态。这两个函数的声明格式如下：

```
func SetFlags(flag int)
func Flags() int
```

在使用 SetFlags() 函数时，需要传入 int 类型值。log 包中声明了若干个 int 类型常量，可用于此处的参数传递。如果要输出多种信息，则只需将多个 int 类型常量进行"按位或"运算，并将计算结果传入 SetFlags() 函数即可。

在使用 Flags() 函数时，最终将返回 int 类型值。该值可能是由多个 int 类型值执行"按位或"运算后的结果。

下面的代码演示了如何设置输出内容，以及如何判断某个内容是否显示：

```
if log.Flags()&log.Ldate==1{
    log.Print("log.Ldate 已打开")
}
log.SetFlags(log.Llongfile|log.Ltime)
if log.Flags()&log.Ldate==0{
    log.Print("log.Ldate 已关闭")
}
```

运行结果如下：

```
2021/11/11 07:51:22 log.Ldate 已打开
07:51:22 /Users/wenhan/Project/GoLearn/main.go:19: log.Ldate 已关闭
```

表 8.10 列举了 log 包中所有可供传入 SetFlags() 函数的常量及其含义。

表 8.10 log 包中的一些常量及其含义

常　　量	含　　义
log.Ldate	日期，如 2021/11/11
log.Ltime	时间（精确到秒），如 07:55:20
log.Lmicroseconds	时间（精确到微秒），如 07:55:20.494943
log.Llongfile	源码文件全路径名及行号，如/Users/wenhan/Project/GoLearn/main.go:19
log.Lshortfile	源码文件名及行号，如 main.go:19
log.LUTC	时间（UTC），如 23:57:25
log.LstdFlags	相当于 Ldata|Ltime

4. 将日志记录到文件中

在实际开发中，开发人员通常希望程序运行的日志被持久化保存，以便在出现问题时追溯。log 包提供了 SetOutput() 函数，可以设置日志输出的位置。该函数的声明格式如下：

```
func SetOutput(w io.Writer)
```

该函数需要传入 Writer 类型变量，默认为标准错误输出（通常为控制台）。调用该函数，可以轻松地将输出位置修改为某个文件。示例代码如下：

```
logFile, err := os.OpenFile("./test.log", os.O_CREATE|os.O_WRONLY|os.O_APPEND, 0644)
if err != nil {
    fmt.Println("打开日志文件出错，错误信息：", err)
    return
}
log.SetOutput(logFile)
log.SetFlags(log.Llongfile | log.Lmicroseconds | log.Ldate)
log.Println("程序启动了")
log.Fatalln("程序意外地崩溃了")
```

在程序运行完成后，由于改变了默认的日志输出位置，所以控制台不会输出任何日志。在打开项目根目录后，可以发现名称为 test.log 的文件。打开该文件，可以看到保存下来的日志内容如下：

```
2021/11/11 08:00:18.917841 /Users/wenhan/Project/GoLearn/main.go:17: 程序启动了
2021/11/11 08:00:18.918129 /Users/wenhan/Project/GoLearn/main.go:18: 程序意外地崩溃了
```

5. 创建自定义 Logger 变量

log 包中提供了 New() 函数，该函数会返回 *Logger 类型的变量。使用该函数可以创建和使用自定义 Logger 变量。该函数的声明格式如下：

```
func New(out io.Writer, prefix string, flag int) *Logger
```

该函数需要 3 个参数，分别是 Writer 类型参数，表示日志输出的位置；string 类型参数，表示日志的前缀；int 类型参数，表示日志的配置。在执行该函数后，最终将返回 *Logger 类型变量。该函数的使用示例如下：

```
customLogger := log.New(os.Stdout, "customLogger", log.Lshortfile|log.LstdFlags)
customLogger.Println("使用自定义 Logger 变量输出日志")
```

运行结果如下：

```
customLogger2021/11/11 08:30:08 main.go:10: 使用自定义 Logger 变量输出日志
```

使用多个自定义 Logger 变量，最大的好处就是可以不用频繁修改前缀、输出位置及日志配置参数。过于频繁地修改它们不仅烦琐，还可能会引发 Bug。因此，若程序需要记录多种类型的日志，则使用自定义 Logger 变量会更妥当。

8.4.7 类型转换：strconv 包

Go 语言中内置的 strconv 包实现了数字型与字符串型的转换。这种转换很常用，也很方便。例如，字符串型值"123.987"，可以通过 strconv 包中的函数转换为数字型值 123.987，反之亦然。

1. 整型与字符串型的相互转换

strconv 包提供了专门针对整型和字符串型相互转换的一对函数，即 Atoi() 和 Itoa()。前者用于将字符串型转换为整型；后者则用于将整型转换为字符串型。这两个函数的声明格式如下：

```
func Atoi(s string) (i int, err error)
func Itoa(i int) string
```

当调用 Atoi() 函数时，需要传入待转换的字符串型变量。该函数在执行结束后，会返回两个结果：一个是 int 类型，表示转换后的结果；另一个是转换时产生的错误信息。

当调用 Itoa() 函数时，需要传入待转换的整型变量。该函数在执行结束后，会返回转换后的 string 类型值。

📖 **说明**

> 在针对整型和字符串型相互转换的函数的名称中，I 表示整型；A 表示字符串，而不是 S。这是因为在 C 语言中，没有 string 类型，若要表示字符串，则需要使用数组。而数组的名称为 Array，Go 语言延续了这个命名习惯，最终采用 A 表示字符串。

下面的代码是字符串型与整型相互转换的示例：

```
strVal:="200"
//将字符串型转换为整型
intVal,err:=strconv.Atoi(strVal)
if err!=nil{
    fmt.Println("转换为整型出错，错误信息：",err)
}
fmt.Println(intVal)
fmt.Printf("%T\n",intVal)
//将整型转换为字符串型
strVal2:=strconv.Itoa(intVal)
fmt.Println(strVal2)
fmt.Printf("%T\n",strVal2)
```

运行结果如下：

```
200
int
200
string
```

🔊 **注意**

> 由于 string 类型值可以是纯数字，也可以是英文、汉字等内容，因此在转换前需要确保 string 类型值只包含纯数字，否则将引发错误 "invalid syntax"，即语法错误。转换后的结果为 int 类型默认值 0。

2. 使用 Parse 系列函数将字符串型转换为其他类型

对整型（包括 int 和 uint 类型）、布尔型、浮点型而言，较为通用的由字符串型转换而来的函数是 Parse 系列函数。其中，包括 ParseInt()、ParseUint()、ParseFloat() 和 ParseBool() 函数。这 4 个函数的声明格式如下：

```go
func ParseInt(s string, base int, bitSize int) (i int64, err error)
func ParseUint(s string, base int, bitSize int) (n uint64, err error)
func ParseFloat(s string, bitSize int) (f float64, err error)
func ParseBool(str string) (value bool, err error)
```

对上述 4 个函数所需的参数无须多做解释，相信各位读者一看便知。这 4 个函数的执行结果除了转换后的值，还有 error 类型变量，表示转换过程中发生的错误。若没有发生任何错误，则该值为 nil；若发生错误，则转换后的值将为所属类型的默认值。下面的代码对上述 4 个函数的使用进行了详细的演示：

```go
boolVal, err := strconv.ParseBool("true")
if err!=nil{
    fmt.Println("转换出错，错误信息：",err)
    return
}
fmt.Println(boolVal)
fmt.Printf("%T\n",boolVal)
floatVal, err := strconv.ParseFloat("123.987", 64)
if err!=nil{
    fmt.Println("转换出错，错误信息：",err)
    return
}
fmt.Println(floatVal)
fmt.Printf("%T\n",floatVal)
intVal, err := strconv.ParseInt("-500", 10, 64)
if err!=nil{
    fmt.Println("转换出错，错误信息：",err)
    return
}
fmt.Println(intVal)
fmt.Printf("%T\n",intVal)
uintVal, err := strconv.ParseUint("500", 10, 64)
if err!=nil{
    fmt.Println("转换出错，错误信息：",err)
    return
}
fmt.Println(uintVal)
fmt.Printf("%T\n",uintVal)
```

运行结果如下：

```
true
bool
```

```
123.987
float64
-500
int64
500
uint64
```

3. 使用 Format 系列函数将其他类型转换为字符串型

与 Parse 系列函数相对地，strconv 包中的 Format 系列函数用于将其他类型转换为字符串型。它们同样对应整型（包括 int 和 uint 类型）、浮点型和布尔型，同样包含 4 个函数，即 FormatInt()、FormatUint()、FormatFloat()和 FormatBool()。这 4 个函数的声明格式如下：

```
func FormatInt(i int64, base int) string
func FormatUint(i uint64, base int) string
func FormatFloat(f float64, fmt byte, prec, bitSize int) string
func FormatBool(b bool) string
```

和 Parse 系列函数不同，Format 系列函数在运行后并不会返回错误，因为通常不会发生异常。

需要特别注意的是，在调用 FormatInt()和 FormatUint()函数时，需要两个参数，分别是待转换的 int64 类型值及 int 类型值。base 的取值范围为 2~36，不在这个范围内取值将引发宕机。转换后的值若存在英文，则一律使用小写字母表示。在调用 FormatFloat()函数时，需要传入 4 个参数。

- float64 类型变量 f，表示待转换的浮点型值。

- byte 类型变量 fmt，表示输出格式，具体为'f'（-ddd.dddd）、'b'（-ddddp±ddd，二进制指数）、'e'（-d.dddde±dd，十进制指数）、'E'（-d.ddddE±dd，十进制指数）、'g'（指数很大时用'e'格式，否则用'f'格式）、'G'（指数很大时用'E'格式，否则用'f'格式）。

- prec 变量，表示转换精度。对于'f' 'e' 'E'，它表示小数点后的数字个数；对于'g' 'G'，它用于控制总的数字个数。如果 prec 为-1，则代表使用数量最少的、但又必需的数字来表示 f。

- int 类型变量 bitSize，指定了期望的接收类型。32 是 float32（返回值可以在不改变精确值的情况下被赋给 float32），64 是 float64。

下面的代码演示了上述 4 个函数的调用方法：

```
strVal1:= strconv.FormatBool(true)
fmt.Println(strVal1)
fmt.Printf("%T\n",strVal1)
strVal2:= strconv.FormatFloat(123.9876,'E',-1,64)
fmt.Println(strVal2)
fmt.Printf("%T\n",strVal2)
strVal3 := strconv.FormatInt(-500,10)
fmt.Println(strVal3)
```

```
fmt.Printf("%T\n",strVal3)
strVal4:= strconv.FormatUint(500,10)
fmt.Println(strVal4)
fmt.Printf("%T\n",strVal4)
```

运行结果如下：

```
true
string
1.239876E+02
string
-500
string
500
string
```

📖 **说明**

除了上述函数，strconv 包中还有其他函数，如对字符串进行追加操作的 Append 系列函数、判断字符是否可打印输出的 IsPrint()函数等。受篇幅所限，本书不再对它们进行展开阐述，请感兴趣的读者阅读官方文档，并尝试使用它们。

8.5　案例：三酷猫的文件夹递归复制工具

本案例要求读者使用 Go 语言帮助三酷猫实现文件夹递归复制的工作。文件夹中可能包含子文件夹和文件，子文件夹中可能也包含子文件夹或文件。因此，若要实现完全一模一样的复制，除了需要使用目录/文件的创建、文件的复制（io 包提供了 copy()函数，可以方便地实现文件的复制）功能，还需要使用递归构建完整的文件结构。

本案例的实现代码如下：

```
// 复制文件夹，同时复制文件夹中的文件
func CopyDir(srcPath string, destPath string) error {
    //检测目录正确性
    if srcFile, err := os.Stat(srcPath); err != nil {
        fmt.Println(err.Error())
        return err
    } else {
        if !srcFile.IsDir() {
            e := errors.New("源文件不是目录")
            fmt.Println(e.Error())
            return e
        }
    }
```

```go
    if destFile, err := os.Stat(destPath); err != nil {
        fmt.Println(err.Error())
        return err
    } else {
        if !destFile.IsDir() {
            e := errors.New("目标文件不是目录")
            fmt.Println(e.Error())
            return e
        }
    }
    err := filepath.Walk(srcPath, func(path string, f os.FileInfo, err error) error {
        if f == nil {
            return err
        }
        if !f.IsDir() {
            path := strings.Replace(path, "\\", "/", -1)
            destNewPath := strings.Replace(path, srcPath, destPath, -1)
            fmt.Println("复制文件:" + path + " 到 " + destNewPath)
            copyFile(path, destNewPath)
        }
        return nil
    })
    if err != nil {
        fmt.Printf(err.Error())
    }
    return err
}

//生成目录并复制文件
func copyFile(src, dest string) (w int64, err error) {
    srcFile, err := os.Open(src)
    if err != nil {
        fmt.Println(err.Error())
        return
    }
    defer srcFile.Close()
    //分割 path 目录
    destSplitPathDirs := strings.Split(dest, "/")
    //检测是否存在目录
    destSplitPath := ""
    for index, dir := range destSplitPathDirs {
        if index < len(destSplitPathDirs)-1 {
            destSplitPath = destSplitPath + dir + "/"
            b, _ := pathExists(destSplitPath)
            if b == false {
                fmt.Println("创建目录:" + destSplitPath)
                //创建目录
                err := os.Mkdir(destSplitPath, os.ModePerm)
```

```
            if err != nil {
                fmt.Println(err)
            }
        }
    }
}
dstFile, err := os.Create(dest)
if err != nil {
    fmt.Println(err.Error())
    return
}
defer dstFile.Close()

return io.Copy(dstFile, srcFile)
}

//检测文件夹路径是否存在
func pathExists(path string) (bool, error) {
    _, err := os.Stat(path)
    if err == nil {
        return true, nil
    }
    if os.IsNotExist(err) {
        return false, nil
    }
    return false, err
}
```

上述代码不包含 main()函数，请读者编写 main()函数，并在 main()函数中调用 copyDir()函数，传入源目录和目标目录，测试代码是否正确运行。

8.6　案例：三酷猫的二维码图片生成器

本案例要求读者帮助三酷猫根据输入的内容生成二维码图片，并将生成的结果保存到本地。要求二维码图片尺寸为 500px×500px，网络接口地址为 https://api.***.cn/api/Qrcode。同时，需要传入 4 个必选参数和 1 个可选参数，如表 8.11 所示。

表 8.11　二维码图片生成接口参数说明

参 数 名 称	是 否 必 选	参 数 类 型	说　　明
e	是	string	容错级别（errorLevel）：L 水平，7%的字码可被修正；M 水平，15%的字码可被修正；Q 水平，25%的字码可被修正；H 水平，30%的字码可被修正

续表

参 数 名 称	是 否 必 选	参 数 类 型	说　　　明
text	是	string	网站域名或文本内容
size	是	string	二维码图片尺寸，可选范围为 50～800px
frame	是	string	二维码图片白色边框尺寸，可选范围为 1～10px
type	否	string	输出类型（默认值：img）可选："img"表示输出图片；"base64"表示输出编码后的文本；"text"表示以文本形式输出编码后的矩阵值

　　根据要生成的二维码图片的要求，在上述参数中，需要给 size 赋值为 500，给 type 赋值为 img 或不赋值，其他参数自由选择。因此，可以采用如下实现：

```go
func genQrCode(content string) {
    resp, err :=
        http.Get("https://api.***.cn/api/Qrcode?frame=1&e=L&text="+content+"&size=500")
    if err != nil {
        fmt.Println("HTTP 请求失败，错误信息：", err)
        return
    }
    //使用断言关闭网络请求
    defer resp.Body.Close()
    //使用 bufio 包读取网络响应
    reader := bufio.NewReaderSize(resp.Body, 32 * 1024)
    //创建目标文件
    file, err := os.Create("./qrcode.png")
    if err != nil {
        panic(err)
    }
    //向目标文件中写入数据
    writer := bufio.NewWriter(file)
    written, _ := io.Copy(writer, reader)
    fmt.Printf("图片文件已保存，文件大小：%d",written)
}
```

　　接着，读者可以自行编写 main()函数，并在 main()函数中调用 genQrCode()函数，传入二维码内容，运行程序。生成的二维码图片将位于项目根目录下。

8.7　练习与实验

1. 填空题

（1）Go 程序的入口包名是_____。

（2）若要实现格式化文本输出，则通常使用的包是_____。

（3）用于本地文件读/写的包是_____，用于网络请求的包是_____。

（4）JSON 格式数据的编码通常是_____。

（5）time 包中最小的时间计量单位是_____。

（6）log 包中默认自带的前缀是_____信息。

2．判断题

（1）一个 Go 程序，即使没有 main 包，也是可以编译生成可执行文件的。

（2）Go 语言允许开发者封装、使用、分享包。

（3）json 包只能解析已有的数据。

（4）当使用 strconv 包进行 string 到 int 类型转换时，若发生错误，转换后的结果将为 0。

3．实验题

将 8.5 节和 8.6 节的两个案例的相关功能封装为包，并在其他程序中尝试使用它们。

第 9 章
并发、并行与协程

掌握并熟练使用 Go 语言中的多线程，可以最大化地利用计算机资源实现多个线程的同时运行。对改善用户体验，提升程序运行效率有巨大的帮助。

使用 Go 语言开发软件产品，其优势之一便是优秀的并发支持。Go 语言原生支持并发，而且实现了自动垃圾回收机制。这让使用 Go 语言实现并发运行更加轻松和安全。优雅的并发编程范式、完善的并发支持、出色的并发性能是 Go 语言区别于其他语言的一大特色。特别是在使用 Go 语言开发服务器程序时，需要对它的并发机制有深入的了解。

本章首先会介绍一些重要的概念，比如进程与线程、并发与并行、协程与线程，然后会详细阐述如何使用 Go 语言发起并发任务，以及在任务之间如何通信等。

9.1 概念

本节涉及的几个重要的概念：进程与线程、并发与并行、协程与线程。

9.1.1 进程与线程

进程（Process）：进程是程序在操作系统中的一次执行过程，是系统进行资源分配和调度的一个独立单位。一个正在运行的独立软件实例可以被看作一个进程。

线程（Thread）：线程是进程的一个执行实体，是 CPU 调度和分派的基本单位，它是比进程更小的能独立运行的基本单位。一个正在运行的独立软件实例中可以产生多个线程。

一个进程可以创建和撤销多个线程，同一个进程中的多个线程之间可以并发执行。

9.1.2　并发与并行

并发（Concurrency）：并发是指多线程程序在单核心的 CPU 上运行。

并行（Parallelism）：并行是指多线程程序在多核心的 CPU 上运行。

并发与并行并不相同，并发主要通过切换时间片来实现多线程的"同时"运行，并行则直接利用多核实现多线程的运行。Go 程序可以设置可用的 CPU 核心数量，以发挥多核计算机的能力。

9.1.3　协程与线程

协程：协程是指内存中独立的栈空间，共享堆空间。其调度由用户自己控制，可以被看作"用户级"线程。

线程：一个线程上可以运行多个协程，协程是轻量级的线程。

🔊 **注意**

> 在上述概念中，需要注意区分并发与并行。

9.2　Go 语言协程：Goroutine

Goroutine 是由 Go 语言官方实现的超级"线程池"，它们之中的每个实例仅占用 4～5KB 的栈内存空间。得益于其内部实现机制，它降低了创建和销毁的性能开销，这是 Go 语言能够实现高并发的根本原因。

本节将详细阐述 Goroutine 的机制和使用方法，相关示例代码位于 chapter09/goroutine.go 文件中。

9.2.1　使用 Goroutine 的优势

在某些编程语言中（如 Java），实现并发编程时通常需要开发人员手动维护线程池，并包装每一个要执行的任务。在任务执行期间，开发者还需要手动完成任务的调度和上下文切换。

📖 **说明**

> 如果读者没有使用过其他编程语言，或者从未接触过多线程开发，则在 Go 语言中明确地实现多线程会相对轻松。

在 Go 语言中，Goroutine 可以被看作线程（本质上是协程），由 Go 语言运行时自动完成调度和管理。在 Go 语言运行时内部，系统会自动将 Goroutine 任务合理地分配给每个 CPU。这就是使用 Go 语言实现多线程的优势，开发者不再需要自己实现上述烦琐的过程，就能应对大部分多线程需求了。

9.2.2 创建并启动单个 Goroutine

在 Go 语言中，创建 Goroutine 的方法非常简单，首先来看下面这段代码：

```
func main() {
    hello()
    fmt.Println("程序运行结束")
}
func hello(){
    fmt.Println("你好，三酷猫")
}
```

运行结果如下：

```
你好，三酷猫
程序运行结束
```

毋庸置疑，在没有使用 Goroutine 的时候，代码被逐句执行，就得到了上面的运行结果。

现在，尝试为 hello() 函数创建 Goroutine。为一个普通函数创建 Goroutine 的格式如下：

```
go function_name(params)
```

其中，go 关键字表示创建 Goroutine；function_name 表示函数名；params 表示调用函数所需的参数列表，当函数不需要传递参数时，此处为空。

◁》 **注意**

> 当使用 go 关键字为某个函数创建 Goroutine 时，该函数的返回值会被忽略。

于是，将上述代码修改如下：

```
func main() {
    go hello()
    fmt.Println("程序运行结束")
}
func hello(){
    fmt.Println("你好，三酷猫")
}
```

运行结果如下：

```
程序运行结束
```

本示例为 hello() 函数创建了 Goroutine，所以该函数由 Goroutine 调度和执行。然而，当 main() 函数执行结束后，所有在 main() 函数中启动的 Goroutine 会一并结束执行。本示例中的 main() 函数的执行时间实在是太短了（只输出了一些文字），可能还没等到 hello() 函数执行完成，main() 函数就先执行结束了，因此在最终的运行结果处看不到"你好，三酷猫"的输出。

若要让 main() 函数等待 hello() 函数执行结束后退出，则需要使用 sync.WaitGroup 实现 Goroutine 的同步，示例代码如下：

```go
var syncWait sync.WaitGroup
func main() {
    syncWait.Add(1)
    go hello()
    fmt.Println("程序运行结束")
    syncWait.Wait()
}
func hello(){
    defer syncWait.Done()
    fmt.Println("你好，三酷猫")
}
```

运行结果如下：

```
程序运行结束
你好，三酷猫
```

与前一个示例不同，本示例中的"你好，三酷猫"被成功地输出了。但是"程序运行结束"仍然会先于"你好，三酷猫"输出，这是因为使用 Goroutine 调度和执行的语句不再按顺序逐行执行了，具体顺序是随机的。

本示例的代码中声明了 sync.WaitGroup 结构体类型变量，名称为 syncWait。Add() 函数需要一个整型的参数，本质上是一个计数器。Done() 函数会对这个整型值进行自减 1 操作。Wait() 函数则用于等待该计数器为 0 时继续执行后面的代码。

在 main() 函数中，启动 Goroutine 前先调用了 Add() 函数，并传入了 1。然后在 main() 函数末尾等待该计数器归 0 时结束程序。接下来，在 hello() 函数被执行后，调用 Done() 函数，使计数器自减 1，值为 0。程序运行结束。

📢 注意

在由 Goroutine 调度和执行的函数中使用断言调用 Done() 函数是一个好习惯，这使得 hello() 函数在执行期间无论是否发生宕机，都在执行后使计数器自减 1。否则，一旦 hello() 函数在执行期间发生宕机，计数器没有自减，main() 函数就会一直处于等待状态，导致程序无法终止。

此外，go 关键字还支持为匿名函数创建 Goroutine。使用匿名函数创建 Goroutine 的格式如下：

```go
go func(params_list){
    //函数体
}(params)
```

其中，go 关键字表示创建 Goroutine；func 关键字表示创建匿名函数；param_list 表示匿名函数所需的参数列表；params 表示传入匿名函数的参数。

若使用匿名函数实现上述示例，代码如下：

```
var syncWait sync.WaitGroup
func main() {
    syncWait.Add(1)
    go func() {
        defer syncWait.Done()
        fmt.Println("你好，三酷猫")
    }()
    fmt.Println("程序运行结束")
    syncWait.Wait()
}
```

运行结果如下：

```
程序运行结束
你好，三酷猫
```

最后，请读者思考：如果要求"你好，三酷猫"必须在"程序运行结束"之前输出，应该如何修改上述代码呢？

实际上，解决此问题的关键在于 syncWait.Wait() 的执行位置。在上述代码中，它一直位于 main() 函数的末尾，而"程序运行结束"是在它执行之前输出的。因此，只要等待 hello() 函数执行结束，再执行"程序运行结束"的输出，即可精准地控制输出文字的顺序。

具体代码如下：

```
var syncWait sync.WaitGroup
func main() {
    syncWait.Add(1)
    go func() {
        defer syncWait.Done()
        fmt.Println("你好，三酷猫")
    }()
    syncWait.Wait()
    fmt.Println("程序运行结束")
}
```

运行结果如下：

```
你好，三酷猫
程序运行结束
```

9.2.3 创建并启动多个 Goroutine

在 Go 语言中，一次性创建并启动多个 Goroutine 并不是困难的事情，这和处理单个 Goroutine 并没有太大的区别，只需注意使用 sync 包做好同步即可。

下面的代码演示了连续创建 10 个 Goroutine：

```go
var syncWait sync.WaitGroup
func main() {
    for i := 0; i < 10; i++ {
        syncWait.Add(1)
        go hello(i)
    }
    syncWait.Wait()
    fmt.Println("程序运行结束")
}
func hello(index int) {
    defer syncWait.Done()
    fmt.Println("你好，三酷猫",index)
}
```

运行结果如下：

```
你好，三酷猫 9
你好，三酷猫 0
你好，三酷猫 4
你好，三酷猫 5
你好，三酷猫 2
你好，三酷猫 3
你好，三酷猫 7
你好，三酷猫 8
你好，三酷猫 6
你好，三酷猫 1
程序运行结束
```

📖 **说明**

如果读者运行这段程序的结果与本书的上述运行结果在顺序上有所不同，也是正常的，这恰好体现了 Goroutine 在调度和执行任务时的随机性。但"程序运行结束"应该在最后的位置。

请读者思考，若要按 0~9 的顺序输出，应该如何调整上述代码呢？

🔊 **注意**

无论是单个还是多个 Goroutine，将其改为未使用并发的方式都将失去并发的意义。此处思考题仅用于 sync 包的讲解和练习，在实际开发中应结合实际的运行逻辑控制代码的执行顺序。

9.3　Go 语言调度模型：GPM

在 9.2 节中，Goroutine 一直被看作线程，并被当作线程使用，但实际上，Goroutine 是协程。在正式介绍 GPM 之前，先聊聊关于任务调度的历史。

9.3.1　任务调度发展简史

在最早期的计算机系统中，进程之间是串行工作的。它们由操作系统来调度，可以说每个程序都是一个进程。只有当上一个程序运行完，下一个程序才开始运行。这种串行单进程的工作模式很快便暴露出问题——若一个进程发生阻塞，CPU 便会闲置，造成资源的浪费。

为了解决这一问题，操作系统引入了并发的功能，即多进程并发。当一个进程发生阻塞时，等待执行的另一个进程就会开始执行，力求最大化使用 CPU 资源，减少用户的等待时间。但这种多进程并发的工作模式也有弊端——当进程过多，特别是某个进程持有大量的资源时，进程的创建、切换、销毁都会占用很长的时间。虽然 CPU 看上去一直很忙，但利用率却降低了。

为了进一步提高 CPU 的利用率，规避使用大量进程或线程带来的高内存占用以及花费在调度工作上的高 CPU 占用等问题，协程应运而生。

首先，把线程分为两大类，即"内核态"线程与"用户态"线程。有了这样的区分后，"内核态"线程依然被称为线程，由一个或多个线程组成的区域被称为"内核空间"；"用户态"线程被称为协程，由一个或多个协程组成的区域被称为"用户空间"。

站在 CPU 的角度上看，它只能察觉到"内核态"线程。而一个或多个协程则通过"协程调度器"被绑定到一个线程上。线程由 CPU 调度，协程由协程调度器调度；线程是抢占式的，协程是协作式的。

当多个协程被绑定在一个线程上时，优点就是所有协程的切换不会在内核空间中进行，协程之间的切换快速且轻量。但缺点也很明显——由于多个协程被绑定在一个线程上，因此这些协程无法最大化利用多核 CPU 资源。另外，如果一个协程发生阻塞，进而造成线程阻塞，则整个进程的其他协程也都无法执行，导致整个并发完全瘫痪。

当只有一个协程被绑定在一个线程上时，调度协程实际上和调度线程的代价相当，协程的创建、切换和销毁都会由 CPU 完成，不再具有使用协程的优势。

当多个协程被绑定在多个线程上时，即可克服上述两种情况的缺点，但本身实现起来较为复杂。

9.3.2　Go 语言中的协程

Go 语言中的协程，指的就是 Goroutine。一个线程可以承载多个协程任务。当程序中存在多个线程与协程任务时，多个协程会被绑定到多个线程上运行，而这一切对开发者不可见，已经在 Go 语言内部实现，极大地简化了开发人员的工作量。

在 Go 语言中，一个 Goroutine 只占用极少（4～5KB）的栈内存空间，这使得高并发成为可能。另外，它的内存空间还可以根据实际需要弹性伸缩，使用起来更加灵活。

9.3.3　GPM 设计思想

所谓 GPM，实际上是 3 个组件的缩写，即 Goroutine（协程）、Processor（任务处理器）和 Machine（线程）。这三者相互协调，共同完成任务调度。Processor 是协程和线程之间的桥梁，如果某个线程想运行 Goroutine 任务，则必须先访问 Processor，通过 Processor 获取 Goroutine 任务队列，最终使得某个 Goroutine 得到执行。

整个 GPM 设计架构如图 9.1 所示。

- 全局队列中包含所有排队中的 Goroutine 任务。

- G 指单个 Goroutine 任务。

- Processor 队列是分配好的排队中的 Goroutine 任务，且每个 Processor 队列最多不超过 256 个任务。所有新创建的 Goroutine 任务都会先尝试加入 Processor 队列中。若一个 Processor 队列满了，则会把该队列中一半的 Goroutine 任务移动至全局队列中。

- P 指 Processor，所有的 Processor 在程序启动时被创建，并被保存在数组中。开发者可以通过 runtime 包中的 GOMAXPROCS() 函数配置 Processor 总个数。

- M 指 Machine，是内核线程。内核线程会先尝试从 Processor 队列中获取单个 Goroutine 任务，并执行该任务。当 Processor 队列为空时，内核线程会尝试从全局队列中获取若干个 Goroutine 任务并添加到该 Processor 队列中，或者尝试从其他 Processor 队列中获取一半数量的 Goroutine 任务并添加到该 Processor 队列中，然后获取单个 Goroutine 任务，并执行该任务。在任务被执行后，重复上述操作。内核线程的个数默认为 10000，但是由于内核很难达到这么多的线程数量，因此该值意义不大。

当某个内核线程发生阻塞时，Processor 就会创建新的内核线程或切换至另一个内核线程来执行。因此，Processor 的数量与内核线程的数量并不完全相等，通常内核线程的数量会多于 Processor 的数量。

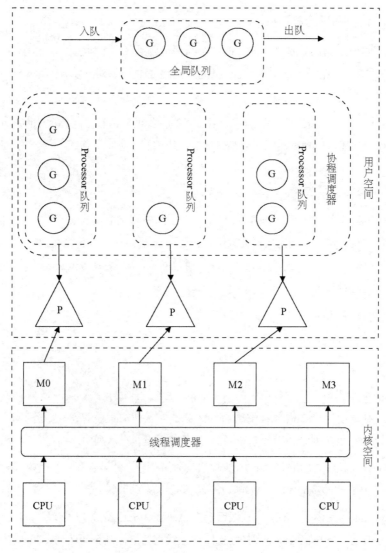

图 9.1 整个 GPM 设计架构

📢 **注意**

Processor 在确定其最大数量值后，运行时会立即根据最大数量值创建多个 Processor。内核线程的创建时机是当没有足够的内核线程来关联 Processor 时，或者内核线程发生阻塞且没有空闲的其他内核线程时。

9.4 runtime 包

Go 语言中的 runtime 包提供了非常实用的函数。使用 runtime 包可以获取当前的操作系统类型和 CPU 类型，获取和设置 CPU 核心数量，以及针对协程让出资源和终止当前协程。本节将逐一阐述这些用法，相关示例代码位于 chapter09/runtime.go 文件中。

9.4.1 获取当前的操作系统类型和 CPU 类型

Go 语言是能够跨平台运行的，它支持在 Windows、Linux、macOS 甚至 FreeBSD 上运行。在实际开发中，可能会根据运行平台的不同，设计不同的功能。因此，需要对平台的类型进行判断。使用 runtime 包中的 GOOS 字符串常量可以获取当前的操作系统类型，示例代码如下：

```
fmt.Println(runtime.GOOS)
```

运行结果如下：

```
windows
```

◀» **注意**

对于 macOS 操作系统，运行结果为 darwin；对于 Linux 操作系统，运行结果为 linux；对于 FreeBSD 操作系统，运行结果为 freebsd。

使用 runtime 包中的 GOARCH 字符串常量可以获取当前的 CPU 类型，示例代码如下：

```
fmt.Println(runtime.GOARCH)
```

运行结果如下：

```
amd64
```

◀» **注意**

对 x86 架构仅支持 32 位的 CPU，运行结果为 386；对 x86 架构支持 64 位的 CPU，运行结果为 amd64；对 arm 架构仅支持 32 位的 CPU，运行结果为 arm；对 arm 架构支持 64 位的 CPU，运行结果为 arm64。

若要查看 Go 语言支持的所有操作系统类型和 CPU 类型，可以在命令行输入如下命令：

```
go tool dist list
```

查看受支持的列表，运行结果如下：

```
aix/ppc64
android/386
android/amd64
```

```
android/arm
android/arm64
darwin/amd64
darwin/arm64
dragonfly/amd64
freebsd/386
freebsd/amd64
freebsd/arm
freebsd/arm64
illumos/amd64
ios/amd64
ios/arm64
js/wasm
linux/386
linux/amd64
linux/arm
linux/arm64
linux/mips
linux/mips64
linux/mips64le
linux/mipsle
linux/ppc64
linux/ppc64le
linux/riscv64
linux/s390x
netbsd/386
netbsd/amd64
netbsd/arm
netbsd/arm64
openbsd/386
openbsd/amd64
openbsd/arm
openbsd/arm64
openbsd/mips64
plan9/386
plan9/amd64
plan9/arm
solaris/amd64
windows/386
windows/amd64
windows/arm
windows/arm64
```

9.4.2　获取和设置 CPU 核心数量

使用 runtime 包中的 NumCPU()和 GOMAXPROCS()函数，可以获取和设置 CPU 核心数量，示例代码如下：

```
//获取 CPU 核心数量
fmt.Println(runtime.NumCPU())
//设置可用的 CPU 核心数量（返回之前设置的可用的核心数量）
cpuNum:=runtime.GOMAXPROCS(4)
fmt.Println(cpuNum)
cpuNum=runtime.GOMAXPROCS(4)
fmt.Println(cpuNum)
```

运行结果如下：

```
8
8
4
```

◀))) 注意

runtime.GOMAXPROCS()函数返回的整型值是之前设置的可用的 CPU 核心数量，而非最新的值。

9.4.3 让出资源

让出资源的目的是先让其他的协程运行，暂停自身运行，等待其他的协程运行结束，再继续自身运行。首先来看下面这段代码：

```
func main() {
    go strOutput("三酷猫")
    fmt.Println("你好")
}
func strOutput(str string) {
    fmt.Println(str)
}
```

由于 main()函数的执行速度很快，"三酷猫"很可能不会被输出到控制台中（详见 9.2.2 节）。若要按顺序依次输出"三酷猫""你好"，则需要等待 strOutput()函数运行后，再执行"你好"的输出。使用 runtime 包中的 Gosched()函数可以轻松地实现上述目的，示例代码如下：

```
func main() {
    go strOutput("三酷猫")
    runtime.Gosched()
    fmt.Println("你好")
}
func strOutput(str string) {
    fmt.Println(str)
}
```

运行结果如下：

```
三酷猫
你好
```

9.4.4　终止当前协程

在某些功能需求中，有时希望某个协程函数在满足某个条件时停止运行。此时，需要用到 runtime 包的 Goexit()函数。下面的代码演示了该函数的使用方法：

```
func main() {
    go loop(100)
    runtime.Gosched()
    fmt.Println("main()函数执行结束")
}
func loop(maxTime int) {
    for i:=0;i<maxTime;i++{
        if i>=3{
            runtime.Goexit()
        }
        fmt.Println("当前循环次数：",i)
    }
}
```

运行结果如下：

```
当前循环次数： 0
当前循环次数： 1
当前循环次数： 2
main()函数执行结束
```

在本示例中，loop()函数执行了 for 循环。虽然传入的参数是 100，但是在循环体内部，当循环次数执行完第 3 次后，就调用 runtime.Goexit()函数提前终止了 loop()函数的执行，后续的循环也随之停止。因此，最终只执行了 3 次循环。

9.5　在协程任务之间传递数据：Channel

实际上，在更多时候使用协程时都会向其中传入或传出数据，抑或在两个协程任务之间交换数据。单纯启动一个协程任务而不予理会的情况在实际开发中并不多见。Go 语言使用通道（Channel）的概念实现协程任务之间的通信。

本节将介绍 Channel 数据类型，并阐述两种传递数据的方式，相关示例代码位于 chapter09/channel.go 文件中。

9.5.1 通道类型和基本使用

若要使用 Go 语言中的通道，首先要先了解通道类型，它是一种特殊的数据类型（且是引用类型）。在使用时，通道类型数据通过通道进行传输。通道是装有通道类型数据的"传送带"，遵循先入先出的顺序，以确保数据的传输顺序。每一条通道都是一条具体数据类型的"传送带"，因此，需要为通道类型数据声明数据类型。

声明通道类型变量的格式如下：

```
var channel_name chan value_type
```

其中，var 关键字用来声明一个变量；channel_name 表示通道类型变量名；chan 表示声明的变量类型为通道；value_type 表示要传输的数据类型。在没有为通道类型变量赋值前，其值为 nil。请读者阅读下面的代码，并结合其运行结果理解如何声明通道类型变量：

```
var intChan chan int
var stringChan chan string
var arrayChan chan []bool
fmt.Println(intChan,reflect.TypeOf(intChan))
fmt.Println(stringChan,reflect.TypeOf(stringChan))
fmt.Println(arrayChan,reflect.TypeOf(arrayChan))
```

运行结果如下：

```
<nil> chan int
<nil> chan string
<nil> chan []bool
```

为通道类型变量赋初始值通过 make()函数实现，格式如下：

```
make(chan value_type,[buffer_size])
```

显然，该函数需要一个必选参数和一个可选参数。必选的 value_type 参数表示要传输的数据类型；可选的 buffer_size 参数表示缓冲区大小。通过定义缓冲区大小可以实现带缓冲通道。该函数最终将返回相应的通道类型变量，例如：

```
var intChan=make(chan int)
fmt.Println(intChan,reflect.TypeOf(intChan))
```

运行结果如下：

```
0x14000102060 chan int
```

当通道类型变量创建好之后，即可使用该变量进行数据的发送、接收和关闭。数据的发送和接收均使用"<-"符号，关闭则使用内置 close()函数。下面的代码演示了基本的数据发送、接收和关闭操作：

```
//声明 int 类型通道变量 intChan
var intChan=make(chan int)
```

```
//输出 intChan 变量的值和类型
fmt.Println(intChan,reflect.TypeOf(intChan))
//将整型值 100 通过 intChan 通道发送
intChan<-100
//读取 intChan 通道中的值，并将结果赋给 intValue 变量
intValue:=<-intChan
//输出 intValue 变量的值和类型
fmt.Println(intValue,reflect.TypeOf(intValue))
//关闭 intChan 通道
close(intChan)
```

一旦通道被关闭，就无法通过这个通道发送数据了，但不会影响数据的接收，直到通道中的数据队列为空。此时，若再次尝试获取数据，将返回对应类型的默认值。另外，close()函数无法关闭一个已经关闭的通道，这将引发程序宕机。

🔊 **注意**

本示例代码仅供阅读参考使用，若直接在 main()函数中执行，将导致程序崩溃。崩溃位置位于 intChan<-100，错误信息为 "fatal error: all goroutines are asleep - deadlock!"，意思是 "致命错误：所有的 Goroutine 均处于休眠状态，导致死锁！"。使用通道收发数据必须在两个不同的 Goroutine 之间进行。如何正确地使用通道发送和接收数据，请读者继续阅读接下来的内容。

9.5.2　无缓冲（同步）通道的使用

在上一节结尾处的示例中，使用的就是无缓冲通道。无缓冲通道只有在等待接收数据的时候，才能成功发送数据。举一个易于理解的例子，无缓冲通道好比外卖员，当有人下单并等待收外卖时，外卖员才会将餐送给这个人。这样，就不难理解为何程序会崩溃了，因为代码中先直接发送了数据，然后才接收数据。

若要正确地使用无缓冲通道发送和接收数据，请参考下面的示例代码：

```
func main() {
    //声明 int 类型通道变量 intChan
    var intChan=make(chan int)
    //输出 intChan 变量的值和类型
    fmt.Println(intChan,reflect.TypeOf(intChan))
    go intChanRecvListener(intChan)
    //将整型值 100 通过 intChan 通道发送
    intChan<-100
    //关闭 intChan 通道
    close(intChan)
}
func intChanRecvListener(intChan chan int){
    //读取 intChan 通道中的值，并将结果赋给 intValue 变量
```

```
    intValue:=<-intChan
    //输出 intValue 变量的值和类型
    fmt.Println(intValue,reflect.TypeOf(intValue))
}
```

运行结果如下：

```
0x14000100060 chan int
100 int
```

从运行结果中可以看出，intChanRecvListener()函数是一个 Goroutine，其中的 intValue 变量通过 intChan 通道得到了从 main()函数传递而来的整型值。

综上所述，无缓冲通道要求数据的发送和接收必须成对出现，必须先有数据的接收者，且数据的发送和接收必须同步，因此无缓冲通道也被称为同步通道。

9.5.3　带缓冲通道的使用

在使用 make()函数创建通道类型变量时，可以通过定义缓冲区大小来构建带缓冲通道。当缓冲区大小为 0 或省略该参数时，将构建无缓冲通道。带缓冲通道不要求必须有数据的接收者才能成功发送数据，比如，当缓冲区大小为 5 时，可以先发送 5 个数据。

打个比方，带缓冲通道就像快递柜。快递柜有若干个格子，这些格子就相当于缓冲区。快递员将快递放在某个格子中，就完成了投递。当格子全部被放满时，快递员只能被迫等待快递被取走后，才能成功投递。

使用内置函数 len()可以获取通道内元素的数量，使用 cap()函数可以获取通道的缓冲区大小。示例代码如下：

```
func main() {
    //声明 int 类型通道变量 intChan，缓冲区大小为 2
    var intChan=make(chan int,2)
    //输出 intChan 变量的值和类型
    fmt.Println(intChan,reflect.TypeOf(intChan),len(intChan),cap(intChan))
    //将整型值 100 通过 intChan 通道发送
    intChan<-100
    fmt.Println(len(intChan),cap(intChan))
    intChan<-200
    fmt.Println(len(intChan),cap(intChan))
    go intChanRecvListener(intChan)
    time.Sleep(2*time.Second)
    //关闭 intChan 通道
    close(intChan)
}
func intChanRecvListener(intChan chan int){
    //读取 intChan 通道中的值，并将结果赋给 intValue 变量
```

```
    intValue:=<-intChan
    //输出 intValue 变量的值和类型
    fmt.Println(intValue,reflect.TypeOf(intValue))
    fmt.Println("成功接收第 1 个值",len(intChan),cap(intChan))
    intValue=<-intChan
    //输出 intValue 变量的值和类型
    fmt.Println(intValue,reflect.TypeOf(intValue))
    fmt.Println("成功接收第 2 个值",len(intChan),cap(intChan))
}
```

运行结果如下：

```
0x1400006e000 chan int 0 2
1 2
2 2
100 int
成功接收第 1 个值 1 2
200 int
成功接收第 2 个值 0 2
```

9.5.4 判断通道是否关闭

一旦通道被 close()函数关闭，将无法通过该通道发送数据，且再次执行 close()函数将引发宕机。

实际上，在使用通道读取值时，可以获得两个返回值：一个是获取的值；另一个则是布尔型值，当通道关闭后，该值为 false，否则为 true。下面这段代码就是使用这个布尔型值作为依据，判断通道是否关闭的：

```
intChan := make(chan int, 10)
intChan <- 1
intChan <- 2
intChan <- 3
close(intChan)
for {
    intValue, isOpen := <-intChan
    if !isOpen {
        fmt.Println("通道已关闭")
        break
    }
    fmt.Println(intValue)
}
```

运行结果如下：

```
1
2
3
通道已关闭
```

此外，在取值时使用 for-range 结构也可以判断通道是否关闭。当通道关闭时，会跳出循环，继续执行后面的代码。示例如下：

```
intChan := make(chan int, 10)
intChan <- 1
intChan <- 2
intChan <- 3
close(intChan)
for intValue:=range intChan{
    fmt.Println(intValue)
}
fmt.Println("通道已关闭")
```

运行结果依然为：

```
1
2
3
通道已关闭
```

9.5.5　单向通道的构建

在实际项目开发中，为了进一步保证数据的正确流向，通常会构建单向通道。所谓单向通道，就是将某个通道限制为只能接收或发送数据。

单向通道变量的声明格式如下：

```
// 只能发送数据的通道
var chan_name chan<- value_type
// 只能接收数据的通道
var chan_name <-chan value_type
```

其中，chan_name 表示单向通道名，value_type 表示数据类型。使用示例如下：

```
intChan := make(chan int)
//声明变量 sendOnlyIntChan，将 intChan 限制为只能发送数据的通道
var sendOnlyIntChan chan<- int=intChan
//声明变量 recvOnlyIntChan，将 intChan 限制为只能接收数据的通道
var recvOnlyIntChan <-chan int=intChan
```

在执行上述代码后，sendOnlyIntChan 和 recvOnlyIntChan 就成为只能发送及接收数据的单向通道了。若使用 sendOnlyIntChan 通道接收数据或使用 recvOnlyIntChan 通道发送数据，都会出现编译时错误，导致代码无法运行。

9.6　select 结构

在实际项目开发中，经常会遇到处理多个通道的情况。此时，就要用到 select 结构了。

select 结构类似 switch…case…分支结构，也由若干个 case 分支及一个默认分支构成，每个 case 分支对应一条通道的数据收发操作。select 结构会同时监听一个或多个通道，简化处理多个通道的流程。下面的代码演示了 select 结构的使用：

```go
func main() {
    chan1 := make(chan int, 5)
    chan2 := make(chan int, 5)
    go recvFunc(chan1,chan2)
    go sendFunc1(chan1)
    go sendFunc2(chan2)
    time.Sleep(5 * time.Second)
    fmt.Println("main()函数结束")
}
func sendFunc1(chan1 chan int){
    for i := 0; i < 5; i++ {
        chan1 <- i
        time.Sleep(1 * time.Second)
    }
}
func sendFunc2(chan2 chan int){
    for i := 10; i >= 5; i-- {
        chan2 <- i
        time.Sleep(1 * time.Second)
    }
}
func recvFunc(chan1 chan int,chan2 chan int){
    for {
        select {
        case intValue1 := <-chan1:
            fmt.Println("接收到 chan1 通道的值: ", intValue1)
        case intValue2 := <-chan2:
            fmt.Println("接收到 chan2 通道的值: ", intValue2)
        }
    }
}
```

运行结果如下：

```
接收到 chan1 通道的值： 0
接收到 chan2 通道的值： 10
接收到 chan1 通道的值： 1
接收到 chan2 通道的值： 9
接收到 chan2 通道的值： 8
接收到 chan1 通道的值： 2
接收到 chan2 通道的值： 7
接收到 chan1 通道的值： 3
接收到 chan2 通道的值： 6
接收到 chan1 通道的值： 4
```

main()函数结束

在本示例中，recvFunc()函数是包含 select 结构的接收通道值的函数，sendFunc1()和 sendFunc2()函数分别不断地向 chan1 和 chan2 通道发送数据，这 3 个函数分别属于 3 个 Goroutine。

注意

在 select 结构中，每个 case 分支对应一个操作，即接收或发送。在本示例中，intValue1 :=<-chan1 和 intValue2 := <-chan2 分别表示将 chan1 和 chan2 通道中的值读取出来并赋给 intValue1 和 intValue2。在发送时，应将它们修改为 chan1<-value1 和 chan2<-value2。其中，value1 和 value2 都属于 chan1 和 chan2 通道的数据类型，即 int 类型。

说明

当 select 结构中出现 default 语句时，将会执行 default 语句中的代码；反之，select 结构将会被阻塞，直到其中一个 case 分支条件成立。

9.7 加锁和原子操作

在实际项目开发中，有时会面临同一时刻将多个 Goroutine 作用于同一个对象（这里指变量、文件、数据库等）的情况。此时，它们之间会发生冲突，这种情况被称为数据竞态问题。例如，下面这段代码：

```
var count int
func main() {
    go countPlus(10000)
    go countPlus(10000)
    time.Sleep(2*time.Second)
    fmt.Println(count)
}
func countPlus(times int){
    for i:=0;i<times;i++{
        count++
    }
}
```

乍看上去，运行结果应该是 20000。但实际上往往会低于这个值，原因在于将两个 Goroutine 同时作用于 count 变量，会产生数据竞态问题，导致最终输出结果错误。

为了解决这一问题，就要为 count 变量"加锁"，或者使用 atomic 包进行原子操作。本节将详细阐述在 Go 语言中如何使用锁来确保数据安全，以及如何使用 atomic 包。

9.7.1 互斥锁

互斥锁是一种简单且常用的加锁方式，能很好地避免多个 Goroutine 同时操作同一数据。在 Go 语言中，使用 sync 包中的 Mutex 类型来实现互斥锁。示例代码如下：

```
var count int
var locker sync.Mutex
func main() {
    go countPlus(10000)
    go countPlus(10000)
    time.Sleep(2*time.Second)
    fmt.Println(count)
}
func countPlus(times int){
    for i:=0;i<times;i++{
        locker.Lock()
        count++
        locker.Unlock()
    }
}
```

运行结果如下：

```
20000
```

本示例是 9.7 节开头示例的变体，区别在于声明了 Mutex 类型变量 locker，并通过 locker 变量调用 Lock()函数进行加锁，待操作完成后，再调用 Unlock()函数进行解锁。在加锁和解锁函数之间的代码将受到保护，在同一时间仅有一个 Goroutine 在执行受保护的代码。

📢 **注意**

唤醒处于等待状态的 Goroutine 的策略是随机的，并不能保证顺序。

9.7.2 读/写互斥锁

在需要访问的对象进行读/写操作时，特别是在读多写少的场景下，使用读/写互斥锁是十分合适的。与互斥锁不同，读/写互斥锁允许同时并发读操作，因为单纯的读操作并不会引发数据的改变，为它们加锁会影响程序的运行性能。

当某个 Goroutine 获得读操作的锁后，其他尝试进行读操作的 Goroutine 也能正常获得锁，但是需要进行写操作的 Goroutine 则会排队等待。

当某个 Goroutine 获得写操作的锁后，由于数据很可能会发生改变，因此接下来无论是需要进行读操作还是写操作的 Goroutine 都会排队等待。

在 Go 语言中，使用 sync 包中的 RWMutex 类型来实现读/写互斥锁。示例代码如下：

```go
var count int
var locker sync.RWMutex
func main() {
    for i := 1; i <= 3; i++ {
        go write(i)
    }
    for i := 1; i <= 3; i++ {
        go read(i)
    }
    time.Sleep(10 * time.Second)
    fmt.Println("count 值为: ", count)
}
func read(i int) {
    fmt.Println("读操作",i)
    locker.RLock()
    fmt.Println(i,"读 count 的值为",count)
    time.Sleep(1 * time.Second)
    locker.RUnlock()
}
func write(i int) {
    fmt.Println("写操作",i)
    locker.Lock()
    count++
    fmt.Println(i,"写 count 的值为",count)
    time.Sleep(1 * time.Second)
    locker.Unlock()
}
```

运行结果如下：

```
写操作 1
1 写 count 的值为 1
写操作 3
读操作 3
写操作 2
读操作 1
读操作 2
2 读 count 的值为 1
1 读 count 的值为 1
3 读 count 的值为 1
3 写 count 的值为 2
2 写 count 的值为 3
count 值为: 3
```

本示例的代码运行逻辑是这样的：程序一开始就执行了写操作，其他 Goroutine 只能等待其完成。但此时，后续的各个 Goroutine 都开始执行了，只不过运行到有锁的地方后暂停了，因此可以看到大量"读操作""写操作"字样几乎被同时输出。

等待一秒后，3 次读操作不会对数据发生修改，因此几乎同时完成操作。

再等待一秒后，2 次写操作排队进行，总耗时约 2 秒完成操作。

最终，count 被累加 3 次，值为 3。

📢 注意

请读者注意 Go 语言中 Goroutine 任务调度的随机性，以及加锁后排队中的 Goroutine 执行的随机性。

9.7.3 原子操作

与加锁操作不同，原子操作在用户态完成，性能上比加锁操作更优。atomic 包提供了底层的原子级别内存操作。针对基本数据类型，使用 atomic 包可以很好地规避数据竞态问题。

atomic 包提供了大量的函数，涉及读操作、写操作、修改操作、交换操作、比较并交换操作，如表 9.1 所示。

表 9.1 atomic 包中的常用函数

操 作 分 类	函 数 声 明
读操作	func LoadInt32(addr int32) (val int32)
	func LoadInt64(addr int64) (val int64)
	func LoadUint32(addr uint32) (val uint32)
	func LoadUint64(addr uint64) (val uint64)
	func LoadUintptr(addr uintptr) (val uintptr)
	func LoadPointer(addr unsafe.Pointer) (val unsafe.Pointer)
写操作	func StoreInt32(addr *int32, val int32)
	func StoreInt64(addr *int64, val int64)
	func StoreUint32(addr *uint32, val uint32)
	func StoreUint64(addr *uint64, val uint64)
	func StoreUintptr(addr *uintptr, val uintptr)
	func StorePointer(addr *unsafe.Pointer, val unsafe.Pointer)
修改操作	func AddInt32(addr *int32, delta int32) (new int32)
	func AddInt64(addr *int64, delta int64) (new int64)
	func AddUint32(addr *uint32, delta uint32) (new uint32)
	func AddUint64(addr *uint64, delta uint64) (new uint64)
	func AddUintptr(addr *uintptr, delta uintptr) (new uintptr)

续表

操 作 分 类	函 数 声 明
交换操作	func SwapInt32(addr *int32, new int32) (old int32)
	func SwapInt64(addr *int64, new int64) (old int64)
	func SwapUint32(addr *uint32, new uint32) (old uint32)
	func SwapUint64(addr *uint64, new uint64) (old uint64)
	func SwapUintptr(addr *uintptr, new uintptr) (old uintptr)
	func SwapPointer(addr *unsafe.Pointer, new unsafe.Pointer) (old unsafe.Pointer)
比较并交换操作	func CompareAndSwapInt32(addr *int32, old, new int32) (swapped bool)
	func CompareAndSwapInt64(addr *int64, old, new int64) (swapped bool)
	func CompareAndSwapUint32(addr *uint32, old, new uint32) (swapped bool)
	func CompareAndSwapUint64(addr *uint64, old, new uint64) (swapped bool)
	func CompareAndSwapUintptr(addr *uintptr, old, new uintptr) (swapped bool)
	func CompareAndSwapPointer(addr *unsafe.Pointer, old, new unsafe.Pointer) (swapped bool)

在使用时，只需参考上表，根据要操作的数据类型和具体操作类型进行匹配并调用即可。下面的代码演示了如何调用 AddInt32()函数完成整型变量的累加，并与加锁操作进行执行时间的对比：

```
var count int32
var locker sync.Mutex
var waiter sync.WaitGroup
func main() {
    start:=time.Now()
    for i := 1; i <= 100000; i++ {
        waiter.Add(1)
        go addUseLock()
    }
    waiter.Wait()
    fmt.Println("加锁操作耗时: ",time.Now().Sub(start))
    start=time.Now()
    for i := 1; i <= 100000; i++ {
        waiter.Add(1)
        go addUseAtomic()
    }
    waiter.Wait()
    fmt.Println("原子操作耗时: ",time.Now().Sub(start))
    fmt.Println("count 值为: ", count)
}
func addUseLock() {
    locker.Lock()
    count++
    locker.Unlock()
    waiter.Done()
}
```

```
func addUseAtomic() {
    atomic.AddInt32(&count,1)
    waiter.Done()
}
```

运行结果如下：

```
加锁操作耗时：29.621083ms
原子操作耗时：21.888083ms
count 值为：200000
```

由此可见，仅仅 10 万次累加，原子操作比加锁操作的耗时减少了大约 30%。

9.8 定时器

在某些情况下，某些代码需要等待一段时间之后才能被执行，或者每隔一段时间被重复执行。Go 语言内置了 time 包，使用 Timer 类型的变量可以实现代码的延迟执行；使用 Ticker 类型的变量可以实现代码的周期性执行。本节将阐述 time 包中这两个变量的使用方法，相关示例代码位于 chapter09/time.go 文件中。

9.8.1 Timer

Timer 类型的变量通过 NewTimer()函数创建，通常用于实现部分代码的延迟执行。该函数的声明格式如下：

```
func NewTimer(d Duration) *Timer
```

该函数需要一个参数，Duration 类型，表示时间长度。该函数执行后，返回*Timer 类型的变量。定时器是一次性的。若开启定时器期间需要取消计时，则可以调用 Stop()函数。若要重新激活已过期的或已停止的定时器，则可以调用 Reset()函数。

在 Go 语言内置的 time 包中，sleep.go 源码文件定义了 Timer 类型的结构体，源码如下：

```
type Timer struct {
  C <-chan Time
  r runtimeTimer
}
```

显然，Timer 类型对外仅暴露了一个 Channel。在运行时，代码中指定的时间到达后，将会向该 Channel 中写入系统时间，通过接收这个 Channel 的值，并执行特定的代码片段，即可让相应的代码片段延迟执行。下面的代码演示了如何使用 Timer 类型的变量：

```
timer1 := time.NewTimer(2 * time.Second)
```

```
t1 := time.Now()
fmt.Printf("t1:%v\n", t1)
t2 := <-timer1.C
fmt.Printf("t2:%v\n", t2)
```

运行结果如下：

```
t1:2021-11-22 07:35:22.769065 +0800 CST m=+0.000172501
t2:2021-11-22 07:35:24.766935 +0800 CST m=+2.001179460
```

在本示例中，首先调用了 time.NewTimer()函数，然后传入了 2 秒的时间长度，表示延迟时间为 2 秒。该函数在执行后，返回*Timer 类型值，并将其赋给 timer1 变量。t1 变量表示当前时间，并被输出到控制台中。t2 变量用于接收 timer1 变量中的 Channel 值。延迟 2 秒后，该 Channel 中有值被读出，代码继续执行，最后得到控制台的第二行输出。

在某些情况下，timer1.C 中的值并不重要，所以无须处理它们。在这种情况下，可以直接调用 time.After()函数。下面的代码同样实现了等待 2 秒后执行的效果：

```
fmt.Println(time.Now())
<-time.After(2*time.Second)
fmt.Println(time.Now())
```

运行结果如下：

```
2021-11-22 07:43:27.529143 +0800 CST m=+0.000168293
2021-11-22 07:43:29.5303 +0800 CST m=+2.001445501
```

此外，time 包还提供了 AfterFunc()函数。调用该函数可以更加简洁地实现对另一个函数的延迟调用。示例代码如下：

```
func main() {
    fmt.Println(time.Now())
    time.AfterFunc(2*time.Second,sayHello)
    time.Sleep(3*time.Second)
}
func sayHello(){
    fmt.Println("三酷猫打招呼",time.Now())
}
```

运行结果如下：

```
2021-11-22 07:51:58.312972 +0800 CST m=+0.000173459
三酷猫打招呼 2021-11-22 07:52:00.314477 +0800 CST m=+2.001691584
```

🔊 **注意**

请读者区分在使用 After()与 AfterFunc()函数时的不同，After()函数返回 chan Time 类型（传送 Time 类型数据的通道）的值，AfterFunc()函数则返回*Timer 类型的值。因此，本示例在调用 AfterFunc()函数后必须让 main()函数等待一会儿再退出，才能使 sayHello()函数正常运行。

9.8.2 Ticker

Go 语言中的 Ticker 是周期性定时器，使用 Ticker 可以让某段代码间隔特定的时间被重复执行。

Ticker 类型的变量通过 NewTicker()函数创建，通常用于实现部分代码的延迟执行。该函数的声明格式如下：

```
func NewTicker(d Duration) *Ticker
```

该函数需要一个参数，Duration 类型，表示时间长度。该函数执行后，返回*Ticker 类型的变量。若需要停止执行周期性任务，则可以调用 Stop()函数。下面的代码演示了如何使用 Ticker 类型的变量周期性地执行代码，以及如何安全地终止代码的执行：

```go
func main() {
    ticker := time.NewTicker(1 * time.Second)
    defer ticker.Stop()
    for range ticker.C {
        sayHello()
    }
}
func sayHello(){
    fmt.Println("三酷猫打招呼",time.Now())
}
```

运行结果如下：

```
三酷猫打招呼 2021-11-22 08:00:13.504015 +0800 CST m=+1.001276710
三酷猫打招呼 2021-11-22 08:00:14.503904 +0800 CST m=+2.001209876
三酷猫打招呼 2021-11-22 08:00:15.503875 +0800 CST m=+3.001224876
三酷猫打招呼 2021-11-22 08:00:16.503824 +0800 CST m=+4.001218460
三酷猫打招呼 2021-11-22 08:00:17.503797 +0800 CST m=+5.001235418
```

9.9　案例：三酷猫筛选 0～1000 范围内的素数

本案例要求读者帮助三酷猫分别使用并发和不使用并发筛选 0～1000 范围内的素数，并对比二者在代码实现和运行上的区别。

📖 说明

素数又称质数，是指一个大于 1 的自然数，且除 1 和它自身外，不能被其他自然数整除的数。1 不是素数。

从素数的定义上看，素数是从 2 开始的。2 是一个素数，由此便可推断出：4（即 2×2）、6（即 2×3）、8（即 2×4）、10（即 2×5）……都不是素数；接着，3 是一个素数，由此便可推断出：6（即

3×2）、9（即 3×3）、12（即 3×4）、15（即 3×5）……都不是素数。

根据这个规律，可以轻松地实现非并发版本的素数筛选算法，代码如下：

```go
func main() {
    fmt.Println(SievePrime(1000))
}
func SievePrime(endNum int) []int {
    //声明变量 numArray，下标代表数字，值表示是否为素数，如果是素数，则为 0，否则为 1
    numArray := make([]int, endNum+1)
    //0 和 1 均不是素数，标记为 1
    numArray[0], numArray[1] = 1, 1
    for i := 2; i <= endNum; i++ {
        if numArray[i] == 0 {
            for j := 2 * i; j <= endNum; j += i {
                numArray[j] = 1
            }
        }
    }
    result := make([]int, 0)
    for i := 2; i <= endNum; i++ {
        if numArray[i] == 0 {
            //将标记为 0（是素数）的下标值添加到 result 中
            result = append(result, i)
        }
    }
    return result
}
```

运行结果如下：

```
[2 3 5 7 11 13 ...]
```

接下来，考虑使用 Goroutine 的方式实现。首先创建两个包含 Goroutine 的函数：一个名称为 GenNums()，该函数会从 2 开始，生成整数，并通过通道发送出去；另一个名称为 SievePrime()，该函数将过滤出素数，并将结果通过通道发送出去。这两个 Goroutine 均为同步通道，未使用缓冲。然后通过执行循环，多次运行 SievePrime()函数，从而创建多个用于筛选素数的协程，提高程序的运行效率。示例代码如下：

```go
//从 2 开始生成整数
func GenNums() chan int {
    num := make(chan int)
    go func() {
        for i := 2; ; i++ {
            num <- i
        }
    }()
    return num
```

```
}
//过滤出素数
func SievePrime(numCh <-chan int, prime int) chan int {
    result := make(chan int)
    go func() {
        for {
            if i := <-numCh; i%prime != 0 {
                result <- i
            }
        }
    }()
    return result
}
func main() {
    numCh := GenNums()
    for i := 0; i < 100; i++ {
        result := <-numCh
        fmt.Println(result)
        numCh = SievePrime(numCh, result)
    }
}
```

运行结果如下：

```
2
3
5
7
11
13
...
```

9.10　练习与实验

1. 填空题

（1）Goroutine 本质上是_____。

（2）在 Go 语言中，协程任务间通信使用的是_____。

（3）在处理多个通道时，可以使用_____结构。

（4）为了解决数据竞态问题，Go 语言提供了_____操作。

（5）在执行原子操作时，通常使用的包是_____。

（6）在 Go 语言中，若想实现延迟执行，使用的包是_____；若想周期性地执行某段代码，使用的包是_____。

2. 判断题

（1）一个进程可以创建和撤销多个线程，同一个进程中的多个线程可以并发执行。

（2）协程是轻量级的线程。

（3）并行主要通过切换时间片来实现多线程的"同时"运行，并发则直接利用多核实现多线程的"同时"运行。

（4）线程与协程不同，一个线程上只能运行一个协程。

（5）协程可以被终止，使用的函数是 runtime.Goexit()。

3. 实验题

（1）编写程序，实现文件夹递归复制功能。要求每 3 秒就在控制台中更新复制的进度，进度以百分比表示。

（2）编写程序，模拟龟兔赛跑，使用两个线程分别表示乌龟和兔子的奔跑进度，并实时显示到控制台中。

第 10 章
反射

掌握并熟练使用 Go 语言中的反射，可以在程序运行时获取和修改变量的值、调用变量的方法等，构建具有自我访问和修改能力的程序。

反射（Reflection）能力是指程序在运行期间对自身进行访问和修改的能力。它最初是在 Java 出现后流行起来的，C、C++语言都不具备反射能力。

在程序编译时，变量通常会被转换为内存地址，而变量名不会被编译器写入可执行部分中。因此，程序在运行时，是无法获取变量名、变量类型、结构体的内部构成等自身信息的。使用反射可以在程序编译期间将某些需要访问的自身信息写入可执行文件中，并对外提供访问它们的接口。如此一来，程序在运行时即可获取这些反射信息了。

Go 语言提供了程序运行时获取和更新变量值，以及调用变量的方式，甚至程序在编译时并不需要知道这些变量的类型，这种方式被称为反射。Go 语言通过内置的 reflect 包实现反射。

本章将分别阐述如何使用反射获取和修改变量信息，包括由指针表示的变量信息，以及结构体内部的信息。

10.1 使用反射访问变量

如果想要在 Go 语言中使用反射，则需要用到内置的 reflect 包。这个包包含两个重要的类型——Type 和 Value，分别表示任意变量的类型和值。同时，这个包还包含对应的两个函数——TypeOf()和 ValueOf()，分别用来获取任意变量的类型和值。

本节将结合具体示例，分别探究它们的使用方法，相关示例代码位于 chapter10/reflect_variable.go 文件中。

10.1.1 获取变量的类型

通常使用 reflect 包中的 TypeOf() 函数获取任意变量的类型。该函数的声明格式如下：

```
func TypeOf(i interface{}) Type
```

在调用该函数时，需要向其中传入 interface{} 类型的参数，在执行结束后，将返回 Type 类型值。
示例代码如下：

```
func main() {
    var intNum int
    fmt.Println(reflect.TypeOf(intNum))
}
```

运行结果如下：

```
int
```

继续深入 Type 类型，通过该类型的变量还可以获取类型的名称（Name）和类型的种类（Kind）。
示例代码如下：

```
func main() {
    var intNum int
    typeOfIntNum := reflect.TypeOf(intNum)
    fmt.Println(typeOfIntNum.Name(), typeOfIntNum.Kind())
}
```

运行结果如下：

```
int int
```

在本示例中，虽然名称和种类看上去都是一样的，但其含义却不同。类型的名称通常指的是 int、float32、string、bool 等原生数据类型，以及由 type 关键字定义的类型；类型的种类则指的是该变量归属的类别。示例代码如下：

```
func main() {
    type structType struct {}
    typeOfStructType:=reflect.TypeOf(structType{})
    fmt.Println(typeOfStructType.Name(), typeOfStructType.Kind())
}
```

运行结果如下：

```
structType struct
```

◀》 **注意**

Map、Slice 和 Chan 属于引用类型（表示地址），有点类似于指针，但仍属于各自独立的类别，不属于指针。

10.1.2 获取变量的值

通常使用 reflect 包中的 ValueOf()函数获取任意变量的值。该函数的声明格式如下：

```
func ValueOf(i interface{}) Value
```

在调用该函数时，需要向其中传入 interface{}类型的参数，在执行结束后，将返回 Value 类型值。示例代码如下：

```
func main() {
    var intNum int = 100
    fmt.Println(reflect.ValueOf(intNum))
}
```

运行结果如下：

```
100
```

显然，100 就是 intNum 变量的值。但是，ValueOf()函数返回的 100 是 Value 类型，无法像 int 类型那样直接参与算术运算。通常会通过强制类型转换将 Value 转换为合适的类型后使用。示例代码如下：

```
func main() {
    var intNum int64 = 100
    valueOfIntNum := reflect.ValueOf(intNum)
    //将类型强制转换为 int
    var originIntNum int64 = int64(valueOfIntNum.Int())
    fmt.Println(originIntNum)
}
```

运行结果如下：

```
100
```

Value 类型变量的 Int()函数可以将值作为 int64 类型取出，实现了强制类型转换。虽然上述两个示例的运行结果看似相同，但 originIntNum 的类型为 int64，可以直接参与后续的算术运算。

此外，还可以通过 Value 类型变量的 Interface()函数，结合类型断言实现转换，代码如下：

```
func main() {
    var intNum int64 = 100
    valueOfIntNum := reflect.ValueOf(intNum)
    //将类型强制转换为 int
    var originIntNum int64 = valueOfIntNum.Interface().(int64)
    fmt.Println(originIntNum)
}
```

运行结果如下：

```
100
```

10.1.3　反射值的非空和有效性判定

Value 类型变量还有两个非常实用的函数，可以进行反射值的非空和有效性判定，分别为 IsNil()
和 IsValid()。这两个函数的声明格式类似，如下所示：

```
func (v Value) IsNil() bool
func (v Value) IsValid() bool
```

显然，在调用这两个函数时，均无须传入任何参数，在执行结束后，将返回一个布尔型变量：若
反射值为空或有效，则为 true；若反射值不为空或无效，则为 false。

判断反射值是否为空很好理解，就是检查反射值是否为 nil，类似 v==nil 的操作。

🔊 **注意**

在判断反射值是否非空时，若值的类型不是通道、函数、接口、集合、指针或切片，系统将发
生宕机。

判断反射值是否有效，就是检查反射值本身是否合法，若无值或值为 nil，则表示该值非法。具
体示例代码如下：

```
func main() {
    var intNums = []int{1,3,5,7,9}
    valueOfIntNum := reflect.ValueOf(intNums)
    fmt.Println(valueOfIntNum.IsNil())
    fmt.Println(valueOfIntNum.IsValid())
}
```

运行结果如下：

```
false
true
```

10.2　使用反射访问指针表示的变量

对指针类型变量而言，如果想直接获取它所表示的变量类型和种类，就不能使用 TypeOf()函数
了，而应使用 Elem()函数。

本节将结合具体示例，分别探究 Elem()函数的使用方法，相关示例代码位于 chapter10/reflect_elem.go
文件中。

Elem()函数的声明格式如下：

```
Elem() Type
```

在调用该函数时，无须传入任何参数，在执行结束后，将返回 Type 类型值。具体示例代码如下：

```
func main() {
    intNum := 200
    ins := &intNum
    //获取指针变量的类型名和种类
    typeOfIntNumPtr := reflect.TypeOf(ins)
    fmt.Println(typeOfIntNumPtr.Name(), typeOfIntNumPtr.Kind())
    //获取指针变量所表示的变量的类型名和种类
    typeOfIntNumPtr = typeOfIntNumPtr.Elem()
    fmt.Println(typeOfIntNumPtr.Name(), typeOfIntNumPtr.Kind())
}
```

运行结果如下：

```
 ptr
int int
```

显然，直接调用 TypeOf()函数只能获取 ins 指针变量的类型名，也就是 intNum 的类型名，即指针类型（ptr），无法得知 intNum 的任何其他信息。只有在调用 Elem()函数后返回的 Type 类型值才是 ins 指针变量所表示的变量 intNum 的类型名和所属种类。

10.3　使用反射访问结构体

对于种类是结构体的变量，使用反射可以进一步获得结构体内部成员的信息，包括成员的类型、值、下标、是否为匿名变量等。

本节将结合示例阐述如何使用反射获取结构体的内部成员信息，相关示例代码位于 chapter10/reflect_field.go 文件中。

当某个变量为结构体时，可以进一步通过 NumField()和 Field()函数获取该结构体中的成员数量和单个成员的信息。

NumField()函数的声明格式如下：

```
NumField() int
```

在调用该函数时，无须传入任何参数，在执行结束后，将返回 int 类型值，表示结构体中的成员总数。

Field()函数的声明格式如下：

```
Field(i int) StructField
```

在调用该函数时，同样无须传入任何参数，在执行结束后，将返回 StructField 类型值。在这个值中保存了单个成员变量的众多信息。

此外，还可以通过 FieldByName() 函数精准地查找某个成员变量。该函数的声明格式如下：

```
FieldByName(name string) (StructField, bool)
```

在调用该函数时，需要传入 string 类型的成员名称作为查找依据，该函数最终会返回两个值，一个是 StructField 类型变量，表示该成员的各种信息；另一个是布尔型值，表示是否成功地找到这个变量。当该值为 true 时，表示变量存在；反之，则不存在。

将上述 3 个函数配合使用，能够轻松地获取和查找结构体中的成员信息。示例代码如下：

```
func main() {
    //声明 cat 类型结构体
    type cat struct {
        name string `meaning:"全名"`
        age  int   `meaning:"年龄"`
    }
    //声明 catOne 类型变量并赋初始值
    catOne := cat{name: "三酷猫", age: 18}
    //通过反射获取 catOne 变量的类型名和种类
    typeOfCat := reflect.TypeOf(catOne)
    fmt.Println(typeOfCat.Name(), typeOfCat.Kind())
    //通过反射获取 catOne 变量的值
    valueOfCat := reflect.ValueOf(catOne)
    //通过反射获取结构体成员的名称和值
    for i := 0; i < typeOfCat.NumField(); i++ {
        fieldType := typeOfCat.Field(i)
        fmt.Println(fieldType.Index, fieldType.Name, valueOfCat.Field(i), fieldType.Tag)
    }
    //查找名称为 age 的成员
    catType, ok := typeOfCat.FieldByName("age")
    if ok {
        //输出 age 成员的部分 Tag 文本
        fmt.Println(catType.Tag.Get("meaning"))
    }
}
```

运行结果如下：

```
cat struct
[0] name 三酷猫 meaning:"全名"
[1] age 18 meaning:"年龄"
年龄
```

📖 **说明**

Type 和 Value 类型变量都有 NumField() 和 Field() 函数。它们的作用也很类似，这里不再赘述，请读者结合本示例理解。

10.4　使用反射修改值

使用反射不仅可以获取变量或结构体中成员的类型和值，还可以修改它们。本节将探讨如何使用反射修改变量的值，相关示例代码位于 chapter10/reflect_modify.go 文件中。

若要使用反射修改值，需要特别注意两点：一是被修改的值可被寻址；二是若要修改结构体成员的值，则应确保该值可被外部访问（在某些地方称为被导出）。

所谓可被寻址，即要求通过取地址的方式修改值。在 reflect 包中提供了几个常用函数，分别用于判断某个值是否可被寻址、可被修改，以及获取某个地址变量表示的值和取某个值的地址，如表 10.1 所示。

表 10.1　reflect 包中的几个常用函数

函 数 名	作　　用	函 数 声 明
CanAddr()	判断某个值是否可被寻址，若可被寻址，将返回 true，否则返回 false	func (v Value) CanAddr() bool
CanSet()	判断某个值是否可被修改，若可被修改，将返回 true，否则返回 false	func (v Value) CanSet() bool
Elem()	相当于*操作。 获取某个地址变量表示的值。当该函数作用于非指针或接口时，将发生宕机；作用于空指针时，将返回 nil	func (v Value) Elem() Value
Addr()	相当于&操作。 获取某个值的地址。当该函数作用于不可被寻址的值时将发生宕机	func (v Value) Addr() Value

请读者参考表 10.1 中的描述，并结合下面的示例代码理解函数的使用方法：

```go
func main() {
    numA := 100
    //获取 numA 的地址
    addrValueOfNumA := reflect.ValueOf(&numA)
    fmt.Println(&numA)
    //获取地址变量表示的值，即 numA 的值
    valueOfNumA := addrValueOfNumA.Elem()
    //获取 valueOfNumA 的地址
    fmt.Println(valueOfNumA.Addr())
    //判断该值是否可被寻址
    fmt.Println(valueOfNumA.CanAddr())
}
```

运行结果如下：

```
0xc000016088
0xc000016088
true
```

注意

在本示例中，虽然 &numA 的值和 valueOfNumA.Addr() 函数返回的结果相同，但只有 valueOfNumA 是可被寻址的。下面的代码将返回 false：

```
func main() {
    numA := 100
    //获取 numA 的地址
    addrValueOfNumA := reflect.ValueOf(&numA)
    //判断该值是否可被寻址
    fmt.Println(addrValueOfNumA.CanAddr())
}
```

原因在于，addrValueOfNumA 是对 &numA 结果的复制，本身不可被寻址。

总体来说，所有通过 reflect.ValueOf() 函数返回的 Value 类型变量都是不可被寻址的。

在确保值可被寻址后，就可以调用 reflect 包中的若干个修改值的函数对值进行修改了。这些函数的详情如表 10.2 所示。

表 10.2　修改值的常用函数

函　数　名	作　　　用	函　数　声　明
SetInt()	修改 int 类型值，允许作用于类型为 int、int8、int16、int32 和 int64 的值	func (v Value) SetInt(x int64)
SetUInt()	修改 uint 类型值，允许作用于类型为 uint、uint8、uint16、uint32 和 uint64 的值	func (v Value) SetUint(x uint64)
SetFloat()	修改 float 类型值，允许作用于类型为 float32 和 float64 的值	func (v Value) SetFloat(x float64)
SetBool()	修改 bool 类型值，允许作用于类型为 bool 的值	func (v Value) SetBool(x bool)
SetBytes()	修改[]bytes 类型值，允许作用于类型为[]bytes 的值	func (v Value) SetBytes(x []byte)
SetString()	修改 string 类型值，允许作用于类型为 string 的值	func (v Value) SetString(x string)

注意

在表 10.2 中，请特别留意值类型的对应。使用对应类型错误的函数将导致程序发生宕机。

具体示例代码如下：

```
func main() {
    numA := 100
    //获取 numA 的地址
```

```
    addrValueOfNumA := reflect.ValueOf(&numA)
    //获取地址所表示的值，即 numA 的值
    valueOfNumA := addrValueOfNumA.Elem()
    //判断该值是否可被寻址
    fmt.Println(valueOfNumA.CanAddr())
    //修改 numA 的值为 200
    valueOfNumA.SetInt(200)
    //输出 numA 的值
    fmt.Println(numA)
}
```

运行结果如下：

```
true
200
```

对于结构体，获取地址和修改值的示例代码如下：

```
func main() {
    //定义结构体
    type cat struct {
        Name string
        age  int
    }
    //声明变量 catA，类型为 cat，并赋初始值
    catA := &cat{Name: "姓名", age: 18}
    //输出 catA 的值
    fmt.Println(catA)
    //获取 catA 的地址
    addrValueOfCat := reflect.ValueOf(catA)
    //通过 addrValueOfCat 变量获取 catA 的值
    valueOfCat := addrValueOfCat.Elem()
    //找到名称为 Name 的成员变量
    catName := valueOfCat.FieldByName("Name")
    //修改名称为 Name 的成员变量值
    catName.SetString("三酷猫")
    //输出 catA 的值
    fmt.Println(catA)
}
```

运行结果如下：

```
&{姓名 18}
&{三酷猫 18}
```

📢 注意

在本示例中，结构体 cat 中的成员变量 Name 以大写字母开头，表示这个成员变量是可以从外部访问的，因此可以通过反射被修改。而成员变量 age 以小写字母开头，无法从外部访问，因此不

能通过反射被修改。如果强行修改 age，将引发宕机，宕机信息为"reflect.Value.SetInt using value obtained using unexported field"，意思是"reflect.Value.SetInt()函数使用的值源于未被导出的成员"。

10.5　使用反射调用函数

除了可以访问和修改变量及结构体中成员的值，使用反射还可以调用代码中的函数。本节将详细阐述如何做到这一点，相关示例代码位于 chapter10/reflect_call_func.go 文件中。

使用反射调用函数的步骤非常简单：首先将函数包装为反射值变量，然后构建所需的参数切片，接下来使用反射值变量发起对函数的调用，同时传入函数所需的参数，最后接收函数执行的返回值，完成整个调用过程。示例代码如下：

```go
func main() {
    //将函数包装为反射值变量
    sayHelloValue := reflect.ValueOf(sayHello)
    //定义函数传入的参数切片
    sayHelloParam := []reflect.Value{reflect.ValueOf("三酷猫"), reflect.ValueOf("你好呀! ")}
    //使用反射调用函数
    results := sayHelloValue.Call(sayHelloParam)
    //输出函数执行结果
    fmt.Println(results)
}
func sayHello(name string, content string) string {
    output := name + "说: " + content
    return output
}
```

运行结果如下：

```
[三酷猫说: 你好呀! ]
```

值得一提的是，本示例中调用函数时使用的 Call()函数，最终将返回[]Value 类型变量。若要取出 string 类型的返回值，则应采用如下实现：

```
results[0].String()
```

即取出返回值中的第一个值，然后使用 String()函数获取字符串型值。

◀》 注意

通过本示例可以看出，在使用反射调用函数时，会构建大量的 Value 类型变量。在函数执行后，还要对结果进行取值。这个过程很烦琐，而且性能不高，在实际开发中，不建议大规模应用。

10.6　使用反射创建变量

在 10.1.1 节中，本书介绍了如何获取变量的类型；在 10.4 节中，本书阐述了如何使用反射修改变量的值。结合这两个知识点，使用 reflect 包中的 New()函数可以轻松地通过反射创建特定类型的变量。

reflect 包中的 New()函数的作用是创建特定类型的变量，其函数声明格式如下：

```
func New(typ Type) Value
```

在调用该函数时，需要传入 Type 类型的变量，该变量可以通过 reflect.TypeOf()函数获取。函数在运行后，将返回 Value 类型变量，这个变量是指针类型的。示例代码如下：

```
func main() {
    //声明 int 类型变量 numA
    var numA int
    //获取 numA 的类型，并存入变量 typeOfNumA
    typeOfNumA := reflect.TypeOf(numA)
    //根据类型创建变量 numAVal
    numAVal := reflect.New(typeOfNumA)
    //输出 numAVal 的值、类型名称和种类名称
    fmt.Println(numAVal, numAVal.Type(), numAVal.Kind())
    //修改 numAVal 表示的值
    numAVal.Elem().SetInt(100)
    //输出 numAVal 表示的值
    fmt.Println(numAVal.Elem().Int())
}
```

运行结果如下：

```
0xc0000aa058 *int ptr
100
```

10.7　练习与实验

1. 填空题

（1）在 Go 语言中，使用反射时通常用到的包名是＿＿＿＿。

（2）使用反射可以获取变量的＿＿＿＿和＿＿＿＿。

（3）使用反射判断变量值非空的函数是＿＿＿＿，判断有效性的函数是＿＿＿＿。

（4）使用反射判断某个变量的值是否可被修改的函数是＿＿＿＿，是否可被寻址的函数是＿＿＿＿。

2. 判断题

（1）Go 语言支持反射，反射最常见的使用场景是进行对象的序列化。

（2）使用反射通常可以获取变量的类型和值，可以调用函数，但无法创建某个类型的变量。

（3）反射通常只能作用于变量，而不能作用于结构体。

（4）基于反射的代码是极其脆弱的，反射中的类型错误只有在运行时才会引发 panic。

3. 实验题

每个学生的信息包括学号、姓名、性别、成绩。要求定义学生信息结构体对象，并初始化；使用反射修改学生的基本信息，并在控制台中输出修改后的结果。

第 11 章

命令行工具

掌握并熟练使用 Go SDK 提供的命令行工具，可以实现更加定制化的编译、代码格式化等操作，并针对代码运行进行测试及生成性能分析报告等。

Go SDK 提供了丰富且实用的命令行工具，涵盖编译、代码格式化、源码获取、测试和性能分析等方方面面。虽然功能强大的 GoLand 或其他的集成开发环境可以应对日常的开发、调试、编译等场景，但是在某些特殊的需求中，命令行工具依然发挥着重要的作用。

本章将详细阐述 Go SDK 中较为常用的命令行工具。

11.1 编译命令 go build

go build 命令的作用是编译 Go 源码文件，并生成适用于当前平台的可执行文件。在 1.3 节中，我们曾经使用 go build 命令编译过输出 "Hello，三酷猫！" 字样的 Go 程序。

📖 **说明**

> 使用 go build 命令会生成适用于当前平台的可执行文件，也就是说，若使用 Windows 操作系统，则只能编译适用于 Windows 平台的 exe 文件。其他操作系统以此类推。

使用 go build 命令不仅可以编译自己写的代码，当程序中引用了第三方源码时，这些被引用的源码也会被一同编译。从 Go 1.9 版本开始，就采用并发的模式编译程序了，因此可以充分利用 CPU 的多核计算能力，加速编译效率。

go build 命令的用法非常简单，使用方式如下：

```
go build fileName
```

其中，fileName 表示 Go 源码文件的完整路径。这个路径是可选的。当不存在 fileName 时，Go SDK 会自动搜索当前目录下的 Go 源码文件并编译它们。反之，则只会编译给定路径的 Go 源码文件。这个路径既可以是文件，也可以是目录。当这个路径是目录时，则会编译给定目录下的所有 Go 源码文件；当这个路径是特定的 Go 源码文件时，将只编译这个文件。

此外，fileName 允许是一个或多个路径。比如，当前目录下存在 fileName1.go、fileName2.go 和 fileName3.go 三个 Go 源码文件。若希望只编译前两者，则可以执行如下命令：

```
go build fileName1.go fileName2.go
```

📢 **注意**

> 若给定的路径有空格字符，则使用英文的双引号包裹完整的路径。空格字符将导致 Go SDK 把一个完整的路径当作两个路径处理。

除了上述较为常见的用法，还可以为 go build 命令添加参数，如表 11.1 所示。

表 11.1　go build 命令常用参数及作用

参　数　名	作　　用
-v	编译时显示包名
-p n	指定编译时并发的数量（使用 n 表示），该值默认为 CPU 的逻辑核心数量
-a	强制进行重新构建
-n	仅输出编译时执行的所有命令
-x	执行编译并输出编译时执行的所有命令
-race	开启竞态检测

11.2　清理命令 go clean

go clean 命令的作用是清理所有编译生成的文件，具体包括：

（1）当前目录下生成的与包名或 Go 源码文件名相同的可执行文件，以及当前目录中的_obj 和 _test 目录中名称为_testmain.go、test.out、build.out、a.out 及后缀为.5、.6、.8、.a、.o 和.so 的文件。这些文件通常是执行 go build 命令后生成的。

（2）以当前目录下生成的包名加 ".test" 后缀为名的文件。这些文件通常是执行 go test 命令后生成的。

（3）工作区中 pkg 和 bin 目录的相应归档文件和可执行文件。这些文件通常是执行 go install 命令后生成的。

go clean 命令的使用方式如下：

```
go clean
```

go clean 命令通常用于使用 VCS（版本控制系统，如 Git）的团队，在提交代码前运行，以免将编译时生成的临时文件及编译后生成的可执行文件等错误地提交到代码仓库中。

除了上述较为常见的用法，还可以为 go clean 命令添加参数，如表 11.2 所示。

表 11.2　go clean 命令常用参数及作用

参　数　名	作　　　用
-i	清除关联的安装包和可运行文件，这些文件通常是执行 go install 命令后生成的
-n	仅输出清理时执行的所有命令
-r	递归清除在 import 中引入的包
-x	执行清理并输出清理时执行的所有命令
-cache	清理缓存，这些缓存文件通常是执行 go build 命令后生成的
-testcache	清理测试结果

11.3　运行命令 go run

和 go build 命令类似，执行 go run 命令时也会编译 Go 源码文件，但生成的可执行文件被存放在临时目录中，并自动运行这个可执行文件。当然，程序的工作目录依然是当前目录。

go run 命令的使用方式如下：

```
go run
```

同时，go run 命令允许添加参数，这些参数将作为 Go 程序的可接收参数使用。例如，若要向名称为 main.go 的程序中传入 color 参数，值为 blue，则需要采用如下代码：

```
go run main —color blue
```

这样一来，即可在 main() 函数中获取这个参数。

需要注意的是，go run 命令不适用于编译 Go 源码包。

11.4　代码格式化命令 gofmt

Go 语言提供了完整的代码风格标准，并在 Go SDK 中提供了 gofmt 命令。使用这个命令可以自动将开发者编写的代码按照官方标准进行格式化。

🔊 **注意**

Go SDK 同时提供了 gofmt 和 go fmt 两个命令。这两个命令是不同的，后者是前者的封装。本节主要讲解前者。

gofmt 命令的使用方式如下：

```
gofmt
```

在执行 gofmt 命令时，可以指定要格式化的文件或目录，当然也可以不指定。当不指定时，gofmt 命令会自动搜索当前目录中的 Go 源码文件，并完成格式化操作。

gofmt 命令允许附加参数，常用参数及作用如表 11.3 所示。

表 11.3　gofmt 命令常用参数及作用

参　数　名	作　用
-l	仅输出需要进行代码格式化的源码文件的绝对路径
-w	进行代码格式化，并用改写后的源码覆盖原有源码
-r rule	添加自定义的代码格式化规则（使用 rule 表示），格式为：pattern -> replacement
-s	开启源码简化
-d	对比输出代码在格式化前后的不同，依赖 diff 命令
-e	输出所有的语法错误，默认只会打印每行第 1 个错误，且最多打印 10 个错误
-comments	是否保留代码注释，默认值为 true
-tabwidth n	用于指定代码缩进的空格数量（使用 n 表示），默认值为 8。该参数仅在-tabs 参数为 false 时生效
-tabs	用于指定代码缩进是否使用 tab（"\t"），默认值为 true
-cpuprofile filename	是否开启 CPU 用量分析，需要给定记录文件（使用 filename 表示），分析结果将保存在这个文件中

📖 **说明**

有关源码简化的更多内容及详细规则，请读者参考网络上的资料，这里就不再赘述了。

另外，Go SDK 还提供了 go fmt 命令。go fmt 命令支持两个参数：-n 和-x，分别表示仅输出格式化时执行的命令，以及执行格式化并输出格式化时执行的命令。

11.5 编译并安装命令 go install

从名称上看，install 的意思是"安装"。go install 命令其实就是先完成源码的编译，再将相应的文件存放到约定的目录中。比如：将可执行文件安装到 gopath/bin 目录下，将依赖的三方包安装到 gopath/bin 目录下。需要注意的是，go install 命令生成的可执行文件名默认是包名。

go install 命令的使用方式非常简单，如下所示：

```
go install
```

当然，go install 命令也允许附加参数，且允许的附加参数与 go build 命令允许的一致，读者可以参考表 11.3。

11.6 获取包命令 go get

在实际开发中，一些较为常见的功能，都有对应的较为成熟的源码包，无须开发者再次实现。读者可以在相关网站上找到自己想要的源码包。在每个源码包的详情页，都可以找到这个包的源码仓库地址。使用 go get 命令可以将源码包下载到本地，并将其存放到合适的位置。

go get 命令的使用方法如下：

```
go get remoteUrl
```

其中，remoteUrl 表示源码包的仓库地址。

实际上，执行一次 go get 命令会完成两个步骤，分别是源码的下载及安装。

go get 命令也允许附加参数，常用参数及作用如表 11.4 所示。

表 11.4　go get 命令常用参数及作用

参　数　名	作　　用
-d	仅下载源码包，不安装
-f	与-u 参数一起使用，目的是不验证导入的每个包的获取状态
-fix	在下载源码包后先执行 fix 操作
-t	获取运行测试所需要的包
-u	更新源码包到最新版本
-u=patch	只更新小版本源码包，如从 1.1.0 到 1.1.16
-v	获取并显示实时日志
-insecure	允许通过未加密的 HTTP 方式获取

另外，如果要指定所获取源码包的版本，则可以在源码仓库地址后面添加"@版本号"。例如：

```
go get github.com/ethereum/go-ethereum@v1.10.1
```

📢 **注意**

> 在使用 Go SDK 1.17 时，执行 go get 命令可能会收到警告，也就是说，不建议使用 go get 命令。此时，使用 go install 命令替换 go get 命令即可，原因是在未来的 Go SDK 中，go get 命令的作用等同于 go get -d。

11.7 练习与实验

1. 填空题

（1）在团队合作的项目中，上传代码前最好执行一次_____。

（2）在较新版本的 Go SDK 中，更推荐使用_____命令来获取和安装包。

2. 判断题

（1）gofmt 和 go fmt 命令的作用类似，用法也相同。

（2）在执行 go build 命令后，可以生成当前平台的可执行文件。例如：Windows 平台中会生成 exe 文件。

（3）执行 go build 和 go run 命令都能生成可执行文件。

（4）在未来的 Go SDK 中，go get 命令的作用等同于 go get -d。

3. 实验题

使用命令行而非任何集成开发环境完成一次源码的编译和运行，并将代码上传到 GitHub 中。

第 12 章
数据库操作

Go 语言非常适合用于开发服务器软件，而数据库操作则是几乎所有服务器软件都会涉及的功能。掌握使用 Go 语言操作数据库的技能是学习 Go 语言的必经之路。

随着科技的高速发展，信息量的爆炸式增长，服务器软件面临着前所未有的挑战和机遇，与之紧密联系的数据库引擎也在高速发展之中。除传统的 MySQL、SQL Server 之外，MongoDB、Redis 等新型数据库被广泛运用，旨在为 Web 应用提供可扩展的高性能数据存储解决方案，应对当前的海量信息处理。

另外，Go 语言在高并发方面的优势也使其成为非常适合用于开发服务器软件的编程语言。与此同时，Go 语言与多种数据库的交互也十分方便。

本章将以 MySQL 和 Redis 为例，向读者阐述如何使用 Go 语言进行数据库操作。通过本章的学习，读者不仅可以掌握使用 Go 语言操作上述两种数据库的技能，而且可以做到举一反三。当使用其他类型的数据库时，也能轻松地实现相关业务。

此外，本书第 14 章还将向读者介绍 MongoDB 的安装、配置，以及使用 Go 语言与其交互的技巧。

12.1 MySQL

MySQL 是目前最流行的关系数据库，被广泛应用于各行业的 Web 应用，是较为传统的数据库软件之一。该数据库最初由瑞典的 MySQL AB 公司开发，目前属于 Oracle 公司。从收费的角度来看，MySQL 有两类版本可供选择——免费的社区版及收费的企业版。本书以免费的社区版为例进行讲解，采用的版本为 MySQL 8.0。

本节将逐步介绍 MySQL 的安装和配置，以及使用 Go 语言进行数据库操作的知识，重点在于后者。本节相关示例代码位于 chapter12/mysql/mysql.go 文件中。

12.1.1　MySQL 准备

若要使用 MySQL，则需要先安装它。推荐使用官方的 MySQL Installer 进行一站式 MySQL 软件的安装、配置和更新。

通过浏览器打开 MySQL Installer 下载页面，如图 12.1 所示。

图 12.1　MySQL Installer 下载页面

在图 12.1 中，有两个可供下载的安装文件。较小的安装文件提供了在线安装的选项，要求在接下来的安装过程中，计算机一直保持有效的网络连接。而较大的安装文件集成了所有组件，在接下来的安装过程中无须保持网络连接。读者可以根据自身计算机的配置情况选择合适的版本进行下载，也可以安装某个特定的 MySQL 版本。

📢 **注意**

读者打开的页面可能会显示不同的 MySQL 版本，这是正常的，因为 MySQL 软件会持续更新。按照以往的经验来看，它们的安装和配置过程大同小异，所以读者不必过于担心版本的问题。

本书采用在线安装的方式，下载较小的安装文件并运行，启动 MySQL Installer 安装向导，如图 12.2 所示。

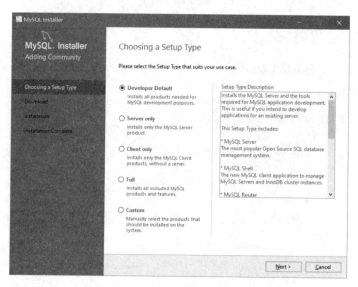

图 12.2　启动 MySQL Installer 安装向导

这里，首先选中最下方的"Custom"单选按钮，然后单击"Next"（下一步）按钮，并在图 12.3 中将左侧列表框中的"MySQL Server 8.0.28-X64"组件添加到右侧列表框中，以自定义安装 MySQL 组件。

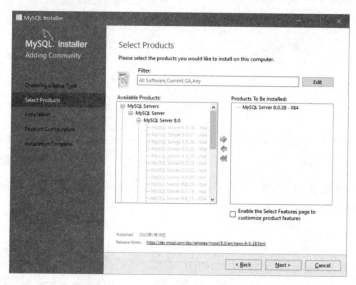

图 12.3　自定义安装 MySQL 组件

在添加完成后，再次单击"Next"按钮，将显示安装概览界面，并列出所有即将安装的组件，这里由于只选择了一个数据库引擎组件，因此列表框中只有一项，如图 12.4 所示。

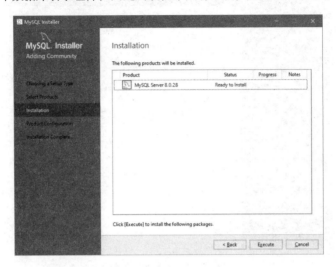

图 12.4　安装概览界面

在确认无误后，单击"Execute"（执行）按钮开始安装。安装过程也是在图 12.4 所示的界面中进行的，并以百分比的形式显示安装进度。MySQL 数据库引擎组件的安装速度非常快，一般不到 1 分钟即可完成。在成功安装后，再次单击"Next"按钮，准备进行软件配置。

与安装类似，在进行配置时，一开始会显示配置概览界面，并列出所有要配置的组件，如图 12.5 所示。

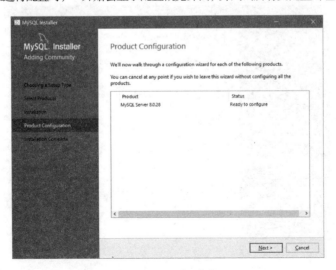

图 12.5　配置概览界面

单击"Next"按钮，开始配置，界面如图 12.6 所示。

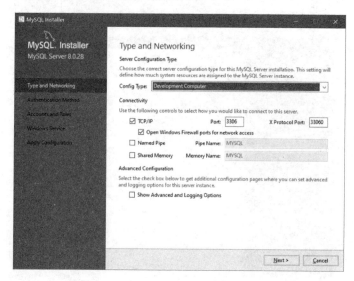

图 12.6　MySQL 配置界面

在通常情况下，为了开发使用，保持默认设置并直接单击"Next"按钮即可。在部署服务器时，才可能会更改其中的某些值。因此，依旧单击"Next"按钮，打开验证方式选择界面。此处有两种验证方式可供选择：上方的选项是官方推荐的方式，即强密码加密，但无法兼容旧版本应用；下方的选项是传统加密方式，保留了对旧版本应用的兼容性。此处选择传统加密方式，界面如图 12.7 所示。

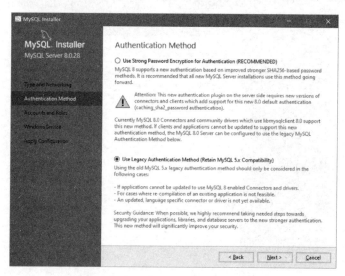

图 12.7　验证方式选择界面

在选好验证方式后，继续单击"Next"按钮，设置 root 账户的密码。因为在读/写数据库之前需要连接数据库，而这个密码将用于连接数据库，所以需要牢牢记住。为了讲解方便，此处将其设置为简单密码"123456"。再次单击"Next"按钮，打开 Windows 后台服务配置界面，依旧保持默认设置即可，如图 12.8 所示。

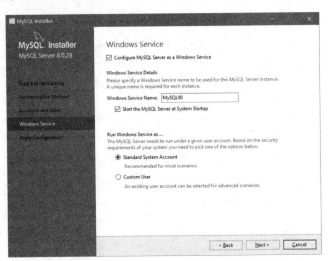

图 12.8　Windows 后台服务配置界面

再次单击"Next"按钮，打开确认配置界面，单击"Execute"按钮，开始配置。在通常情况下，都能很快地完成配置。最后，单击"Finish"（结束）按钮，完成 MySQL 的配置，如图 12.9 所示。

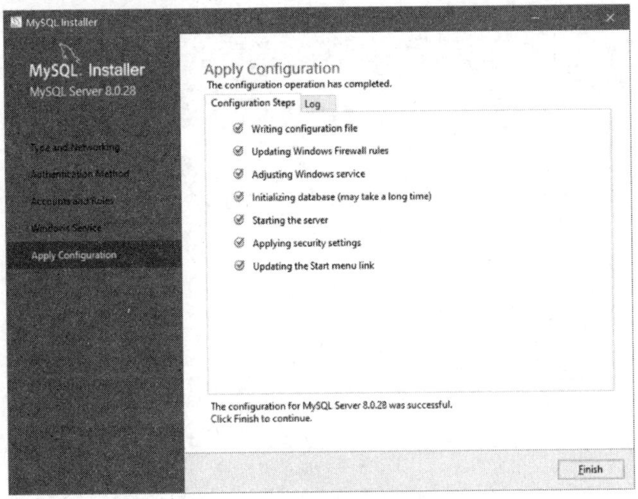

图 12.9　完成配置界面

在正式介绍数据库操作前，需要创建一个数据库。这一步是很有必要的，因为在一台服务器上可能同时运行着多个 Web 应用，而每个应用需要有独立的数据库才能确保应用数据之间的独立性，否则可能造成交叉影响，导致数据损坏。那么，为了接下来的讲解，需要创建专用的数据库。

接下来，创建一个名称为 go_test 的数据库。在安装 MySQL 后，在开始菜单中就能找到名称为 MySQL 8.0 Command Line Client 的程序。启动该程序，屏幕上将出现一个类似于命令行的窗口，并要求输入密码。用户可以通过这个程序使用命令行进行数据库交互。

首先输入密码，这个密码就是在上一节中设置的 root 账户的密码，即 123456，然后按 Enter 键确认。创建数据库的命令如下：

```
create database db_name;
```

create database 表示要创建数据库；db_name 表示数据库的名称；整个命令行以英文的分号结尾。此处要创建名称为 go_test 的数据库，需要执行如下命令：

```
create database go_test;
```

执行上述命令后，数据库就会被创建。接着，使用如下命令：

```
show databases;
```

可以查看已有的数据库，确认 go_test 是否被创建成功。

上述流程可以参考图 12.10。

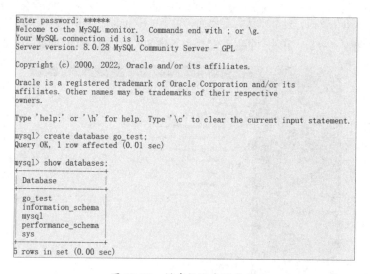

```
Enter password: ******
Welcome to the MySQL monitor.  Commands end with ; or \g.
Your MySQL connection id is 13
Server version: 8.0.28 MySQL Community Server - GPL

Copyright (c) 2000, 2022, Oracle and/or its affiliates.

Oracle is a registered trademark of Oracle Corporation and/or its
affiliates. Other names may be trademarks of their respective
owners.

Type 'help;' or '\h' for help. Type '\c' to clear the current input statement.

mysql> create database go_test;
Query OK, 1 row affected (0.01 sec)

mysql> show databases;
+--------------------+
| Database           |
+--------------------+
| go_test            |
| information_schema |
| mysql              |
| performance_schema |
| sys                |
+--------------------+
5 rows in set (0.00 sec)
```

图 12.10　创建数据库的流程

12.1.2　增删改查（CRUD）操作

本节将介绍如何使用 Go 语言操作 MySQL，具体涉及数据的增删改查，以及创建数据表等行为。

首要任务是获取 mysql 包，只有通过这个包才能使用 Go 语言操作 MySQL。在使用 GoLand 创建项目后，启动集成的命令行视图，输入如下命令：

```
go get -u github.com/go-sql-driver/mysql
```

即可获取 mysql 包。

📖 说明

> 直接执行上述命令，可能会报告连接异常，当发生这种情况时，可以将获取包的代理设置为国内的代理，即可顺利获取包。更改代理的命令如下：
>
> ```
> go env -w GOPROXY=https://goproxy.cn,direct
> ```

接下来，就可以调用 mysql 包中的函数进行数据库操作了。首先来看如何连接数据库。mysql 包中提供了 sql.Open()函数，用来连接 MySQL。该函数需要驱动名和用户名/密码等参数，最终返回 DB 类型值和错误信息。下面的代码演示了如何连接本地 MySQL 中的 go_test 库：

```go
// 连接数据库
db, err := sql.Open("mysql", "root:123456@/go_test")
if err != nil {
    panic(err)
}
db.SetConnMaxLifetime(time.Minute * 3)
db.SetMaxOpenConns(10)
db.SetMaxIdleConns(10)
fmt.Println("连接成功!! ")
```

上述代码非常容易理解，当 err 不为 nil 时，表示连接发生错误，导致程序宕机。db 是 DB 类型的值，增删改查操作都需要通过这个值来完成。在上述代码的末尾，分别设置了保持连接的最长时间、最大的连接数及最大的空闲连接数。运行这段代码，可以看到控制台将输出：

```
连接成功!!
```

然后以名称为 test 的数据表为例，创建数据库。其中包含自增长的 id 字段、字符串型的 name 字段，以及 int 类型的 age 和 gender 字段。它们组合在一起，用来描述一个人的基本信息。

在 mysql 包中，执行一条 SQL 语句可以通过 db.Exec()函数来实现。在创建数据表时，可以采用如下编码：

```go
_, err = db.Exec("CREATE TABLE `test` (" +
    "`id` bigint(20) NOT NULL AUTO_INCREMENT," +
    "`name` varchar(45) DEFAULT ''," +
    "`age` int(11) NOT NULL DEFAULT '0'," +
```

```
    "`gender` tinyint(3) NOT NULL DEFAULT '0'," +
    "PRIMARY KEY (`id`)" +
    ") ENGINE=InnoDB AUTO_INCREMENT=1 DEFAULT CHARSET=utf8;")
if err != nil {
    panic(err)
}
fmt.Println("数据表创建成功")
```

与连接数据库类似，当 test 表被成功创建后，控制台将输出：

数据表创建成功

📖 **说明**

若读者需要验证每一步是否确实被成功地执行，则仍然可以启动 MySQL 8.0 Command Line Client 程序，使用命令行来检索数据库及数据表中的数据，或者安装 MySQL WorkBench，使用可视化的工具检索数据。这部分内容不是本书的重点，所以不在这里展开讲解。

一旦数据表被创建成功，即可增加、删除、修改或查询数据。除查询外，在执行另外 3 种操作时均应先调用 db.Prepare() 函数返回 Stmt 类型的值，再调用 stmtInsert.Exec() 函数获取结果。

下面尝试在 test 表中增加一条数据，示例代码如下：

```
//增加数据
stmtInsert, err := db.Prepare("INSERT INTO test SET name=?,age=?,gender=?")
if err != nil {
    fmt.Println(err)
    return
}
res, err := stmtInsert.Exec("三酷猫", "18", "0")
id, err := res.LastInsertId()
if err != nil {
    panic(err)
}
fmt.Println(id)
```

运行结果如下：

1

在本示例中，stmtInsert 是 Stmt 类型的值。在执行 stmtInsert.Exec() 函数时，传入的参数应当与 SQL 语句中的问号 "?" 一一对应。该函数执行结束后，将返回执行结果，类型为 Result。调用 res.LastInsertId() 函数可以获取最后一条增加的数据的 id 值，类型为 int64。使用 Result 类型还可以调用其中的 RowsAffected() 函数。该函数将返回本次操作的总计数据条目数，类型也是 int64。

下面的代码演示了删除 id 值为 1 的数据。由于 id 值是自增长的，所以此操作只会影响一条数据，具体代码如下：

```
// 删除数据
stmtDelete, err := db.Prepare("DELETE FROM test WHERE id=?")
if err != nil {
    fmt.Println(err)
    return
}
res, err := stmtDelete.Exec("1")
id, err := res.RowsAffected()
if err != nil {
    panic(err)
}
fmt.Println(id)
```

运行结果如下：

```
1
```

"依葫芦画瓢"，再修改一条数据。下面的代码演示了修改 id 值为 2 的数据，将 age 字段的值修改为 24。当然，在修改前，需要确认数据表中确实存在旧数据。所以，之前增加数据的代码片段最好被执行多次，以便有足够的数据用来进行试验。

```
//修改数据
stmtUpdate, err := db.Prepare("UPDATE test SET age=? WHERE id=2")
if err != nil {
    fmt.Println(err)
    return
}
res, err := stmtUpdate.Exec("24")
id, err := res.RowsAffected()
if err != nil {
    panic(err)
}
fmt.Println(id)
```

运行结果如下：

```
1
```

最后，再来看看如何查询数据。

mysql 包提供了两种常用的查询数据的方式，分别是查询一条数据和查询多条数据。下面的代码演示了查询 id 值为 5 的单条数据的结果：

```
// 查询数据
type User struct {
    Name string `db:"name"`
    Id   int    `db:"id"`
    Age  int    `db:"age"`
    Sex  int    `db:"sex"`
}
```

```
var user User
//单行查询
err = db.QueryRow("SELECT * FROM test WHERE id=5").Scan(&user.Id, &user.Name, &user.Age,
&user.Sex)
fmt.Println(user)
```

运行结果如下：

```
{三酷猫 5 18 0}
```

在上述代码中，db.QueryRow()函数的作用就是查询单条数据。另一方面，使用 db.Query()函数可实现查询符合条件的结果集。下面的代码演示了查询 age 字段的值为 18 的结果集：

```
//结果集查询
rows, e := db.Query("SELECT * FROM test WHERE age = 18")
if e != nil {
    panic(e)
}
for rows.Next() {
    e := rows.Scan(&user.Id, &user.Name, &user.Age, &user.Sex)
    if e != nil {
        panic(e)
    }
    fmt.Println(user)
}
err = rows.Close()
if err != nil {
    panic(err)
}
```

运行结果如下：

```
{三酷猫 3 18 0}
{三酷猫 4 18 0}
{三酷猫 5 18 0}
```

在执行查询的过程中，无论查询的是单条数据还是多条数据的结果集，都是通过 rows 类型的 Scan()函数将数据值写入某个结构体中的。另外，对于结果集的查询，不要忘了在末尾执行 rows.Close()函数以关闭查询。

12.1.3 事务（Transaction）操作

数据库中的事务操作是一种特殊的操作机制，包含了一组数据库操作命令。事务将所有的命令当作一个整体来向系统提交或撤销操作请求，即这一组数据库命令要么都被执行，要么都不被执行，因此事务是一个不可分割的工作逻辑单元。

在数据库系统上执行并发操作时，事务是作为最小的控制单元来使用的，特别适用于多用户同时操作的数据库系统。在实际开发中,银行、证券交易、机票/火车票订购等场景中通常都会使用数据库的事务操作。它具有 4 个特性,分别是原子性、一致性、隔离性和持久性,这 4 种特性又被简称为 ACID。

在 Go 语言中,实现事务操作非常简单,只需 3 个步骤即可完成。首先是开启事务,可以通过调用 db.Begin()函数来执行,该函数最终将返回 Tx 类型值和 error 类型的错误信息。然后是编写真正的数据库操作命令。最后是通过第一步获得的 Tx 类型值调用 Commit()函数,将整组数据库操作提交。下面的代码演示了在数据库中批量增加 5000 条数据的事务操作:

```
//增加5000条数据
tx, err := db.Begin()
if err != nil {
    panic(err)
}
//事务中要执行的具体操作
i := 0
for i < 5000 {
    stmtTransaction, err := db.Prepare("INSERT INTO test SET name=?,age=?,gender=?")
    if err != nil {
        panic(err)
    }
    //设置参数及执行SQL语句
    _, err = stmtTransaction.Exec("三酷猫", "18", "0")
    if err != nil {
        panic(err)
    }
    i++
}
//提交事务
err = tx.Commit()
if err != nil {
    panic(err)
}
```

在运行程序后,若控制台没有任何输出,则表示成功完成事务操作。

12.2 Redis

Redis 是一个内存型数据库,与传统的数据库相比,其最大的特点为数据的读/写过程运行在内存中,同时可以将数据持久化到硬盘上,因此具有十分优异的性能。Redis 具有字符串(STRING)、列表(LIST)、集合(SET)、有序集合(ZSET)和散列表(HASH)5 种数据类型,具备对日常业务中的复杂数据进行抽象描述的功能。Redis 还支持数据分片功能，可以在服务器集群上构建具有高吞吐量和高并发处理能力的系统，从而很好地服务于互联网企业的海量数据业务。

12.2.1 Redis 准备

由于 Redis 官方不建议在 Windows 下使用 Redis，所以在 Redis 官网中没有 Windows 版本可供下载。但是读者可以下载由微软团队维护的 Windows 版本的 Redis，本书建议读者下载图 12.11 所示的 "Redis-x64-3.2.100.zip" 安装包，该版本对于普通测试来说足够了。

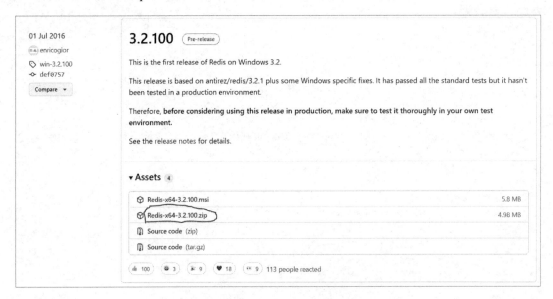

图 12.11　由微软团队维护的 Windows 版本的 Redis

读者将下载好的 ZIP 格式的 Redis 安装包解压缩至合适位置，并在解压缩后的目录下新建一个名称为 dump 的文件夹，用于存储数据。使用记事本或其他文本编辑器打开如图 12.12 所示的 redis.windows.conf 配置文件，在大约 239 行处将 "dir ./" 修改为 "dir ./dump/"，产生的效果为将 Redis 数据文件存储在 Redis 解压缩根目录下的 dump 文件夹内，如图 12.13 所示；在 redis.windows.conf 配置文件的大约 445 行处添加 "requirepass gopher2020" 内容，产生的效果为登录 Redis 需要的密码为 gopher2020，如图 12.14 所示。对于具体的密码值，读者可以根据自身情况进行修改。读者也可以将本书提供的配置好的 Redis 包解压缩后直接使用，即随书提供的 redis.zip 文件。

至此，Redis 配置完成。

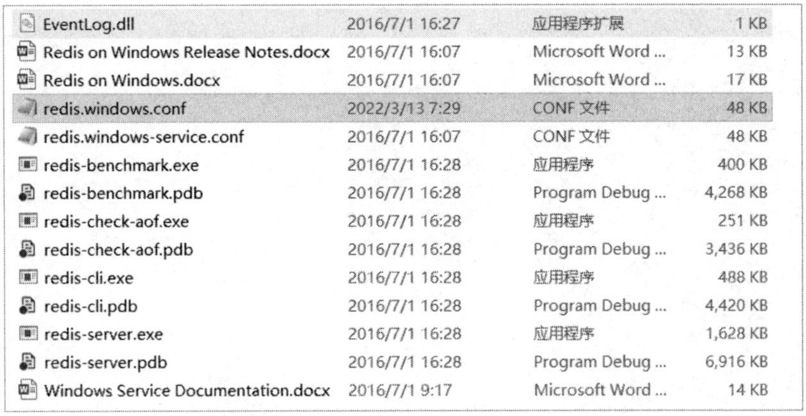

EventLog.dll	2016/7/1 16:27	应用程序扩展	1 KB
Redis on Windows Release Notes.docx	2016/7/1 16:07	Microsoft Word ...	13 KB
Redis on Windows.docx	2016/7/1 16:07	Microsoft Word ...	17 KB
redis.windows.conf	2022/3/13 7:29	CONF 文件	48 KB
redis.windows-service.conf	2016/7/1 16:07	CONF 文件	48 KB
redis-benchmark.exe	2016/7/1 16:28	应用程序	400 KB
redis-benchmark.pdb	2016/7/1 16:28	Program Debug ...	4,268 KB
redis-check-aof.exe	2016/7/1 16:28	应用程序	251 KB
redis-check-aof.pdb	2016/7/1 16:28	Program Debug ...	3,436 KB
redis-cli.exe	2016/7/1 16:28	应用程序	488 KB
redis-cli.pdb	2016/7/1 16:28	Program Debug ...	4,420 KB
redis-server.exe	2016/7/1 16:28	应用程序	1,628 KB
redis-server.pdb	2016/7/1 16:28	Program Debug ...	6,916 KB
Windows Service Documentation.docx	2016/7/1 9:17	Microsoft Word ...	14 KB

图 12.12　redis.windows.conf 配置文件

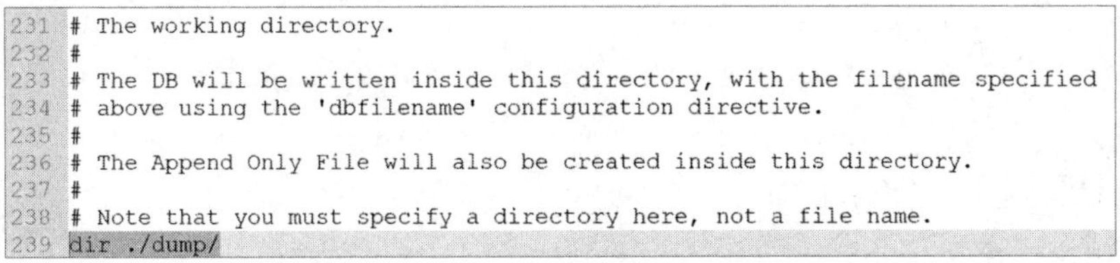

```
231  # The working directory.
232  #
233  # The DB will be written inside this directory, with the filename specified
234  # above using the 'dbfilename' configuration directive.
235  #
236  # The Append Only File will also be created inside this directory.
237  #
238  # Note that you must specify a directory here, not a file name.
239  dir ./dump/
```

图 12.13　修改 Redis 数据文件的存储目录

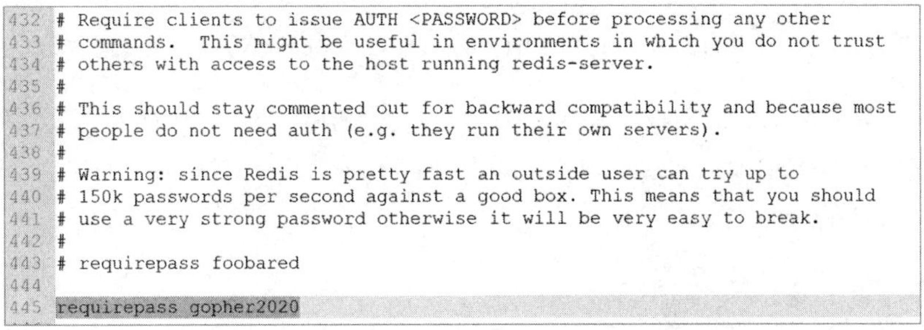

```
432  # Require clients to issue AUTH <PASSWORD> before processing any other
433  # commands.  This might be useful in environments in which you do not trust
434  # others with access to the host running redis-server.
435  #
436  # This should stay commented out for backward compatibility and because most
437  # people do not need auth (e.g. they run their own servers).
438  #
439  # Warning: since Redis is pretty fast an outside user can try up to
440  # 150k passwords per second against a good box. This means that you should
441  # use a very strong password otherwise it will be very easy to break.
442  #
443  # requirepass foobared
444
445  requirepass gopher2020
```

图 12.14　修改 Redis 的登录密码为 gopher2020

　　在完成上述步骤后，按 Windows+R 快捷键，打开 Windows 的"命令提示符"窗口，通过 cd 命令切换到 Redis 的安装目录，输入"redis-server.exe redis.windows.conf"，启动 Redis 服务器端程序。redis.windows.conf 参数就是之前修改的配置文件名称，顺利启动后如图 12.15 所示。不要关闭上述窗口，再打开一个 Windows 的"命令提示符"窗口，通过 cd 命令切换到 Redis 的安装目录，输入"redis-cli -h 127.0.0.1 -p 6379 -a gopher2020"，启动 Redis 客户端程序。在顺利启动后，会产生如图 12.16 所示的输出。

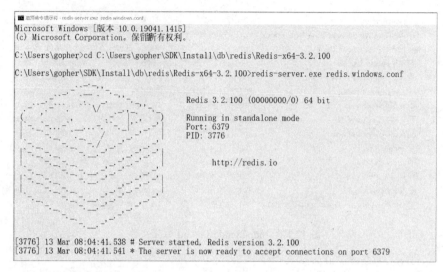

图 12.15　利用 CMD 程序顺利启动 Redis 服务器端

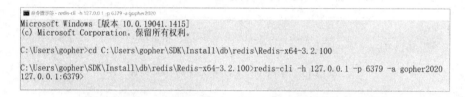

图 12.16　利用 CMD 程序顺利启动 Redis 客户端

在图 12.16 所示的窗口中，输入"set foo 1"，命令行会输出"OK"，这条命令的含义是将字符串型变量 foo 赋值为 1。接着输入"save"以存储刚才的字符串型的键-值对，命令行同样会输出"OK"。上述输出结果如图 12.17 所示。

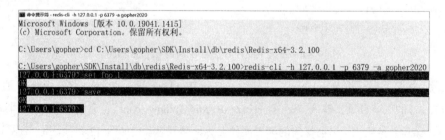

图 12.17　利用 redis-cli 程序与 Redis 服务器端程序交互

在上述操作完成后，会在 dump 文件夹下生成 dump.rdb 文件。这个文件就是存储了 Redis 中数据的文件，如图 12.18 所示。

图 12.18　dump 文件夹下生成的 dump.rdb 文件

12.2.2　Redis 数据类型

通过上一节的学习，读者对 Redis 应当有了简单的认识。下面详细介绍一下 Redis 中的数据类型和基本操作命令，如表 12.1 所示。需要注意的是，在 redis-cli 程序中输入相应命令时，命令本身是不区分大小写的。

表 12.1　修改值的常用函数

数 据 类 型	具 体 含 义	基本操作命令
STRING	字符串型键-值对，值可以为字符串、整数或浮点数	GET 命令通过查询键名来获取值 SET 命令为某个 STRING 类型的键设置值 DEL 命令根据键名删除该键-值对
LIST	双向链表结构，可以从两端进行插入和删除	LPUSH 命令从左端向列表中插入值 RPUSH 命令从右端向列表中插入值 LPOP 命令从列表左端删除并返回值 RPOP 命令从列表右端删除并返回值 LINDEX 命令根据索引获取列表在指定位置处的值 LRANGE 命令获取列表在给定范围内的值
SET	集合中存储了一个或多个彼此不同的字符串	SADD 命令将指定键的字符串名称插入集合 SMEMBERS 命令返回集合中所有键的字符串 SISMEMBER 命令判断给定的字符串型键值是否属于集合 SREM 命令根据给定的字符串删除相应的键，若成功删除，则返回 1；若不存在该键，则返回空
ZSET	与 SET 类型类似，除了每个字符串之间互不相同，每个字符串还具有一个可用于排序的分值	ZADD 命令将用于排序的分值和相应的键名添加到集合中 ZRANGE 命令根据给定的分值范围返回多个对应的键 ZREM 命令根据键名删除集合中的键。如果不存在，则返回空，否则返回 1

续表

数 据 类 型	具 体 含 义	基 本 操 作 命 令
HASH	类似于 Go 语言中的结构体，每个字段名称为一个字符串的 Key，对应一个可以为字符串的 Value	HSET 命令为给定的散列表添加字段和值 HGET 命令获取散列表中给定字段名称的值 HGETALL 命令获取散列表中所有的键-值对 HDEL 命令根据给定的字符串型键名删除散列表中的字段和值，若不存在，则返回空

为了熟悉和理解表 12.1 中的相关内容，下一节将通过 Redis 的 Go 语言驱动包 redisgo 来操作 Redis。

12.2.3　使用 Go 语言对 Redis 进行操作

本节将使用 Go 语言对 Redis 进行操作。新建一个项目，在 GoLand 的命令行中输入"go mod init GoBook/code/chapter12-redis"，进行项目初始化，如图 12.19 所示。读者也可以根据个人情况调整项目的名称。

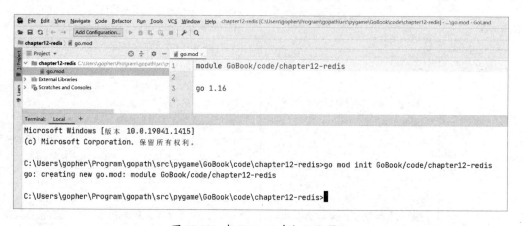

图 12.19　在 GoLand 中初始化项目

在项目根目录中新建 db 文件夹，并在其中新建 conn.go 文件。Redis 默认提供了 index 值为 0～15 的共计 16 个数据集，默认使用 index 值为 0 的数据集，同时每一个数据集用于存储不同使用范围的数据，且不同数据集之间的数据不互通。如果需要切换使用的数据集，如切换到 index 值为 3 的数据集，则可以在图 12.16 所示的客户端程序的命令行中输入"select 3"，即可从当前数据集切换到 index 值为 3 的数据集。conn.go 文件的主要内容如下：

```go
package db

import (
    "fmt"
```

```go
        "github.com/gomodule/redigo/redis"
        "log"
        "strconv"
)

//输入协议名称、IP 地址、端口号、密码，以及使用哪个 index 值的数据集
func RedisConnect(protocol, ip, pwd string, port, userInfoIndex int) {
    //为 Redis 的拨号连接传入密码 pwd
    options := redis.DialPassword(pwd)
    //对 Redis 进行拨号，获取 Redis 连接对象
    conn, err := redis.Dial(protocol, ip+":"+strconv.Itoa(port), options)
    //在使用完成后，关闭 Redis 连接
    defer func() {
        if err = conn.Close(); err != nil {
            log.Println("close error:", err)
        }
    }()
    if err != nil {
        log.Println("dial error:", err)
        return
    }

    //每一个具体的 Redis 操作，本质上都是调用 Do()方法并传入相应的参数
    //切换到需要操作的 Redis 数据集，获取响应结果
    reply, err := conn.Do("select", userInfoIndex)
    if err != nil {
        log.Println("select error:", err)
        return
    }
    fmt.Println("select reply=", reply)
    //为字符串型变量 bar 设置值为 “3”
    //redis.String()方法用于将返回结果直接转换为 Go 语言的 string 类型，类似的还有
    //redis.Float64(),redis.Int()等方法
    reply, err = redis.String(conn.Do("set", "bar", "3"))
    if err != nil {
        log.Println("set error:", err)
        return
    }
    fmt.Println("set reply=", reply)
    //获取 bar 的值为 “3”
    reply, err = redis.String(conn.Do("get", "bar"))
    if err != nil {
        log.Println("get error:", err)
        return
    }
    fmt.Println("get reply=", reply)

    //为列表变量 list1 从右端添加 “0” 这个元素
```

```go
reply, err = redis.Int64(conn.Do("rpush", "list1", "777"))
if err != nil {
    log.Println("rpush error:", err)
    return
}
fmt.Println("rpush reply=", reply)

//获取 list1 的第 1 个元素
reply, err = redis.String(conn.Do("lindex", "list1", "0"))
if err != nil {
    log.Println("lrange error:", err)
    return
}
fmt.Println("lrange reply=", reply)

//为集合变量 set1 添加 "tom"
reply, err = redis.Int64(conn.Do("sadd", "set1", "tom"))
if err != nil {
    log.Println("sadd error:", err)
    return
}
fmt.Println("sadd reply=", reply)

//获取 set1 中所有元素对应的字节切片数组
replyBytes, err := redis.ByteSlices(conn.Do("smembers", "set1"))
if err != nil {
    log.Println("smembers error:", err)
    return
}
//将 set1 中所有元素对应的字节切片数组中的第 1 个元素转换为字符串
fmt.Println("smembers reply=", string(replyBytes[0]))

//为有序集合变量 zset1 添加分值为 500 的元素 ele1
reply, err = redis.Int64(conn.Do("zadd", "zset1", "500", "ele1"))
if err != nil {
    log.Println("zadd error:", err)
    return
}
fmt.Println("zadd reply=", reply)

//获取 zset1 中的所有元素和分值
replyBytes, err = redis.ByteSlices(conn.Do("zrange", "zset1", "0","-1",
"withscores"))
if err != nil {
    log.Println("zrange error:", err)
    return
}
//将 zset1 中所有元素对应的字节切片数组中的第 1 个元素转换为字符串
```

```
fmt.Println("zrange 操作的元素名称为: ", string(replyBytes[0]),"\nzrange 操作的元素的
分值为: ",string(replyBytes[1]))

    //为散列表变量 hash1 添加 name 字段,值为 Tom
    reply, err = redis.Int64(conn.Do("hset", "hash1", "name","Tom"))
    if err != nil {
        log.Println("hset error:", err)
        return
    }
    fmt.Println("hset reply:",reply)

    //获取 hash1 中的第 1 个字段和值
    replyBytes, err = redis.ByteSlices(conn.Do("hgetall", "hash1"))
    if err != nil {
        log.Println("hset error:", err)
        return
    }
    fmt.Println("hset 获取的字段名称为:",string(replyBytes[0]),"\nhset 获取的字段值
为:",string(replyBytes[1]))
}
```

从上述代码可以看出,在给 Redis 的驱动程序传入协议名称和参数后,每一个对 Redis 的操作都是在不停地调用 Redis 连接对象 conn 的 Do()方法,在获取响应结果后,需要根据返回数据类型的不同,进行数据类型的转换。

读者在阅读并理解上述代码后,可以尝试使用表 12.1 中的其他命令进行操作。

在 main()函数中使用 RedisConnect()函数,仅需要一行代码即可进行调用。示例代码如下:

```
package main

import "GoBook/code/chapter12-redis/db"

func main() {
    db.RedisConnect("tcp", "127.0.0.1", "gopher2020", 6379, 0)
}
```

12.3　练习与实验

1. 填空题

(1)从数据库的分类上看,MySQL、SQL Server 等属于_____,Redis 等属于_____。

(2)Redis 的数据类型有 5 种,分别是_____、_____、_____、_____和_____。

（3）如果想要将一组数据库操作命令当作一个整体来向系统提交或撤销操作请求，则应该使用 _____ 处理方式。

（4）数据库事务操作的特性是 _____、_____、_____ 和 _____。

2. 判断题

（1）MySQL 属于内存数据库，Redis 属于关系数据库。

（2）不同的业务场景应考虑使用不同的数据库引擎，以实现最优运行体验。

（3）在使用 MySQL 进行查询操作时，通常只能返回一条数据。若要查询多条数据，则需要反复执行查询操作。

3. 实验题

（1）访问和风天气网站，注册为开发者用户，按照网站上的文档实现定期的天气查询操作，并将结果存放在 MySQL 中。

（2）使用表 12.1 中的命令对 Redis 进行操作，需要注意的是相关的数据类型转换。

第 2 部分

在学习一门编程语言时，掌握了基础的语法之后，就需要进行项目实战，以便在实战中更好地掌握这门语言。因此，本书的第 2 部分通过 3 个具有实际应用背景的实战项目，为读者提供了一些软件开发过程中的经验和方法，乃至方法论。在项目实战中发现问题，加深对 Go 语言编程思想的理解，对提升 Go 语言入门开发者的技术水平具有积极意义。下面对第 2 部分从易到难提供的 3 个 Go 语言实战项目进行简要介绍。

第 13 章，开发矩阵计算库

通过自己动手实现向量的点乘和叉乘、矩阵的转置和乘法等运算，读者可以加深对 Go 语言使用类型和方法实现面向对象编程的巧妙设计的理解，同时掌握它。通过该实战项目，读者可以复习和巩固线性代数相关知识，了解使用 Go 语言开发一个项目的基本思路和项目文件结构。

第 14 章，STL 文件解析和 MongoDB 存储

STL 格式的三维模型文件被广泛应用于当今 3D 打印和三维渲染等场景，具有 ASCII 和二进制两种编码格式。由于以二进制编码格式存储的 STL 文件体积更小，因此其实际应用更为广泛。本项目利用 Go 语言的标准库 binary 来读取和解析 STL 文件中的三角面元信息，并利用 MongoDB 对解析的 STL 文件数据进行存储，同时构建 HTTP 服务器和相应的功能路由，使读者熟悉和初步掌握 Go 语言原生 HTTP 标准库用法，感受 Go 语言在 Web 后台开发上的强大能力。

第 15 章，开发文件加密和解密程序

为了掌握 Go 语言中读/写文件的方法，复习和了解计算机在文件存储中的基本概念，以及使用 Go 语言计算文件散列值（哈希值）的方法，本项目基于混淆和构造随机的字节映射表的方式，实现文件的加密，以及相应的解密程序，同时开发一个计算文件散列值的校验程序，用于校验文件加密和解密过程的正确性。

Go 语言项目实战

第 **13** 章
开发矩阵计算库

代码承载的是技术，开发人员具备扎实的数学基本功，可以让代码更好地承载技术。

"线性代数"是大学阶段的一门数学基础课，在工程实践中被广泛应用。例如，在计算机图形学中，四维矩阵常用于对三维物体的空间位置和旋转角度进行变换；在流体力学和固体力学中，向量（形式上是矩阵）常用于表示应力–应变关系，等等。利用矩阵和向量表示的数学表达式，往往具有更简洁的形式。使用 Python 进行过科学计算的读者大多应当听说过大名鼎鼎的矩阵计算库 NumPy，那么，我们是否可以亲自动手开发一个矩阵计算库呢？本章我们计划使用 Go 语言来亲自动手编写一个简单的矩阵计算库。该计算库具备基本的向量和矩阵运算功能，并且可以进行单元测试（Unit Test）和性能基准测试（Benchmark Test），同时给出在其他项目中引用该计算库的方法。

13.1 线性代数基础与项目功能设计

实现具体的业务，往往离不开业务背后的领域知识。本节我们首先回顾在"线性代数"课程中学习到的向量和矩阵的基本概念及运算规则，然后进行项目功能设计。

13.1.1 线性代数知识的简单回顾

首先简单回顾在"线性代数"课程中学到的基础知识。考虑到一般的工程应用场景，这里假定我们研究的向量和矩阵中的分量与元素都是实数，且对应 Go 语言的数据类型都是 64 位浮点型（float64）。

（1）向量由一组有序的实数序列构成。二维向量可以表示 XY 平面上的点，如（3.2，4.6）表示

XY 平面上 *X* 坐标为 3.2、*Y* 坐标为 4.6 的点。三维向量可以表示由正交的 *X*、*Y*、*Z* 轴构成的三维空间中的点，如（7.2，3.4，8.7）表示三维空间中 *X* 坐标为 7.2、*Y* 坐标为 3.4、*Z* 坐标为 8.7 的点。

（2）向量可以有行向量和列向量两种形式，如三维列向量 $\begin{bmatrix} 7.65 \\ 3.47 \\ 6.25 \end{bmatrix}$，三维行向量 $\begin{bmatrix} 1.45 & 9.78 & 4.21 \end{bmatrix}$。

（3）向量支持加法和减法运算，对于形状完全一致的两个向量，如三维行向量 $X = \begin{bmatrix} x_1 & x_2 & x_3 \end{bmatrix}$ 和 $Y = \begin{bmatrix} y_1 & y_2 & y_3 \end{bmatrix}$，其中 x_1、x_2、x_3 分别为 *X* 的 3 个分量，y_1、y_2、y_3 分别为 *Y* 的 3 个分量，那么

$$X + Y = \begin{bmatrix} x_1 + y_1 & x_2 + y_2 & x_3 + y_3 \end{bmatrix}$$

$$X - Y = \begin{bmatrix} x_1 - y_1 & x_2 - y_2 & x_3 - y_3 \end{bmatrix}$$

（4）向量的乘法运算有点乘（dot）和叉乘（cross）两种类型。假设有两个三维行向量 $X = \begin{bmatrix} x_1 & x_2 & x_3 \end{bmatrix}$ 和 $Y = \begin{bmatrix} y_1 & y_2 & y_3 \end{bmatrix}$。

点乘运算为 $X \cdot Y = \begin{bmatrix} x_1 y_1 & x_2 y_2 & x_3 y_3 \end{bmatrix}$，即 *X* 和 *Y* 的各个分量分别相乘。

叉乘运算为 $X \times Y = \begin{bmatrix} x_2 y_3 - x_3 y_2 & x_3 y_1 - x_1 y_3 & x_1 y_2 - x_2 y_1 \end{bmatrix}$。

（5）向量具有长度，其长度又称为向量的模。

如 $X = \begin{bmatrix} x_1 & x_2 & x_3 \end{bmatrix}$ 的模记为 $|X| = \sqrt{x_1^2 + x_2^2 + x_3^2}$，即对向量 *X* 各个分量的平方和开根号。

（6）矩阵由行和列元素构成，如由 *m* 行和 *n* 列构成的矩阵可表示为 $m \times n$ 矩阵。如 2×3 的矩阵 $A = \begin{bmatrix} 6.32 & 7.85 & 4.22 \\ 3.58 & 6.99 & 7.45 \end{bmatrix}$。

（7）两个矩阵的加法和减法运算规则与向量类似，要求两个矩阵的形状（即行数和列数）必须一致。

如两个 2×3 的矩阵 $A = \begin{bmatrix} a_{11} & a_{12} & a_{13} \\ a_{21} & a_{22} & a_{23} \end{bmatrix}$ 和 $B = \begin{bmatrix} b_{11} & b_{12} & b_{13} \\ b_{21} & b_{22} & b_{23} \end{bmatrix}$ 相加，矩阵元素下标中的两个数字依次表示该元素所在的行数和列数，则

$$A + B = \begin{bmatrix} a_{11} + b_{11} & a_{12} + b_{12} & a_{13} + b_{13} \\ a_{21} + b_{21} & a_{22} + b_{22} & a_{23} + b_{23} \end{bmatrix}$$

$$A - B = \begin{bmatrix} a_{11} - b_{11} & a_{12} - b_{12} & a_{13} - b_{13} \\ a_{21} - b_{21} & a_{22} - b_{22} & a_{23} - b_{23} \end{bmatrix}$$

（8）两个矩阵的乘法运算不满足交换律，在计算矩阵 $A \times B$ 时，要求 *A* 的列数必须等于 *B* 的行

数，并将对应的行列元素相乘之后求和，从而得到计算结果。

如两个矩阵 $A = \begin{bmatrix} a_{11} & a_{12} & a_{13} \\ a_{21} & a_{22} & a_{23} \end{bmatrix}$ 和 $B = \begin{bmatrix} b_{11} & b_{12} \\ b_{21} & b_{22} \\ b_{31} & b_{32} \end{bmatrix}$ 相乘，则

$$A \times B = \begin{bmatrix} a_{11}b_{11} + a_{12}b_{21} + a_{13}b_{31} & a_{11}b_{12} + a_{12}b_{22} + a_{13}b_{32} \\ a_{21}b_{11} + a_{22}b_{21} + a_{23}b_{31} & a_{21}b_{12} + a_{22}b_{22} + a_{23}b_{32} \end{bmatrix}$$

（9）向量和矩阵都支持转置（Transpose）操作，即行元素和列元素的位置互换。

如有向量 $X = \begin{bmatrix} x_1 & x_2 & x_3 \end{bmatrix}$，则向量 X 的转置记为 $X^{\mathrm{T}} = \begin{bmatrix} x_1 \\ x_2 \\ x_3 \end{bmatrix}$。

如有矩阵 $A = \begin{bmatrix} a_{11} & a_{12} & a_{13} \\ a_{21} & a_{22} & a_{23} \end{bmatrix}$，则矩阵 A 的转置记为 $A^{\mathrm{T}} = \begin{bmatrix} a_{11} & a_{21} \\ a_{12} & a_{22} \\ a_{13} & a_{23} \end{bmatrix}$。

（10）向量和矩阵都支持标量乘法运算，即与一个标量相乘时，每一个向量分量或矩阵元素均需与该标量相乘，得到的向量或矩阵与原来的向量或矩阵的形状一致。

如有向量 $X = \begin{bmatrix} x_1 & x_2 & x_3 \end{bmatrix}$，则向量 X 与标量 c 相乘的结果记为 $cX = \begin{bmatrix} cx_1 & cx_2 & cx_3 \end{bmatrix}$。

如有矩阵 $A = \begin{bmatrix} a_{11} & a_{12} & a_{13} \\ a_{21} & a_{22} & a_{23} \end{bmatrix}$，则矩阵 A 与标量 c 相乘的结果记为 $cA = \begin{bmatrix} ca_{11} & ca_{12} & ca_{13} \\ ca_{21} & ca_{22} & ca_{23} \end{bmatrix}$。

13.1.2 项目功能设计

根据 13.1 节开头的项目构想，以及 13.1.1 节对线性代数基础知识的回顾，我们准备通过本项目的开发实践来实现如下目标。

（1）具备基本的定义向量和矩阵类型的功能，具备向量和矩阵的初始化方法（或称为构造方法）。

（2）基于 Go 语言的"鸭子类型"（Duck Type）实现面向对象的特点，为特定类型的向量和矩阵开发对应的方法，从而实现矩阵和向量的计算功能，同时编写相应的单元测试和性能基准测试代码。

（3）新建一个空项目，给出该空项目调用所开发的矩阵计算库的具体步骤和方法。

针对以上 3 个核心功能，从下一节开始，我们将从项目初始化开始一步步地介绍如何构建一个完整的 Go 语言项目，并穿插讲解"鸭子类型"的核心思想，以便读者更好地体会 Go 语言的编程思想。

13.2　项目初始化与"鸭子类型"

本节进行项目初始化和项目核心的 matrix 包的开发，首先使用 go mod 相关命令初始化项目，然后新建 matrix 包中的相关文件。

13.2.1　初始化项目

首先打开 GoLand，新建合适的项目路径，然后在 GoLand 的 Terminal 命令行窗口中输入"go mod init GoBook/code/chapter13"命令，从而启用 gomod 模式并初始化项目。其中，项目的名称为 GoBook/code/chapter13，读者可以根据自己的喜好改用其他名称。单击工具栏中的刷新按钮，会出现如图 13.1 所示的 go.mod 文件。细心的读者会发现，在 GoLand 的命令行工具 Terminal 中提示"go: to add module requirements and sums: go mod tidy"，意思是"输入 go mod tidy 命令可以创建 go.sum 文件"。go.sum 文件是用来记录项目使用的第三方依赖包名称、版本和散列值的文件。本项目使用 Go 语言标准库，可以不用 go.sum 文件，因此我们暂时不必理会这个文件。

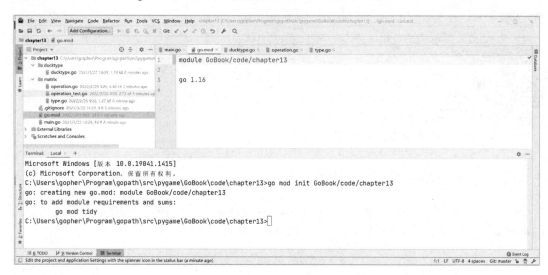

图 13.1　go.mod 文件

新建 main.go 文件，并编写一个空的 init()函数和 main()函数。该文件内容如下：

```
package main

//初始化函数，在项目启动时，各种初始化变量的操作都被放在 init()函数中
func init() {
```

```
}

func main() {

}
```

在项目根目录下新建 matrix 文件夹，并使其作为矩阵运算库的类型定义包和矩阵运算包。在 GoLand 中右击 matrix 文件夹，新建 type.go、operation.go 和 operation_test.go 三个空文件，分别用于定义向量和矩阵数据的类型、定义对向量和矩阵的操作，以及定义对向量和矩阵的测试。至此，项目的基本结构就搭建好了。

13.2.2　定义 matrix 包的数据类型

在 GoLand 中双击 type.go 文件，首先定义向量和矩阵的数据类型。考虑到常见的应用场景，参考在 Python 的 NumPy 库中选取矩阵元素时"先行后列"的原则，我们定义基于 Go 语言切片的不定长度的行向量 RowVector 和不定长度的列向量 ColumnVector。其中，我们使用具有两个索引维度的切片来定义列向量 ColumnVector。另外，我们使用具有两个索引维度的切片来定义矩阵 Matrix。示例代码如下：

```
//包名为 matrix，在 Go 语言项目中，包名与所在文件夹的名称保持一致，有利于项目的维护和管理
package matrix

type RowVector []float64          //不定长度的行向量
type ColumnVector [][1]float64    //不定长度的列向量
type Matrix [][]float64           //矩阵
```

至此，matrix 包中的基本数据类型定义完毕。

13.2.3　面向对象与 Go 语言中的"鸭子类型"

有了矩阵计算库的基本数据类型，如何定义诸如向量点乘和矩阵乘法等操作呢？首先思考一个问题：对于向量和矩阵，如何优雅地构建各种运算呢？

在软件工程领域，面向对象编程是一套非常重要的指导软件工程项目开发过程的方法论。无数工程实践的成功有力地印证了面向对象编程方法论的成功。传统的面向对象编程语言，如 Java 认为"世间万物，一切皆对象"。学习过 Java 和 Python 等支持面向对象编程的语言的读者一定非常熟悉，在这类编程语言中，class 关键字用来定义具体业务中的对象，也就是类。不同的类，即不同的 class 具有不同的属性和方法。类可以支持封装、继承和多态 3 种特征：封装是指不同的类只对外暴露公开的属性和方法；继承是指类可以有父类和子类，子类除了继承父类的属性和方法，还可以拥有自

己的属性和方法；多态是指继承自同一个父类的不同子类，会具有自己独有的属性和方法。而 Go 语言中并没有 class 关键字，那么，Go 语言能不能实现面向对象编程呢？如果可以，它又是如何实现面向对象编程的呢？

学过 Python 的读者或许听说过，有一种被称为"鸭子类型"（Duck Type）的对象定义方法。Go 语言正是通过"鸭子类型"来实现面向对象编程的。所谓"鸭子类型"是指：如果一种动物叫起来像鸭子，走起来像鸭子，在水里游起来像鸭子，符合我们日常印象中对鸭子的主要认知特征，那么本着实用主义的原则，我们可以认为这种动物就是鸭子。这种动物在生物学上的严格分类，对我们针对这种动物的直观感受而言，并不重要。

"鸭子类型"的核心思想是抓住事物的关键性特征对其进行描述，而不是预先规定好严格的特征模板（也就是 class）。"鸭子类型"相比传统的 class 定义方法而言，更符合人的直观感受。

以上内容或许有些抽象，这里通过一个简单的例子来讲解 Go 语言中的"鸭子类型"。示例代码如下：

```
package ducktype

import "fmt"

//定义一个接口 interface，抽象出鸭子的 3 种重要行为：叫喊、行走、游泳
type DuckType interface {
    Shout()
    Walk(road string)
    Swim(river string)
}
```

接下来通过 Go 语言的结构体类型定义鸭子的属性，通过结构体类型的方法定义鸭子的行为，让这些行为定义与 DuckType 接口中的定义保持一致，即让方法的输入参数和输出参数的数据类型与位置保持一致，代码如下：

```
//通过结构体类型定义鸭子的属性
type Duck struct {
    Name    string
    Weight  float64
}

//通过结构体类型的方法定义鸭子的 3 种行为
//注意 Go 语言中的方法，将类型变量写在 func 关键字之前。类型变量使用字母简写形式
func (d Duck) Shout() {
    fmt.Println("my name is:", d.Name, " ga ga ga")
}

func (d Duck) Walk(road string) {
```

```
    fmt.Println(d.Name, "is walking on the", road, " ga ga ga")
}

func (d Duck) Swim(river string) {
    fmt.Println(d.Name, "is swimming in the", river, " ga ga ga")
}
```

那么，除了鸭子会叫喊、行走和游泳，人是否也可以呢？我们来编写以下代码：

```
//通过结构体类型定义人的基本属性
type Person struct {
    Name     string
    Weight   float64
    Height   float64
}

//通过结构体类型的方法来定义人的行为，注意，关于人的 3 个方法的输出结果，与鸭子的明显不同
func (p Person) Shout() {
    fmt.Println("this person name is:", p.Name)
}

func (p Person) Walk(road string) {
    fmt.Println(p.Name, "is walking on the", road)
}

func (p Person) Swim(river string) {
    fmt.Println(p.Name, "is swimming in the", river)
}
```

我们观察到，在定义人和鸭子的结构体中，人具有Height属性，而鸭子没有。在具体定义DuckType接口时，关于鸭子的方法会比人的多输出"ga ga ga"字符串。虽然具体实现细节不同，但我们为鸭子和人都实现了同一个接口，即 DuckType。因此，我们认为从 DuckType 这个接口定义的角度来看，人和鸭子是一样的，都具有叫喊、行走和游泳的行为。至于鸭子和人的属性差异，如鸭子没有 Height 属性，以及在具体行为上的差异，如鸭子方法会多输出"ga ga ga"字符串，DuckType 接口对这些细节并不关心。另外，在 GoLand 中，如果某个类型 A 实现了某个接口类型 I 的所有方法，则会在类型和接口的代码行号后出现图 13.2 中的箭头提示。

与 Java 这种传统的面向对象语言相比，Go 语言通过"鸭子类型"来实现面向对象，实现了同一个接口定义的不同类型。但是从接口定义的角度来看，这些不同类型的细节差异并不是那么重要，或者说，这些不同类型从 DuckType 接口定义的角度来看，都是一样的。

通过为函数绑定数据类型来让函数成为方法，使得数据类型拥有了更丰富的内涵，而取消某个类型的方法使得其不再符合某个接口定义，并且我们也不必修改接口来适应变更，这就是 Go 语言设计的巧妙之处，也体现了 Go 语言的那句"名言"："把简单变复杂很容易，而把复杂变简单很难。"

```
 5      //定义一个接口interface, 抽象出鸭子的3种重要行为: 叫喊, 行走, 游泳
 6      type DuckType interface {
 7          Shout()
 8          Walk(road string)
 9          Swim(river string)
10      }
11
12      //通过结构体类型定义鸭子的属性
13      type Duck struct {
14          Name    string
15          Weight  float64
16      }
17
18      //通过结构体类型的方法定义鸭子的3种行为
19      //注意Go语言中的方法, 将类型变量写在func关键字之前, 类型变量使用字母简写形式
20      func (d Duck) Shout() {
21          fmt.Println( a... "my name is:", d.Name, " ga ga ga")
22      }
23
24      func (d Duck) Walk(road string) {
25          fmt.Println(d.Name, "is walking on the", road, " ga ga ga")
26      }
```

图 13.2　代码行号后出现箭头提示

13.3　矩阵计算包 matrix 的开发

本节将通过对项目核心的 matrix 包的开发和测试来实践如何开发一个完整的 Go 语言项目，以及如何针对包中的函数进行测试运行。

13.3.1　定义 matrix 包中的接口

通过 13.2.3 节的学习，我们理解了 Go 语言中"鸭子类型"的思想，同时回顾 13.1.1 节中线性代数部分的简单内容，并结合读者以往在线性代数中所学到的知识，可以归纳出如下内容。

（1）向量和矩阵都具有形状，如三维行向量的维度为1×3，矩阵的维度为行数×列数。

（2）向量和矩阵都可以与一个标量相乘，运算规则为令每一个分量和元素与这个标量相乘。

以上两点是向量和矩阵共有的特征。我们可以定义一个名称为 IVecMat 的接口（以 interface 的首字母大写形式 I 开头），并以向量 Vector 和矩阵 Matrix 的缩写来表示向量和矩阵的共有方法，在 matrix/type.go 文件中输入以下代码：

```
//包名为matrix, 在Go语言项目中, 包名与所在文件夹的名称保持一致, 有利于项目的维护和管理
package matrix

type RowVector []float64          //不定长度的行向量
type ColumnVector [][1]float64    //不定长度的列向量
```

```
type Matrix [][]float64                    //矩阵

//定义向量和矩阵的共有方法集形成的接口
type IVecMat interface {
    //获取形状，即向量和矩阵的行数与列数，存入长度为 2 的数组 s
    GetShape() (s [2]int)
    Mul(c float64)    //标量乘法
}
```

继续分析向量和矩阵运算的类型，我们在这里假定矩阵的行和列两个维度均大于或等于 1，而向量分为行向量和列向量，这里定义的方法暂时只针对行向量。考虑到运算对象的数据类型必须符合 13.1.1 节中的计算规则，如行向量和矩阵的加法只能针对两个形状一致的变量类型，因此，行向量的运算有加法、减法、点乘、叉乘、长度计算和转置，而矩阵的运算有加法、减法、乘法和转置。

在 matrix/type.go 文件中定义行向量的运算方法集合的接口 IRowVec，输入以下代码：

```
//行向量的运算方法集合的接口
type IRowVec interface {
    Add(rv2 RowVector) (rv3 RowVector, err error)       //行向量的加法运算
    Minus(rv2 RowVector) (rv3 RowVector, err error)     //行向量的减法运算
    Dot(rv2 RowVector) (dot float64, err error)         //行向量的点乘运算
    Cross(rv2 RowVector) (rv3 RowVector, err error)     //行向量的叉乘运算
    Length() (l float64)                                //计算行向量的长度
    Transpose() (cv ColumnVector)                       //转置操作
}
```

在 matrix/type.go 文件中定义矩阵的运算方法集合的接口 IMat，输入以下代码：

```
//矩阵的运算方法集合的接口
type IMat interface {
    Add(m2 Matrix) (m3 Matrix, err error)        //矩阵加法
    Minus(m2 Matrix) (m3 Matrix, err error)      //矩阵减法
    MatMul(m2 Matrix) (m3 Matrix, err error)     //矩阵乘法
    Transpose() (m2 Matrix)                      //转置操作
}
```

至此，我们在 type.go 文件中对 matrix 包的变量类型和接口定义完毕。在后期的项目维护过程中，如果需要增加新的变量类型和接口，则可以继续在 type.go 文件中修改完善。对初学者而言，养成良好的源码文件管理习惯，是从事编程开发的基本素养。

13.3.2　实现 matrix 包中的方法

本节来实现 matrix 包中的方法，在 matrix 目录下的 operation.go 文件中，首先实现 RowVector 类型对应的方法。输入以下代码，生成一个给定维度的行向量，完成行向量的初始化并实现行向量的

相关方法。

```
package matrix

import (
    "errors"
    "math"
)

//获取行向量的维度
//由于行向量的底层数据类型为[]float64切片，因此仅需要计算行向量切片的长度即可
func (rv1 RowVector) GetShape() (s [2]int) {
    s[0] = 1
    s[1] = len(rv1)
    return
}

//计算行向量与标量相乘
//这里使用*RowVector指针类型的变量rv1作为指针接收者
//在方法运行完成后改变rv1自身
func (rv1 *RowVector) Mul(c float64) {
    //获取rv1的维度，也就是[]float64切片的长度
    l := rv1.GetShape()[1]
    //创建一个rvTemp变量，用于复制和存放rv1指针变量所指向的底层[]float64切片
    rvTemp := make([]float64, l, l)
    //复制rv1指针对应的切片，赋值给rvTemp变量
    copy(rvTemp, *rv1)
    //遍历rvTemp切片，令每个元素乘以c
    for i := 0; i < l; i++ {
        rvTemp[i] *= c
    }
    //将rvTemp复制给*rv1所对应的底层切片，从而改变rvTemp
    copy(*rv1, rvTemp)
}

//根据给定向量长度l初始化向量，l需要大于0，否则返回err
func NewRowVector(l int) (rv1 RowVector, err error) {
    if l <= 0 {
        //若l小于或等于0，则返回err
        err = errors.New("the dimension of row vectors must > 0")
        return
    }
    rv1 = make([]float64, l, l)
    return
}

//定义行向量的加法运算，判断两个行向量的形状是否相同
func (rv1 RowVector) Add(rv2 RowVector) (rv3 RowVector, err error) {
```

```
    if rv1.GetShape()[1] != rv2.GetShape()[1] {
        err = errors.New("the dimensions of the two vectors are not equal")
        return
    }
    rv3, _ = NewRowVector(rv1.GetShape()[1])
    for i, v := range rv1 {
        rv3[i] = v + rv2[i]
    }
    return
}

//定义行向量的减法运算，判断两个行向量的形状是否相同
func (rv1 RowVector) Minus(rv2 RowVector) (rv3 RowVector, err error) {
    //若行向量的维度不同，则返回 err
    if rv1.GetShape()[1] != rv2.GetShape()[1] {
        err = errors.New("the dimensions of the two vector are not equal")
        return
    }
    rv3, _ = NewRowVector(rv1.GetShape()[1])
    for i, v := range rv1 {
        rv3[i] = v - rv2[i]
    }
    return
}

//定义行向量的点乘运算
func (rv1 RowVector) Dot(rv2 RowVector) (dot float64, err error) {
    if rv1.GetShape()[1] != rv2.GetShape()[1] {
        err = errors.New("the dimensions of the two vectors are not equal")
        return
    }
    for i, v := range rv1 {
        dot += v * rv2[i]
    }
    return
}

//由于大于三维的向量叉乘运算较为复杂
//这里简单起见，仅实现二维和三维向量的叉乘
func (rv1 RowVector) Cross(rv2 RowVector) (rv3 RowVector, err error) {
    if rv1.GetShape()[1] != rv2.GetShape()[1] {
        err = errors.New("the shape of the two vectors are not equal")
        return
    }
    dim := rv1.GetShape()[1]
    if dim != 2 && dim != 3 {
        err = errors.New("we can only calc the 2 or 3 dimensions row vector")
        return
```

```
    }
    rv3, _ = NewRowVector(3)
    switch dim {
    //两个二维向量进行叉乘运算，得到的是一个与两个二维向量垂直的向量
    //可以将其想象为两个 XY 平面上的向量做叉乘，得到沿 Z 轴方向的向量
    case 2:
        rv3[0] = 0
        rv3[1] = 0
        rv3[2] = rv1[0]*rv2[1] - rv1[1]*rv2[0]
    //两个三维向量进行叉乘运算，计算公式如下
    //X×Y=[x_2*y_3-x_3*y_2, x_3*y_1-x_1*y_3, x_1*y_2-x_2*y_1 )]
    case 3:
        rv3[0] = rv1[1]*rv2[2] - rv1[2]*rv2[1]
        rv3[1] = rv1[2]*rv2[0] - rv1[0]*rv2[2]
        rv3[2] = rv1[0]*rv2[1] - rv1[1]*rv2[0]
    }
    return
}

//定义计算行向量的方法
func (rv1 RowVector) Length() (l float64) {
    //l 的初始值默认是 0.0
    for _, v := range rv1 {
        l += v * v
    }
    l = math.Sqrt(l)
    return
}

//定义行向量的转置运算，输出结果为列向量
func (rv1 RowVector) Transpose() (cv ColumnVector) {
    //Go 语言会对 ColumnVector 和[][1]float64 两个类型进行隐式转换
    cv = make([][1]float64, rv1.GetShape()[1], rv1.GetShape()[1])
    for i, v := range rv1 {
        cv[i][0] = v
    }
    return
}
```

读者可结合注释阅读以上代码，相信不难理解。可以看出，RowVector 类型的变量完全实现了 type.go 文件中定义的 IVecMat 接口和 IRowVec 接口。需要注意的是，在 func (rv1 *RowVector) Mul(c float64)方法中，我们两次使用 Go 语言的 copy 关键字，通过对切片的指针变量取值来复制切片，同时方法定义中的 rv1 变量使用指针类型，当方法执行结束后，输入值 rv1 在方法内部的改变将保留下来。在 Go 语言中，在指针类型变量上定义的方法被称为指针方法。

与行向量类型相似，我们可以继续在 operation.go 文件中让 Matrix 类型的变量实现 IVecMat 和

IMat 两个接口，主要代码如下：

```go
//定义获取矩阵形状的方法
func (m1 Matrix) GetShape() (s [2]int) {
    s[0] = len(m1)
    s[1] = len(m1[0])
    return
}

//定义矩阵与标量 c 相乘的运算
func (m1 *Matrix) Mul(c float64) {
    row, col := m1.GetShape()[0], m1.GetShape()[1]
    mTemp := make([][]float64, row, row)
    //将 m1 矩阵复制给临时变量 mTemp
    copy(mTemp, *m1)
    for i := 0; i < row; i++ {
        for j := 0; j < col; j++ {
            mTemp[i][j] *= c
        }
    }
    //将临时变量 mTemp 复制回 m1 矩阵
    copy(*m1, mTemp)
}

//定义矩阵的初始化方法，r 为矩阵的行数，c 为矩阵的列数
func NewMatrix(r, c int) (mat Matrix, err error) {
    //行数或列数小于或等于零，返回 err
    if r <= 0 || c <= 0 {
        err = errors.New("rows and columns of the matrix must >0")
        return
    }
    //初始化 mat 的行
    mat = make([][]float64, r, r)
    //此处不使用 for range，是因为我们要改变遍历元素的值
    for i := 0; i < r; i++ {
        mat[i] = make([]float64, c, c)
    }
    return
}

//定义矩阵的加法运算
func (m1 Matrix) Add(m2 Matrix) (m3 Matrix, err error) {
    if m1.GetShape() != m2.GetShape() {
        err = errors.New("the shape of the two matrix are not equal")
        return
    }
    //获取矩阵的形状
    r, c := m1.GetShape()[0], m1.GetShape()[1]
```

```
    m3, _ = NewMatrix(r, c)
    for i := 0; i < r; i++ {
        for j := 0; j < c; j++ {
            m3[i][j] = m1[i][j] + m2[i][j]
        }
    }
    return
}

//定义矩阵的减法运算
func (m1 Matrix) Minus(m2 Matrix) (m3 Matrix, err error) {
    if m1.GetShape() != m2.GetShape() {
        err = errors.New("the shape of the two matrix are not equal")
        return
    }
    r, c := m1.GetShape()[0], m1.GetShape()[1]
    m3, _ = NewMatrix(r, c)
    for i := 0; i < r; i++ {
        for j := 0; j < c; j++ {
            m3[i][j] = m1[i][j] - m2[i][j]
        }
    }
    return
}

//定义两个矩阵相乘的运算
func (m1 Matrix) MatMul(m2 Matrix) (m3 Matrix, err error) {
    r1, c1 := m1.GetShape()[0], m1.GetShape()[1]
    r2, c2 := m2.GetShape()[0], m2.GetShape()[1]
    if c1 != r2 {
        err = errors.New("the shape of the two matrix are not match")
        return
    }
    //初始化计算结果 m3
    m3, _ = NewMatrix(r1, c2)
    for i := 0; i < r1; i++ {
        for j := 0; j < c2; j++ {
            //取出 m1 的第 i 行
            v1 := RowVector(m1[i])
            v2 := make([]float64, r2, r2)
            for k := 0; k < r2; k++ {
                //将 m2 第 j 列的值依次放入 v2 中
                v2[k] = m2[k][j]
            }
            //利用行向量乘法计算 m3 的矩阵元素
            m3[i][j], _ = v1.Dot(v2)
        }
    }
```

```
        return
}

//定义矩阵的转置运算，本质上就是将矩阵元素的索引值 i 和 j 进行互换
func (m1 Matrix) Transpose() (m2 Matrix) {
    r, c := m1.GetShape()[0], m1.GetShape()[1]
    m2, _ = NewMatrix(c, r)
    for i := 0; i < c; i++ {
        for j := 0; j < r; j++ {
            m2[i][j] =m1[j][i]
        }
    }
    return
}
```

对初学者而言，上述代码中较难的方法可能为 func (m1 Matrix) MatMul(m2 Matrix) (m3 Matrix, err error)。该方法本质上是先判断两个矩阵的行数和列数是否满足 13.1.1 节中的矩阵乘法要求，再抽取相应的行元素和列元素放入临时变量中，计算输出结果的矩阵元素。

至此，我们已经对 matrix 包开发完毕，但对一个完整的工程项目而言，对函数和方法进行必要的单元测试是必不可少的，这样可以在项目开发阶段而不是部署阶段尽可能地将潜在的 Bug 消除。下一节将对本节的函数和方法编写测试代码。

13.3.3　测试 matrix 包

Go 语言标准库内置了 testing 包，可用于单元测试和基准测试。所谓单元测试，就是设计合理的测试用例，让程序在测试过程中尽可能地覆盖所有的用户输入情况和选择分支，即代码覆盖。单元测试工作进行得越充分，代码覆盖率越高，后期项目在部署上线后出现 Bug 的概率就越低。所谓基准测试，就是测试代码中每个函数和方法的平均运行时间，并依次评估 Go 程序中每个函数和方法的性能，以便查找项目中的性能瓶颈，并不断对代码进行优化和完善。

在 GoLand 中打开 matrix 目录下的 operation_test.go 文件，编写如下的单元测试代码：

```
package matrix

import (
    //引入标准库的 testing 包
    "testing"
)

//单元测试函数名以 Test 开头
func TestRowVector_GetShape(t *testing.T) {
    rv1 := RowVector([]float64{1.1, 2.2, 3.3, 4.4})
    t.Log(rv1.GetShape())
```

```go
}

func TestRowVector_Mul(t *testing.T) {
    rv1 := RowVector([]float64{1.1, 2.2, 3.3})
    rv1.Mul(2.0)
    t.Log("rv1=", rv1)
}

func TestNewRowVector(t *testing.T) {
    t.Log(NewRowVector(5))
}

func TestRowVector_Add(t *testing.T) {
    rv1 := RowVector([]float64{1, 2, 4})
    rv2 := RowVector([]float64{14, 17, 16})
    rv3, _ := rv1.Add(rv2)
    t.Log("rv3=",rv3)
}

func TestRowVector_Minus(t *testing.T) {
    rv1 := RowVector([]float64{1, 2, 4})
    rv2 := RowVector([]float64{14, 17, 16})
    rv3, _ := rv1.Minus(rv2)
    t.Log("rv3=",rv3)
}

func TestRowVector_Dot(t *testing.T) {
    rv1 := RowVector([]float64{1, 2, 4})
    rv2 := RowVector([]float64{14, 15, 16})
    dot, _ := rv1.Dot(rv2)
    t.Log("dot=", dot)
}

func TestRowVector_Cross(t *testing.T) {
    rv1 := RowVector([]float64{1, 2, 4})
    rv2 := RowVector([]float64{14, 15, 16})
    rv3, _ := rv1.Cross(rv2)
    t.Log("rv3=", rv3)
}

func TestRowVector_Length(t *testing.T) {
    rv := RowVector([]float64{1, 2, 3})
    l := rv.Length()
    t.Log("l=", l)
}

func TestRowVector_Transpose(t *testing.T) {
    rv := RowVector([]float64{1.1, 2.2, 3.3})
```

```go
        cv := rv.Transpose()
        t.Log("cv=", cv)
}

func TestMatrix_GetShape(t *testing.T) {
        m := Matrix([][]float64{[]float64{1, 2, 3}, []float64{4, 5, 6}})
        t.Log("shape of m is:", m.GetShape())
}

func TestMatrix_Mul(t *testing.T) {
        m := Matrix([][]float64{[]float64{1, 2, 3}, []float64{4, 5, 6}})
        t.Log("m=", m)
        m.Mul(2)
        t.Log("m=", m)
}

func TestNewMatrix(t *testing.T) {
        m, _ := NewMatrix(3, 4)
        t.Log("m=", m)
}

func TestMatrix_Add(t *testing.T) {
        m1 := Matrix([][]float64{[]float64{1, 2, 3}, []float64{4, 5, 6}})
        m2 := Matrix([][]float64{[]float64{14, 12, 10}, []float64{16, 17, 19}})
        m3, _ := m1.Add(m2)
        t.Log("m3=", m3)
}

func TestMatrix_Minus(t *testing.T) {
        m1 := Matrix([][]float64{[]float64{1, 2, 3}, []float64{4, 5, 6}})
        m2 := Matrix([][]float64{[]float64{11, 12, 10}, []float64{16, 17, 19}})
        m3, _ := m1.Minus(m2)
        t.Log("m3=", m3)
}

func TestMatrix_MatMul(t *testing.T) {
        m1 := Matrix([][]float64{[]float64{1, 2, 3}, []float64{4, 5, 6}})
        m2 := Matrix([][]float64{[]float64{11, 12}, []float64{13, 14}, []float64{15,
16}})
        m3, _ := m1.MatMul(m2)
        t.Log("m3=", m3)
}

func TestMatrix_Transpose(t *testing.T) {
        m := Matrix([][]float64{[]float64{1, 2, 3}, []float64{4, 5, 6}})
        t.Log("m=", m)
        mt := m.Transpose()
```

```
    t.Log("mt=", mt)
}
```

现对上述代码进行讲解：针对 Go 语言的测试文件，如 operation.go 文件中的函数和方法进行测试时，通常在同一个包也就是目录下（本项目是在 matrix 目录下）新建一个 operation_test.go 文件。GoLand 会比较智能地识别出该文件就是一个测试文件。我们可以针对每个函数编写不同的测试函数。对单元测试而言，以最开始的 func TestRowVector_GetShape(t *testing.T)函数为例，测试函数以 Test 开头。如果要对方法进行单元测试，则紧跟方法所对应的变量名（这里为 RowVector），然后是以下画线"_"分隔的方法名（这里为 GetShape）。如果要对函数进行单元测试，则命名方式为 Test 之后紧跟函数名称，如 func TestNewRowVector(t *testing.T)。在每个测试函数的函数体内部，可以通过给定测试用例的初始值，并调用被测试函数，将结果用 t.Log 进行输出。在 GoLand 中，在代码视图中单击每个测试函数定义所在行左侧的运行按钮，即可运行相应的测试函数，并在 Terminal 命令行窗口中输出测试函数的运行结果，如图 13.3 所示，Terminal 命令行窗口中显示 PASS 表示测试通过。我们还需要将每个测试用例的运行结果与手动计算向量和矩阵的各种运算结果相比较，以检验计算结果的正确性。

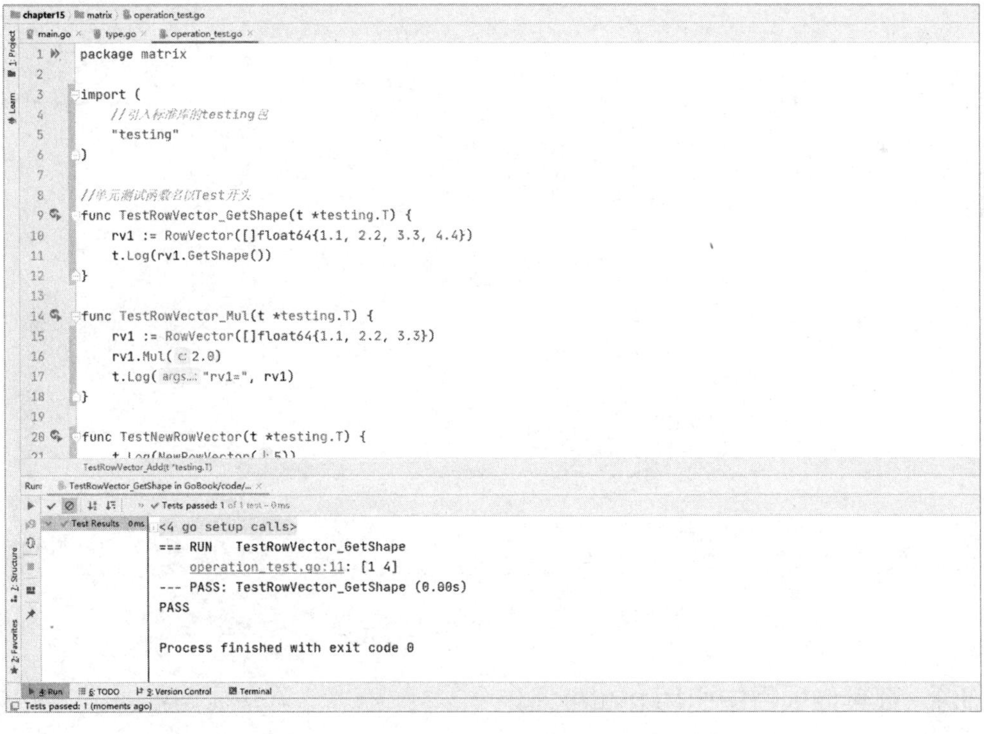

图 13.3　测试函数的运行结果

另外，我们也可以在 operation_test.go 文件中编写基准测试代码，以行向量类型 RowVector 为例，继续输入以下代码：

```
//基准测试函数名以 Benchmark 开头
func BenchmarkRowVector_GetShape(b *testing.B) {
    rv1 := RowVector([]float64{1.1, 2.2, 3.3, 4.4})
    for i:=0;i<b.N;i++{
        rv1.GetShape()
    }
}
```

基准测试函数将单元测试函数中的 Test 换成了 Benchmark，其余命名规则与单元测试函数相同。在基准测试函数的函数体中，首先编写一条简单的 for 循环语句。其中，判断循环结束的变量 b.N 表示 Go 语言编译器运行基准测试时的循环次数，其值通常为较大的正整数。根据函数体内部的运行时间，可以设定 b.N 值，如果函数体内部运行较快，则 b.N 值较大；如果函数体内部运行较慢，则 b.N 值较小。多次重复运行函数体内部待进行基准测试的函数，可以得到函数的平均运行时间，从而掌握函数的性能情况。如图 13.4 所示，根据 Terminal 命令行窗口的输出结果可知，测试用例的 GetShape() 方法的平均每次运行时间为 0.2282 纳秒，运行总次数为 10 亿次。

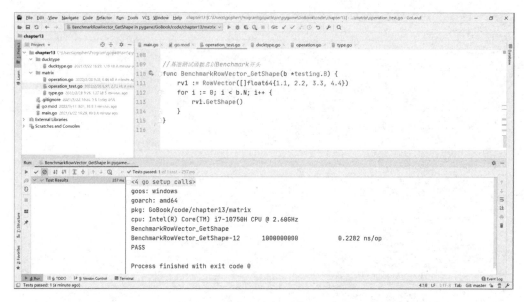

图 13.4 基准测试函数的运行结果

13.3.4 在其他项目中引用 matrix 包

我们在本项目中开发 matrix 包，使其具备了对向量和矩阵进行基本运算的功能，那么如何在其他项目中引用 matrix 包呢？本节将给出具体的步骤和方法，并假设 matrix 包还未被发布到 GitHub 或 Gitee 等开源网站上，仅作为本地运行的一个包。

首先新建一个空项目 chapter13-use，然后在 GoLand 中打开该项目，并输入 go mod init GoBook/ code/chapter13-use 命令来初始化项目，此时会在项目根目录下生成 go.mod 文件，如图 13.5 所示。

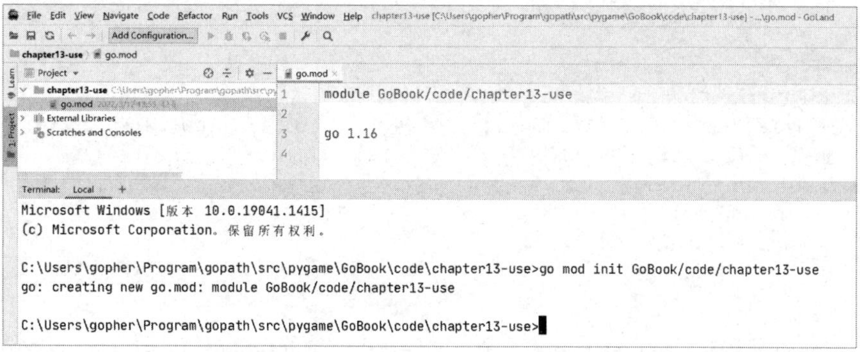

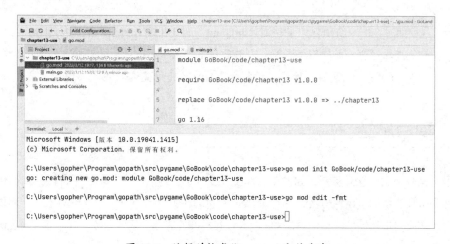

图 13.5　生成 go.mod 文件

接下来新建包含 main() 函数的 main.go 文件，确保 chapter13-use 项目与 chapter13 项目处于同一个文件夹下，然后打开 go.mod 文件，编辑相应内容，并在 GoLand 的 Terminal 命令行窗口中输入"go mod edit -fmt"命令，对 go.mod 文件内容进行格式化，如图 13.6 所示。go.mod 文件中的 require 一行表示要导入 GoBook/code/chapter13 项目，replace 一行表示将导入的 GoBook/code/chapter13 项目路径替换为项目根目录所在的上一级目录中的 chapter13 文件夹。至此，GoBook/code/chapter13 项目引入的准备工作完成。

图 13.6　编辑并格式化 go.mod 文件内容

在 main.go 文件中输入以下内容（结合注释内容阅读代码并不复杂）：

```go
package main

import (
    "GoBook/code/chapter13/matrix" //引入 matrix 包
    "fmt"
)

func main() {
    //初始化两个矩阵
    m1 := matrix.Matrix([][]float64{[]float64{1, 2, 3}, []float64{4, 5, 6}})
    m2 := matrix.Matrix([][]float64{[]float64{14, 12, 10}, []float64{16, 17, 19}})
    //将矩阵相加
    m3, _ := m1.Add(m2)
    //输出矩阵相加的计算结果
    fmt.Println("m3=", m3)
}
```

在 GoLand 的代码视图中单击 main()函数定义所在行左侧的运行按钮，运行 main()函数，可以得到如图 13.7 所示的结果。

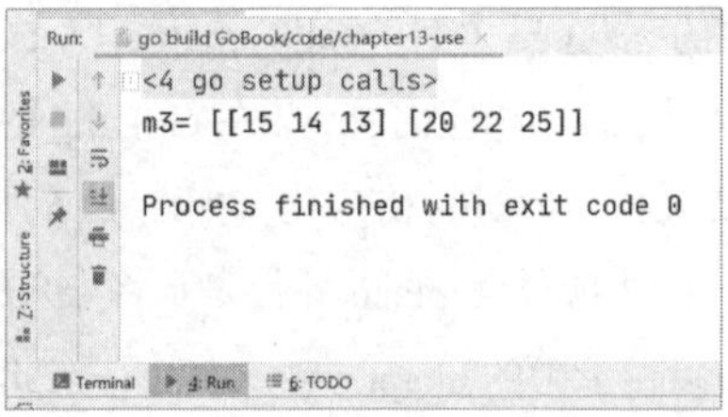

图 13.7　在 GoLand 中运行 main()函数的结果

至此，我们通过在一个新项目中手动编辑 go.mod 文件，实现了引用本章开发的 matrix 包中的矩阵初始化方法和加法运算。如果想将本章开发的项目发布到 GitHub 等开源网站上，只需将 go.mod 文件中 require 一行中的项目名称替换为项目所在的 URL 地址及相应的版本号即可。

13.4　项目总结

通过本实战项目，读者实践了如何自己动手开发一个矩阵运算库，掌握了自己开发的矩阵运算库如何在其他项目中被引用的方法，编写了 matrix 包的相关函数和方法，并编写了单元测试和基准测试代码，从而初步掌握了一个完整的 Go 语言项目的开发思路。同时，读者还了解了 Go 语言中实现面向对象的"鸭子类型"的思想，可以更好地体会 Go 语言的编程思想。

第 14 章

STL 文件解析和 MongoDB 存储

掌握读/写二进制文件和对常见数据库的操作,是开发者的基本功。

我们知道,计算机是通过二进制存储和操作的形式来完成分配给它的任务的。在常见的中文版 Windows 下的记事本程序中,用户看到的一个个字符本质上是计算机将二进制的 0 和 1 进行编码之后,以人类容易理解的字符形式,在屏幕上显示的像素点阵。由于文本形式编码的冗余性,在很多应用场景下,采用计算机更容易理解的且体积更小的二进制文件存储数据,能够实现更好的程序性能和用户体验。然而,当一般用户尝试使用记事本等文本编辑器程序打开二进制文件时,往往显示的是乱码或十六进制数等,而不是易于理解的文本字符,但是这对程序员而言,可谓"是时候展现真正的技术了"。

本章将对 3D 打印领域中常见的二进制编码格式的 STL 文件进行读取,获取其三角面元信息,并将其解析为 Go 语言结构体和 JSON 文件的形式。更进一步地,为了实现更好的程序性能和数据持久化,我们使用 MongoDB 进行数据存储,并编写相应的 STL 网格数据的写入和读取等操作代码,以及相应的单元测试和基准测试代码。

14.1 STL 文件简介与项目设计

STL 文件是一种标准的 3D 文件,具有 ASCII 和二进制两种编码格式,在 Windows 10 中自带 3D 查看器程序。本章源码目录下的 assets/model/目录中有 sphere_ascii.STL 和 sphere_bin.STL 两个 STL 文件,依次对应了 ASCII 和二进制两种编码格式。无论哪种编码格式的 STL 文件在 Windows 10 中都会显示为图 14.1 所示的图标。

图 14.1　Windows 10 中显示的 STL 文件的图标

　　双击任意一个 STL 文件，Windows 10 都会自动启动 3D 查看器程序，并将 STL 文件显示在窗口中。本书提供的 STL 文件中显示了一个球体模型，预览效果如图 14.2 所示。我们通过 3D 查看器程序可以为球体模型设置光照效果，并查看模型顶点和网格数据。

图 14.2　预览 STL 文件

　　现在我们揭开 STL 文件的"神秘面纱"，首先来看看文件中究竟写了些什么。利用记事本或其他文本编辑器，如 Sublime 打开以 ASCII 编码格式存储的 sphere_ascii.STL 文件，如图 14.3 所示。第 1 行的 solid Sphere 表示这个模型的名称为 Sphere。第 2 行到第 8 行，定义了一个模型上的三角面元，或者称为三角网格（为统一起见，下文统称三角面元）。

　　这里补充一点计算机图形学的相关知识，我们在计算机中看到的三维模型，比如游戏中的各种人物或建筑物的轮廓形状，往往是由三角形或四边形等多边形网格沿着模型表面拼接而成的。例如，在图 14.2 中，可以看到一个个三角面元组成了球体的外表面，三角形的 3 个顶点可以被记为 A、B 和 C，每个三角面元都具有法线方向，如图 14.4 所示。所谓法线，就是垂直于三角面元的矢量，法线方向决定了三角面元的正向与反向，就和我们人类互为正反的手心与手背一样。

```
 1  solid Sphere
 2    facet normal -9.653602e-003 9.801261e-002 9.951383e-001
 3      outer loop
 4        vertex 2.875961e+000 1.531621e+001 2.633677e+001
 5        vertex 2.875961e+000 2.045426e+001 2.583072e+001
 6        vertex 1.873578e+000 2.035553e+001 2.583072e+001
 7      endloop
 8    endfacet
 9    facet normal -2.858911e-002 9.424610e-002 9.951383e-001
10      outer loop
11        vertex 2.875961e+000 1.531621e+001 2.633677e+001
12        vertex 1.873578e+000 2.035553e+001 2.583072e+001
13        vertex 9.097152e-001 2.006315e+001 2.583072e+001
14      endloop
15    endfacet
16    facet normal -4.642631e-002 8.685766e-002 9.951383e-001
17      outer loop
18        vertex 2.875961e+000 1.531621e+001 2.633677e+001
19        vertex 9.097152e-001 2.006315e+001 2.583072e+001
20        vertex 2.141452e-002 1.958834e+001 2.583072e+001
21      endloop
22    endfacet
```

图 14.3　sphere_ascii.STL 文件

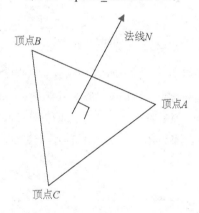

图 14.4　STL 模型中三角面元的 3 个顶点与法线

我们再来看图 14.3 中第 2 行到第 8 行定义的第 1 个三角面元的内容，第 2 行给出了这个三角面元的法线方向矢量，分别是法线矢量在三维空间中沿 X 轴、Y 轴和 Z 轴的分量，即第 1 个三角面元的法线方向矢量为<-9.653602e-003，9.801261e-002，9.951383e-001>。第 4 行到第 6 行，每一行依次定义了三角面元的 3 个顶点在 X 轴、Y 轴和 Z 轴上的坐标。以第 4 行定义的顶点为例，这个顶点的 X 坐标、Y 坐标和 Z 坐标分别为 2.875961e+000、1.531621e+001 和 2.633677e+001。

接下来，我们用同样的方法再来看以二进制编码格式存储的 sphere_bin.STL 文件。利用记事本或其他文本编辑器，如 Sublime 等打开 sphere_bin.STL 文件，可以看到如图 14.5 所示的看起来像乱码一样的文件内容。文件开头处有"STLEXP Sphere"几个人眼可辨认的单词，而其他内容让人无法理解。通过本章的学习，读者就可以顺利解读这"天书"一般的乱码。

图 14.5 sphere_bin.STL 文件

细心的读者会发现，在图 14.1 中，对于两个在 3D 查看器程序中显示相同模型的 STL 文件，sphere_ascii.STL 文件的体积是 sphere_bin.STL 文件的 5 倍多。虽然二进制编码格式的 sphere_bin.STL 文件对于普通用户来说不可理解，但是对于计算机来说却是可以理解的，而且计算机读取二进制编码格式的 STL 文件的速度更快。如果想让 STL 模型用于 3D 渲染，则采用二进制编码格式的 STL 文件显然更好。

14.1.1 项目功能需求设定

在本实战项目中，我们设定如下的功能需求：基于 Go 语言标准库搭建 HTTP 服务器，将本章源码目录下的 assets/upload 文件夹作为保存用户已经上传完毕的二进制编码格式的 STL 文件的路径，同时为了进行项目演示，文件夹中已放入 cube.STL、probe.STL 和 tube.STL 这 3 个二进制编码格式的 STL 文件。在 Go 语言中，我们使用不同的"路由"来处理客户端的不同请求。为简单起见，使用 Postman 模拟浏览器来发送请求，在服务器端构建 3 个路由地址来实现以下 3 个功能。

（1）路由名称"/get-stl-list"，用于获取 assets/upload 文件夹下的 STL 文件列表。

（2）路由名称"/save-stl-mongo"，用于将某个特定 STL 文件解析为网格数据后，存储在 MongoDB 中作为一条 document（即 MongoDB 中的一条记录）。如果发现已有该 STL 文件名所对应的 document，则先删除该条 document，再将 STL 文件的网格数据存储为一条 document。

（3）路由名称 "query-stl-mongo"，用于查询某个特定 STL 文件对应的三角面元信息，即 MongoDB 中的一条 document。

14.1.2　项目实现思路

针对 14.1.1 节中的 3 个主要功能，下面逐条梳理相应的实现思路。

1. 路由名称 "/get-stl-list"

通过 Go 语言标准库中的 os.ReadDir() 函数获取 assets/upload 文件夹下的文件句柄切片。所谓句柄，就是 Go 语言中的文件接口对象。该对象中包含了文件名称、是否为文件夹、文件权限模式及文件大小等信息。通过 HTTP 将文件句柄切片以 JSON 数据的形式返回客户端，我们可以在客户端看到 assets/upload 文件夹下的所有 STL 文件的名称。

2. 路由名称 "/save-stl-mongo"

针对二进制编码格式的 STL 文件的数据特征，设计相应的 struct 结构体类型来存储其模型网格数据。使用 Go 语言的标准库 binary 读取二进制编码格式的 STL 文件中的二进制数据，并将其存储为对应的 struct 结构体类型。在大多数读者较为熟悉的 Windows 下配置 MongoDB，安装 MongoDB 的 Go 语言驱动，将二进制编码格式的 STL 文件对应的 struct 结构体数据存储在 MongoDB 中作为一条 document。由于 MongoDB 中并没有 SQL 数据库中 "主键" 的概念，因此将 STL 文件的名称作为后续查询的主键。

3. 路由名称 "/query-stl-mongo"

用户发送 POST 请求后，根据用户请求的 STL 文件的名称，给客户端返回以 JSON 格式表示的 STL 文件的网格数据。需要考虑将 MongoDB 中的数据反序列化为 JSON 数据。

在以下几节中，我们将采用 "自底向上" 的开发理念，从工具类和数据库读/写入手，开发 HTTP 服务器的路由函数，最后在项目的入口文件 main.go 中将各个路由函数通过 Go 语言标准库中的 multiplexer（多路复用器）包进行集成，并编译构建二进制可执行程序。

14.2　开发 utils 包

打开 GoLand，新建合适的项目路径，在 Terminal 命令行窗口中输入 "go mod init GoBook/code/chapter14" 命令，从而启用 gomod 模式并初始化项目。

由于项目涉及大量的错误处理操作及文件操作，因此我们有必要开发一个名为 utils 的工具包。在项目根目录下新建 utils 文件夹，并在其中创建 handle.go 和 fileoper.go 两个文件，分别用于进行项目的错误处理和文件操作。

14.2.1　错误处理文件 handle.go

打开 utils 文件夹下的 handle.go 文件，代码如下：

```
//用于错误处理的函数集
package utils

import "log"

//可恢复的错误处理函数，阻止程序退出
//用于虽然发生致命错误，但不让整个程序退出的情景
func RecoverHandler(info string) {
//内置的 recover()函数用于处理发生 panic 级别错误的 Goroutine 信息
    if err := recover(); err != nil {
        log.Println("\""+info+"\", recover error occurred:", err)
    }
}

//用于一般性的错误处理
func ErrorHandler(err error, info string) {
    if err != nil {
        log.Println("\""+info+"\", common error occurred:", err)
    }
}

//当发生导致整个程序不能再继续正常工作的严重错误时(如启动 HTTP 服务器失败)，强制退出程序
func PanicHandler(err error, info string) {
    if err != nil {
        //log.Fatalln()函数用于打印错误信息并强制退出程序
        log.Fatalln(info, " exited, panic error occurred:", err)
    }
}
```

在项目开发中，我们通常会遇到如下 3 类错误。

- panic 级别的严重错误，但不会因此导致程序或服务器退出，如客户端请求参数时发生的错误。对于这类错误，可以用 Go 语言内置的 recover()函数来恢复，并在恢复以后输出错误信息到命令行或日志文件中。

- 一般性的错误，不会导致 Go 语言运行时的 panic，仅需要在发生错误后立即返回。例如，对 JSON 数据进行序列化时发生的错误。

- 错误本身不一定导致 Go 语言运行时的 panic，但需要立即强制退出整个程序。例如，服务器程序未正常启动，或者读取配置文件失败等情况。

在 handle.go 文件中，RecoverHandler()、ErrorHandler()和 PanicHandler()三个函数分别对应处理上述 3 种情况。

14.2.2　文件操作文件 fileoper.go

打开 utils 文件夹下的 fileoper.go 文件，代码如下：

```go
//对文件进行操作的函数集
package utils

import (
    "fmt"
    "log"
    "os"
    "path/filepath"
)

var ExecutableDir string

//init()函数会在 utils 包中的其他函数之前运行
//当其他包引入 utils 包后，utils 包中的 init()函数会先于其他函数运行
func init() {
    InitExecutableDir()
}

//获取程序编译后的可执行文件所在文件夹的名称
func InitExecutableDir() {
    //获取程序编译后的可执行文件路径 executableFilePath，包含可执行文件的名称
    executableFilePath, err := os.Executable()
    if err != nil {
        log.Println("\"GetFileList\" get executive file dir path error:", err)
        return
    }
    //先使用 Go 语言标准库中的 filepath.Dir()函数去除可执行文件的名称
    //再使用 Go 语言标准库中的 filepath.EvalSymlinks()函数去除符号链接
    //executableDir 变量存储的就是 dirPath 所在的绝对路径
    ExecutableDir, err = filepath.EvalSymlinks(filepath.Dir(executableFilePath))
    if err != nil {
        fmt.Println("eval symlinks error:", err)
        PanicHandler(err, "utils/GetFileList")
    }
}
```

302 | Go 语言从入门到项目实战（视频版）

```
//传入一个相对于程序可执行文件的相对目录，返回目录下的所有 STL 文件名的字符串切片
func GetFileList(dirPath string) (fileList []string, err error) {
    //使用 Go 语言标准库中的 os.ReadDir()函数获取路径下的所有文件
    files, err := os.ReadDir(filepath.Join(ExecutableDir, dirPath))
    if err != nil {
        log.Println("\"GetFileList\" read dir of \"", dirPath, "\" error:", err)
        return
    }
    //获取文件夹下的文件数量
    //下面假设该文件夹下既有子文件夹，也有扩展名不是 STL 的文件
    fileListLen := len(files)
    //根据文件数量，创建一个字符串数组，用于存放 STL 文件名
    fileList = make([]string, fileListLen, fileListLen)
    //初始化一个 uint32 类型变量 numFileSTL，用于存放确切的 STL 文件的数量
    var numFileSTL uint32 = 0
    for _, f := range files {
        //使用标准库提供的 IsDir()函数判断 f 是文件还是文件夹
        if !f.IsDir() {
            //如果 f 为文件
            //获取文件全名的后 4 位，即文件的扩展名，将其存储在变量 extName 中
            extName := f.Name()[len(f.Name())-4 : len(f.Name())]
            //如果文件的扩展名 extName 为".STL"或".stl"
            isSTL := (extName == ".STL") || (extName == ".stl")
            if isSTL {
                //则 numFileSTL 加 1
                numFileSTL++
                //将 STL 文件名放入 fileList 中
                fileList[numFileSTL-1] = f.Name()
            }
        }
    }
    //只返回前 numFileSTL 个有效的 STL 文件名
    fileList = fileList[:numFileSTL]
    return
}
```

在 fileoper.go 文件中，定义一个字符串型变量 ExecutableDir，并在 utils 包的 init()函数中对其进行初始化，用来存储整个项目编译后所在文件夹的绝对路径。根据此路径，可以方便地拼接出项目的其他资源文件，如存放 STL 文件的文件夹所在的系统绝对路径。

14.3　开发用于模型文件处理的 stl 包

在 stl 包中创建 3 个文件 type.go、stl.go 和 db.go，分别用于定义数据类型、解析 STL 文件数据和操作数据库。下面就针对这 3 个文件进行开发。

14.3.1　定义数据类型：type.go 文件

打开 stl 包中的 type.go 文件，代码如下：

```go
package stl

//STL 文件中的三角面元
type TriangleFace struct {
    N [3]float32 `json:"n" xml:"n" bson:"n"`
    A [3]float32 `json:"a" xml:"a" bson:"a"`
    B [3]float32 `json:"b" xml:"b" bson:"b"`
    C [3]float32 `json:"c" xml:"c" bson:"c"`
}

//识别的 STL 文件采用二进制编码格式
//二进制编码格式的 STL 文件使用固定的字节数给出三角面元的几何信息
//文件起始的 80 字节是文件头，用于存储文件名
//紧接着使用 4 字节的整数描述模型的三角面元个数
//后面逐个给出每个三角面元的几何信息。每个三角面元占用固定的 50 字节，依次是
//3 个 4 字节浮点数(三角面元的法线矢量)
//3 个 4 字节浮点数(三角面元第 1 个顶点的坐标)
//3 个 4 字节浮点数(三角面元第 2 个顶点的坐标)
//3 个 4 字节浮点数(三角面元第 3 个顶点的坐标)
//三角面元的最后 2 字节用来描述三角面元的属性信息
//一个完整的二进制编码格式的 STL 文件的大小为三角面元数*50+84 字节
type ModelSTL struct {
    Name                string              `json:"name" bson:"name"`
    FaceNum             int32               `json:"face_num" bson:"face_num"`
    TriangleFaceArray   []TriangleFace `json:"triangle_face_array"
bson:"triangle_face_array"`
}
```

在上述代码的结构体定义中，数据类型后面连接的、使用反引号``包裹的 tag 标签主要用于数据的序列化和反序列化，如 TriangleFace 结构体的 N 字段，其标签属性中的 bson 表示当该结构体字段被转换为 MongoDB 的 bson 类型时，其字段名为 n。同理，当 TriangleFace 结构体的 N 字段被转换为 JSON 数据类型时，其 JSON 数据对应 N 字段的字段名也为 n。

在二进制编码格式的 STL 文件中，其数据定义如图 14.6 所示。最开始的 80 字节存储了 STL 文件内部的模型名称（与 STL 模型文件本身的文件名未必相同）；其后的 4 字节存储了 STL 模型的三角面元数量；接着以 50 字节为一组存储了每个三角面元的信息。其中，每组以 12 字节为一段，第 1 段 12 字节中存储了该三角面元的法线信息（由 3 个 32 位浮点数组成，每个 32 位浮点数为 4 字节，分别对应三角面元的三维法线矢量在 X、Y、Z 三个方向上的分量）。与法线类似，三角面元的 3 个顶点坐标信息占据了接下来的 36 字节（每个顶点信息由 3 个 32 位浮点数组成，每个 32 位浮点数为 4 字节，分别对应 3 个顶点坐标在三维空间中 X、Y、Z 三个方向上的分量），最后 2 字节存储了三

角面元的属性信息（在一般情况下，我们可以不用理会这个属性信息）。

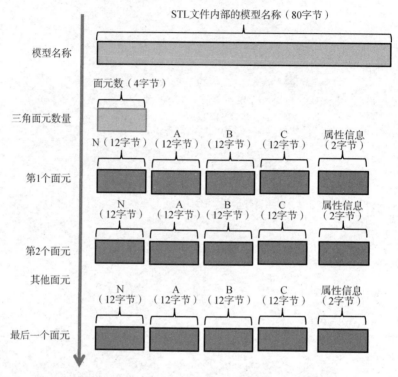

图 14.6　二进制编码格式的 STL 文件的数据定义

根据上述解释，读者应当可以理解代码中关于 STL 文件的数据定义的原理。

14.3.2　解析 STL 文件数据：stl.go 文件

打开 stl 包中的 stl.go 文件，该文件中的 ReadSTLFile()函数主要用于通过读取 STL 文件来获取模型文件中的信息（包含模型文件名、三角面元数量，以及所有面元信息构成的复杂切片数据类型），代码如下：

```
package stl

import (
    "GoBook/code/chapter14/utils"
    "encoding/binary"
    "fmt"
    "log"
    "math"
```

```go
        "os"
        "path/filepath"
)

//输入 STL 文件名和所在的相对路径，返回 ModelSTL 类型的结构体和错误信息
func ReadSTLFile(fileName, dirPath string) (stl ModelSTL, err error) {
    info := "stl/stl.go/ReadSTLFile"
    defer func() {
        if err := recover(); err != nil {
            log.Printf("%s, read stl file error occurred:%s\n", info, err)
        }
    }()
    //利用标准库函数 filepath.Join()拼接 STL 文件的绝对路径
    f, err := os.Open(filepath.Join(utils.ExecutableDir, dirPath, fileName))
    if err != nil {
        log.Printf("%s,open stl %s file error occurred:%s", info, fileName, err)
        return
    }
    defer func() {
        err = f.Close()
        if err != nil {
            log.Println(info, fmt.Sprintf("%s,close file error occurred : %s\n", info, err))
        }
        return
    }()

    stl.Name = fileName

    b := make([]byte, 4, 4)
    n, err := f.ReadAt(b, 80)
    if err != nil {
        log.Println(info, fmt.Sprintf("%s,read the stl model face nums failed at %d byte\n", info, 80+n))
        return
    }
    //在 PC 上按照字节的小端序 LittleEndian 读取文件
    stl.FaceNum = int32(binary.LittleEndian.Uint32(b))
    stl.TriangleFaceArray = make([]TriangleFace, stl.FaceNum, stl.FaceNum)
    b = make([]byte, 50*stl.FaceNum, 50*stl.FaceNum)
    n, err = f.ReadAt(b, 84)
    if err != nil {
        log.Println(info, fmt.Sprintf("%s,read the stl face data failed at %d byte\n", info, 80+4+n))
        return
    }
    var i int32
```

```
    for i = 0; i < stl.FaceNum; i++ {
        offset := i * 50
        stl.TriangleFaceArray[i].N = [3]float32{
            math.Float32frombits(binary.LittleEndian.Uint32(b[0+offset : 4+offset])),
            math.Float32frombits(binary.LittleEndian.Uint32(b[4+offset : 8+offset])),
            math.Float32frombits(binary.LittleEndian.Uint32(b[8+offset : 12+offset])),
        }
        stl.TriangleFaceArray[i].A = [3]float32{
            math.Float32frombits(binary.LittleEndian.Uint32(b[12+offset : 16+offset])),
            math.Float32frombits(binary.LittleEndian.Uint32(b[16+offset : 20+offset])),
            math.Float32frombits(binary.LittleEndian.Uint32(b[20+offset : 24+offset])),
        }
        stl.TriangleFaceArray[i].B = [3]float32{
            math.Float32frombits(binary.LittleEndian.Uint32(b[24+offset : 28+offset])),
            math.Float32frombits(binary.LittleEndian.Uint32(b[28+offset : 32+offset])),
            math.Float32frombits(binary.LittleEndian.Uint32(b[32+offset : 36+offset])),
        }
        stl.TriangleFaceArray[i].C = [3]float32{
            math.Float32frombits(binary.LittleEndian.Uint32(b[36+offset : 40+offset])),
            math.Float32frombits(binary.LittleEndian.Uint32(b[40+offset : 44+offset])),
            math.Float32frombits(binary.LittleEndian.Uint32(b[44+offset : 48+offset])),
        }
    }
    return
}
```

在上述代码中，读者需要特别注意的技术问题有 3 个。

（1）打开的文件对象 f 所调用的 f.ReadAt()方法，需要接收两个参数。第 1 个参数指定将文件内容按照字节读取方式读入哪个字节切片对象中（这里是函数中创建的字节切片变量 b，b 的长度表示准备读取多少字节）；第 2 个参数为读取时的偏移量，也就是从第几个字节开始读取。也就是说，要给 f.ReadAt()方法传入"具有一定长度的字节切片"和"从哪个字节位置开始读取"两个信息。

（2）Go 语言标准库中的 binary.LittleEndian.Uint32()方法，表示采用"二进制"和"小端序"方式来获取和解析二进制文件对象中的数据对象，并将其转换为 uint32 类型数据。所谓"小端序"（LittleEndian），简单来说，就是计算机读取一段二进制数据内容时的一种方式，与之相对应的是"大端序"（BigEndian）。其实不仅在读取文件时会遇到，在处理网络通信数据时，也会存在"小端序"和"大端序"两种方式。

（3）在对 stl.FaceNum 进行 for 循环遍历时，按照图 14.6 中对 STL 文件数据的定义，需以 50 字节的整数倍的变量 offset 作为读取文件内容的偏移量，按照面元的顺序读取各个面元信息。

14.3.3　安装和配置 MongoDB

本节将介绍 MongoDB 的安装和配置，并用其存储 STL 文件的模型网格数据。根据 MongoDB 官网的相关介绍：MongoDB 是一个基于分布式文件存储的数据库，使用 C++语言编写，旨在为 Web 应用提供可扩展的高性能数据存储解决方案。MongoDB 属于 NoSQL 类型即非关系数据库，而且它是非关系数据库中功能最丰富、最像关系数据库的。

打开 MongoDB 官网的下载页面，依次下载如下 3 个工具包。

1. MongoDB Community Server

MongoDB 数据库和服务器端程序的下载页面如图 14.7 所示。我们可以在相应的下拉列表中选择相应的版本，这里选择下载社区版本，并选择"zip"格式的安装包（只需在解压缩后配置环境变量即可使用，如果需要进行版本更新，则只需删除该版本所在的文件夹即可）。当然，我们也可以下载商业版本（仅限于个人测试使用，若要进行商业使用，则需要购买相应的版权）。

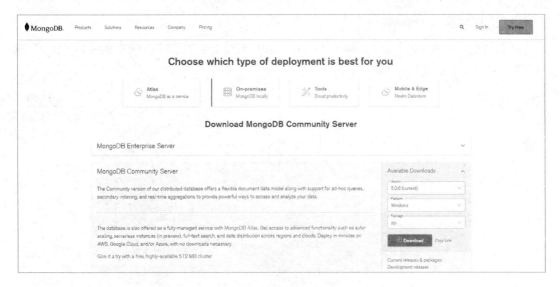

图 14.7　MongoDB 数据库和服务器端程序的下载页面

2. Mongo Shell

下载连接 MongoDB 的命令行工具 Mongo Shell，页面如图 14.8 所示，单击"Tools"按钮，注意选择"zip"格式的安装包，理由同上。

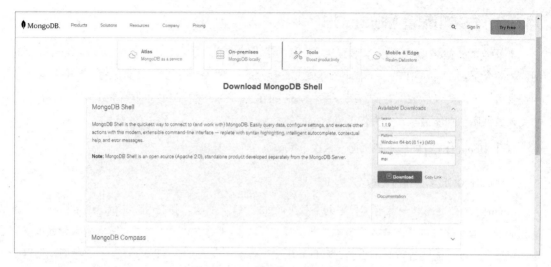

图 14.8　Mongo Shell 的下载页面

3. MongoDB Compass

MongoDB Compass 是一个显示和连接 MongoDB 的图形化客户端，下载页面如图 14.9 所示，这里同样选择 "zip" 格式的安装包。

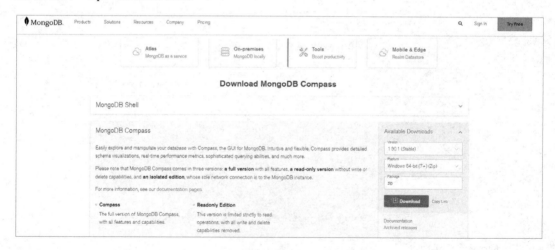

图 14.9　MongoDB Compass 的下载页面

在上述 3 个 zip 包下载完毕后，我们将对其进行如下配置。

（1）选择合适的路径，将 MongoDB Community Server 的 zip 安装包进行解压缩，并进入解压缩后的 mongodb-win32-x86_64-community-windows-5.0.4（根据读者下载的版本不同，该名称会略有变化）文件夹中，新建 log 和 data 两个文件夹，分别用于放置 MongoDB 运行时产生的日志文件和数据文件。单击进入该路径下的 bin 文件夹中，复制地址栏中的路径并添加到系统的 PATH 环境变量中。该步骤的主要目的是实现在系统的命令行工具中直接输入 bin 文件夹中的文件名即可运行。

（2）解压缩 Mongo Shell 的 zip 安装包，进入解压缩后的文件夹中，再进入 bin 文件夹中，同样地，复制地址栏中的路径并添加到系统的 PATH 环境变量中。

（3）解压缩 MongoDB Compass 的 zip 安装包，进入解压缩后的文件夹中，右击 MongoDBCompass.exe 文件，选择"发送到"→"桌面快捷方式"命令，即可在桌面上添加快捷方式。接下来，只需双击快捷方式即可运行该程序。

在完成以上 3 个步骤后，打开系统的命令行工具 cmd，这里假设"mongodb-win32-x86_64-community-windows-5.0.4.zip"解压缩后的文件夹所在的系统绝对路径为"C:\Users\gopher\SDK\Install\db\mongo\"。为方便起见，下面将路径"C:\Users\gopher\SDK\Install\db\mongo\"简称为 MongoRoot（读者也可以根据自己的实际文件路径进行替换），在 cmd 窗口中输入如下命令：

```
mongod --dbpath MongoRoot\data --logpath MongoRoot\log --noauth
```

上述命令的意思是，启动 MongoDB 的程序 mongod.exe。--dbpath 参数表示数据存储在其解压缩文件夹下的 data 文件夹中；--logpath 参数表示日志存储在其解压缩文件夹下的 log 文件夹中；--noauth 参数表示登录数据库无须认证。在成功运行 MongoDB Server 后，会产生类似于图 14.10 所示的输出。

{"t":{"$date":"2022-02-06T12:42:53.008Z"},"s":"I",　"c":"CONTROL",　"id":20697,　"ctx":"-","msg":"Renamed existing log file","attr":{"oldLogPath":"C:\\Users\\gopher\\SDK\\Install\\db\\mongo\\mongodb-win32-x86_64-enterprise-windows-5.0.4\\log\\mongod.log","newLogPath":"C:\\Users\\gopher\\SDK\\Install\\db\\mongo\\mongodb-win32-x86_64-enterprise-windows-5.0.4\\log\\mongod.log.2022-02-06T12-42-53"}}

图 14.10　成功运行 MongoDB Server 后的输出

下面我们为 MongoDB 创建一个用户名为"gopher"、密码为"gopher2021"的用户，并为该用户赋予管理员权限。

不要退出之前打开的 cmd 窗口，新打开一个 cmd 窗口，在该窗口中输入"mongosh"命令，连接到 MongoDB，配置 MongoDB 的用户名和密码，如图 14.11 所示。依次输入以下 3 条命令来创建用户，注意每输入一行都需要按 Enter 键确认：

```
use admin
user={user:'gopher',pwd:'gopher2021',roles:[{role:'root',db:'admin'}]}
db.createUser(user)
```

当输入完成后，cmd 窗口中会提示创建用户成功的相关信息。至此，安装和配置 MongoDB 的操作完成。

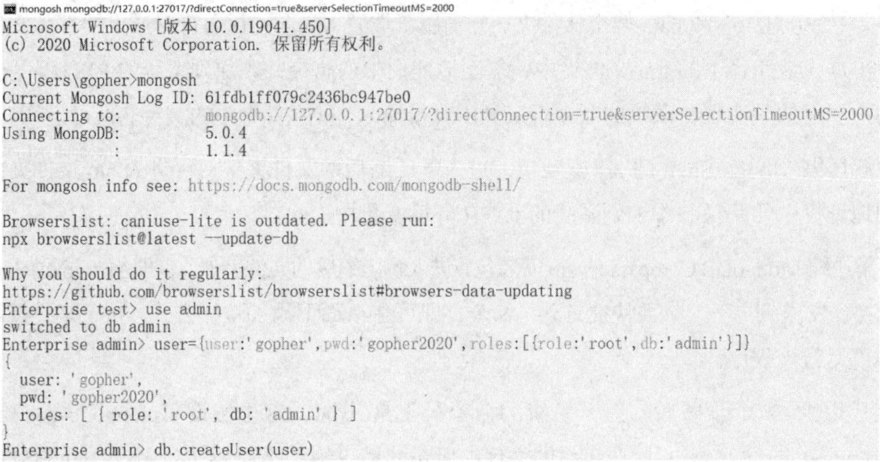

```
mongosh mongodb://127.0.0.1:27017/?directConnection=true&serverSelectionTimeoutMS=2000
Microsoft Windows [版本 10.0.19041.450]
(c) 2020 Microsoft Corporation. 保留所有权利。

C:\Users\gopher>mongosh
Current Mongosh Log ID: 61fdb1ff079c2436bc947be0
Connecting to:          mongodb://127.0.0.1:27017/?directConnection=true&serverSelectionTimeoutMS=2000
Using MongoDB:          5.0.4
                :       1.1.4

For mongosh info see: https://docs.mongodb.com/mongodb-shell/

Browserslist: caniuse-lite is outdated. Please run:
npx browserslist@latest --update-db

Why you should do it regularly:
https://github.com/browserslist/browserslist#browsers-data-updating
Enterprise test> use admin
switched to db admin
Enterprise admin> user={user:'gopher',pwd:'gopher2020',roles:[{role:'root',db:'admin'}]}
{
  user: 'gopher',
  pwd: 'gopher2020',
  roles: [ { role: 'root', db: 'admin' } ]
}
Enterprise admin> db.createUser(user)
```

图 14.11　配置 MongoDB 的用户名和密码

14.3.4　操作数据库：db.go 文件

在安装和配置好 MongoDB 后，我们就可以利用 Go 语言对其进行操作了。打开 stl 包中的 db.go 文件，该文件中包含了 SaveSTLMongo()和 QuerySTLMongo()两个函数，代码如下：

```go
package stl

import (
	"context"
	"fmt"
	"go.mongodb.org/mongo-driver/bson"
	"go.mongodb.org/mongo-driver/mongo"
	"go.mongodb.org/mongo-driver/mongo/options"
	"log"
	"time"
)

//将 STL 文件中的数据存入 MongoDB 中
//输入参数 modelSTL：ModelSTL 类型的 STL 三角面元信息
//输入参数 user, pwd, ip, port：连接 MongoDB 的用户名、密码、IP 地址、端口号
//输入参数 database, collection：将 STL 数据存入 MongoDB 时指定的数据库和集合的名称
//输入参数 timeout：连接 MongoDB 的超时时间，单位为秒
//返回函数中间过程可能产生的错误 err
func SaveSTLMongo(modelSTL ModelSTL, user, pwd, ip string, port int, database, collection string, timeout int64) (err error) {
	//设置连接 MongoDB 的用户名、密码、IP 地址、端口号
	clientOptions := options.Client().ApplyURI(fmt.Sprintf("mongodb://%s:%s@%s:%d", user, pwd, ip, port))
```

```go
    //连接 MongoDB 需要传入一个上下文对象 context，这里使用 context.WithTimeout，超时秒数为 timeout
    //之所以需要传入 context 对象，是因为当顶级 Goroutine 退出时，可以方便地终结所有子 Goroutine
    ctx, cancel := context.WithTimeout(context.Background(), time.Duration(timeout)*time.Second)
    //当程序退出时，清空 context 对象 ctx
    defer cancel()
    //连接到 MongoDB，得到数据库客户端对象 client
    client, err := mongo.Connect(ctx, clientOptions)
    if err != nil {
        //在发生连接错误时，打印错误并返回
        log.Println("stl/db.go/SaveSTLMongo, connect to mongodb error:", err)
        return
    }
    //使用 MongoDB 客户端对象 client 对数据库执行 ping 命令，如果有错误，则说明连接存在问题
    err = client.Ping(ctx, nil)
    if err != nil {
        log.Println("stl/db.go/SaveSTLMongo, ping mongodb fatal error:", err)
        return
    }
    //log.Println("stl/db.go/SaveSTLMongo, ping mongodb successfully!")
    //在函数退出时，关闭客户端对象 client
    defer func() {
        if err := client.Disconnect(ctx); err != nil {
            log.Println("stl/db.go/SaveSTLMongo, disconnected to MongoDB error:", err)
            return
        }
    }()
    //根据输入的 database 和 collection 名称，获取存储 STL 数据的 MongoDB 集合
    coll := client.Database(database).Collection(collection)
    //查询条件变量 filterM 用来检索是否已经有名称为 modelSTL.Name 的记录，若有，则删除
    filterM := bson.M{"name": modelSTL.Name}
    docCount, err := coll.CountDocuments(ctx, filterM)
    //删除全部的"name"字段为 modelSTL.Name 的数据库记录
    if docCount > 0 {
        _, err = coll.DeleteMany(ctx, filterM)
        if err != nil {
            log.Println("stl/db.go/SaveSTLMongo, delete documents error:", err)
            return
        }
    }
    //插入 modelSTL 结构体数据，可以根据 ModelSTL 数据类型的 json tag 值来设置相应的 document 字段
    _, err = coll.InsertOne(ctx, modelSTL)
    if err != nil {
        log.Println("stl/db.go/SaveSTLMongo, insert document error:", err)
        return
    }
    return
}
```

```go
//输入参数 stlName：需要在 MongoDB 中查询 STL 网格数据的名称
//输入参数 user, pwd, ip, port：连接 MongoDB 的用户名、密码、IP 地址、端口号
//输入参数 database, collection：将 STL 数据存入 MongoDB 时指定的数据库和集合的名称
//输入参数 timeout：连接 MongoDB 的超时时间，单位为秒
//返回 ModelSTL 类型的数据 modelSTL，包含 JSON 形式的 STL 网格数据
//以及函数中间过程可能产生的错误 err
func QuerySTLMongo(stlName, user, pwd, ip string, port int, database, collection string,
timeout int64) (modelSTL ModelSTL, err error) {
    //设置连接 MongoDB 的用户名、密码、IP 地址、端口号
    clientOptions := options.Client().ApplyURI(fmt.Sprintf("mongodb://%s:%s@%s:%d",
user, pwd, ip, port))
    //连接 MongoDB 需要传入一个上下文对象 context，这里使用 context.WithTimeout，超时秒数为 timeout
    //之所以需要传入 context 对象，是因为当顶级 Goroutine 退出时，可以方便地终结所有子 Goroutine
    ctx, cancel := context.WithTimeout(context.Background(), time.Duration(timeout)*time.Second)
    //当程序退出时，清空 context 对象 ctx
    defer cancel()
    //连接到 MongoDB，得到数据库客户端对象 client
    client, err := mongo.Connect(ctx, clientOptions)
    if err != nil {
        //在发生连接错误时，打印错误并返回
        log.Println("stl/db.go/QuerySTLMongo, connect to mongodb error:", err)
        return
    }
    //使用 MongoDB 客户端对象 client 对数据库执行 ping 命令，如果有错误，则说明连接存在问题
    err = client.Ping(ctx, nil)
    if err != nil {
        log.Println("stl/db.go/QuerySTLMongo, ping mongodb fatal error:", err)
        return
    }
    //log.Println("stl/db.go/QuerySTLMongo, ping mongodb successfully!")
    //在函数退出时，关闭客户端对象 client
    defer func() {
        if err := client.Disconnect(ctx); err != nil {
            log.Println("stl/db.go/QuerySTLMongo, disconnected to MongoDB error:", err)
            return
        }
    }()
    //根据输入的 database 和 collection 名称，获取存储 STL 数据的 MongoDB 集合
    coll := client.Database(database).Collection(collection)
    //查询条件变量 filterM 用来检索 name 字段为 stlName 的数据库记录
    filterM := bson.M{"name": stlName}
    //根据查询条件变量 filterM 查找一条数据库记录，并将结果反序列化为 ModelSTL 类型的数据 modelSTL
    err = coll.FindOne(ctx, filterM).Decode(&modelSTL)
    if err != nil {
        log.Printf("stl/db.go/QuerySTLMongo, find and decode modelSTL(name=%s) error:%s\n",
stlName, err)
        return
    }
```

```
    return
}
```

对上述代码中的重要技术点解析如下。

（1）在文件开头的 import 语句中，引入了 3 个以"go.mongodb.org"开头的包。这 3 个包就是 MongoDB 官方为 Go 语言提供的数据库驱动包。所谓"数据库驱动"，是指通过这个数据库驱动包，我们可以方便地使用其提供的 API 对数据库进行连接，以及增删改查操作。在引入这 3 个包以后，确认系统中的环境变量 GOPROXY 的值为"https://goproxy.cn,direct"（即优先选用 Go 语言第三方库的国内镜像网站），且系统具备正常的互联网连接功能，然后在 GoLand 的 Terminal 命令行窗口中输入"go mod tidy"（注意 3 个单词中间的空格）命令以安装适用于 Go 语言的 MongoDB 驱动，如图 14.12 所示。

```
Terminal:  Local  +
Microsoft Windows [版本 10.0.19041.450]
(c) 2020 Microsoft Corporation. 保留所有权利。

C:\Users\gopher\Program\gopath\src\pygame\GoBook\code\chapter13>go mod tidy

C:\Users\gopher\Program\gopath\src\pygame\GoBook\code\chapter13>
```

图 14.12　安装 MongoDB 驱动

当没有报错信息，且 GoLand 中没有报错提示时，表示安装成功。此时可以发现，项目根目录下的 go.mod 文件会发生变化，即多了一行 require 语句表明引入的 MongoDB 驱动和版本，如图 14.13 所示。同时，系统会生成一个 go.sum 文件，用于记录相关第三方库的依赖信息，读者请勿手动修改。

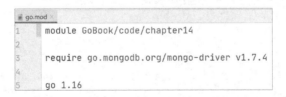

```
go.mod ×
1    module GoBook/code/chapter14
2
3    require go.mongodb.org/mongo-driver v1.7.4
4
5    go 1.16
```

图 14.13　安装 MongoDB 驱动后的 go.mod 文件内容

如果读者的计算机由于某些原因不具备互联网连接功能，则可以先找一台有互联网连接功能的计算机，按照上述方法安装 MongoDB 驱动，然后复制系统中 gopath 路径下的 mod 文件夹至无互联网连接功能的计算机的 gopath 路径下，完全替换其 mod 文件夹，此时即可顺利安装。实际上，从网络上下载的 MongoDB 驱动就在 mod 文件夹下，如图 14.14 所示。

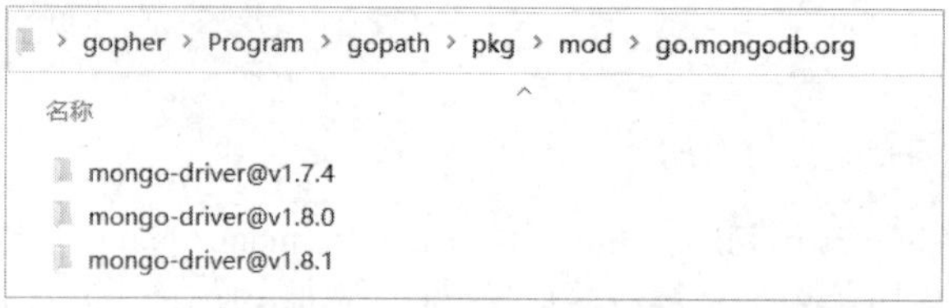

图 14.14　mod 文件夹

（2）对 SaveSTLMongo() 和 QuerySTLMongo() 两个函数而言，结合代码注释，读者可以较为直观地理解将 STL 数据存入数据库中，以及根据字段检索数据库中记录的大致流程。这里需要注意的是，在连接 MongoDB 时，需要传入一个上下文对象 context，用于控制对数据库进行操作的超时及关闭相关资源的操作。另外，查询条件变量 filterM 的数据类型是 bson.M，与 JSON 数据比较类似，也具有键-值对即 key-value 的形式。

（3）在连接 MongoDB 时，用户名和密码被设置为"gopher"和"gopher2021"，代码中通过调用 MongoDB 驱动提供的 API 函数 options.Client().ApplyURI()，将 14.3.3 节设置的 MongoDB 的用户名和密码传递进去。

14.4　开发路由函数的 handler 包

在前文介绍的 utils 包和 stl 包的基础上，我们就可以开发 HTTP 服务器的多个路由函数所在的 handler 包了。在 handler 包下新建 type.go、ping.go、stl.go 三个文件。

14.4.1　定义响应数据格式类型的 type.go 文件

打开 type.go 文件，代码如下：

```go
package handler

//当 HTTP 服务器无法正确返回结果时，返回 ResponseStatus
type ResponseStatus struct {
    //使用结构体标签 tag，当对 Status 字段进行 json 或 xml 序列化时，字段名称为 status
    Status string `json:"status" xml:"status"`
}

//返回 STL 文件列表的结构体类型
type STLFileList struct {
    STLList []string `json:"stl_list" xml:"stl_list"`
}
```

```
type STLFileName struct {
    Name string `json:"name" xml:"name"`
}
```

该文件中的 3 个结构体分别对应客户端的 3 种请求或响应的数据格式类型。需要注意的是，字段定义中使用反引号``包裹起来的内容为字段的 tag。在对结构体进行序列化和反序列化时，Go 编译器会按照 tag 值和 Go 语言结构体中的字段名之间的对应关系进行转换。

14.4.2　用于测试服务器程序连通性的 ping.go 文件

打开 ping.go 文件，代码如下：

```
package handler

import (
    "GoBook/code/chapter14/utils"
    "fmt"
    "log"
    "net/http"
    "time"
)

//用于测试服务器程序的可连通性，给客户端返回一个字符串"Pong"+服务器时间
//Go 语言中作为 HTTP 服务器的处理函数，其形参必须为 http.ResponseWriter 和*http.Request
//且顺序不可颠倒
func Ping(w http.ResponseWriter, r *http.Request) {
    //当发生致命错误时，调用 utils 包中的 RecoverHandler()函数进行故障恢复，防止意外退出
    defer utils.RecoverHandler("handler.Ping")
    defer func() {
        //关闭客户端的 HTTP 请求体 r.Body
        err := r.Body.Close()
        if err != nil {
            //符号\"用于转义，目的是在字符串中输出双引号
            log.Println("handler \"Ping\" close the request body error occurred:", err)
            return
        }
    }()
    //查看客户端请求的方法
    fmt.Println("handler \"Ping\": client request method is", r.Method)
    //w 为给客户端返回内容的 ResponseWriter，字面意思可以被理解为响应写入器
    //w 返回的数据必须为字节切片格式，所以使用[]byte()对返回的字符串进行强制的数据类型转换
    num, err := w.Write([]byte("Pong!" + time.Now().Format("2006-01-02 15:04:05")))
    //如果 w 在返回响应时发生错误，则调用 utils 包的一般错误处理函数进行处理
    utils.ErrorHandler(err, "handler.Ping write response")
    //在服务器端输出返回给客户端的字节数
    log.Println("Ping handler write", num, "bytes")
}
```

在 Web 应用开发中，客户端（通常是浏览器）发送不同请求时，服务器端需要使用不同的路由函数来处理。在 Go 语言中，http.HandleFunc()作为路由函数，被定义为必须且只能接收 http.ResponseWriter 和*http.Request 两种数据类型的形参，同时顺序不可颠倒，不能有返回值。

在上文的 Ping()函数中，可以通过打印输出 r.Body 变量的值来获取客户端的请求体，通过打印输出 r.Method 变量的值来获取客户端的请求方法。当路由函数处理完成后，通过 http.ResponseWriter 变量 w 返回给客户端相应的响应内容，这里需要注意的是，http.ResponseWriter 的 Write()方法只能传入字节切片类型的变量。

类似 Ping()函数这样的 HTTP 路由函数，本质上就是接收客户端的请求，在处理完成后，返回给客户端的响应内容就是"处理请求"+"返回响应"。

14.4.3　处理 STL 数据请求的 stl.go 文件

打开 stl.go 文件，其中包含 GetSTLList()、SaveSTLMongo()和 QuerySTLMongo()这 3 个函数，分别对应"获取 STL 文件列表"、"将 STL 文件数据存入 MongoDB"和"根据 name 字段名称查询 MongoDB 中的数据" 3 个处理过程。具体代码如下：

```go
package handler

import (
    "GoBook/code/chapter14/stl"
    "GoBook/code/chapter14/utils"
    "encoding/json"
    "fmt"
    "io"
    "log"
    "net/http"
    "time"
)

func GetSTLList(w http.ResponseWriter, r *http.Request) {
    //start 用于记录处理请求的开始时间
    start := time.Now()
    status := ""
    //允许跨域请求
    w.Header().Set("Access-Control-Allow-Origin", "*")
    defer func() {
        //当服务器发生可恢复致命错误时的处理
        if err := recover(); err != nil {
            log.Println("handler \"GetSTLList\" list file error occurred:", err)
            //返回服务器时间和错误信息
            //Format()函数中的"2006-01-02 15:04:05"为 Go 语言格式化时间所使用的字符串
```

```go
            status = time.Now().Format("2006-01-02 15:04:05") +
                //使用 fmt.Sprintf 拼接字符串
                fmt.Sprintf("get stl file list error:%s", err)
            //调用标准库的 json.Marshal 序列化 ResponseStatus 结构体变量
            response, _ := json.Marshal(ResponseStatus{Status: status})
            _, err = w.Write(response)
            if err != nil {
                log.Println("handler \"GetSTLList\" write response status failed:", err)
                return
            }
        }
    }()
    stlFileList, err := utils.GetFileList("assets/upload")
    if err != nil {
        //当获取文件列表时发生错误，打印错误信息并立即返回
        utils.ErrorHandler(err, "handler.GetSTLList list stl file")
        return
    }
    res, err := json.Marshal(STLFileList{STLList: stlFileList})
    if err != nil {
        //当序列化文件列表信息为字节时发生错误，打印错误信息并立即返回
        utils.ErrorHandler(err, "handler.GetSTLList marshal STLFileList data")
        return
    }
    _, err = w.Write(res)
    if err != nil {
        //当给客户端返回响应信息时发生错误，打印错误信息并立即返回
        utils.ErrorHandler(err, "handler.GetSTLList write response")
        return
    }
    //在正确处理完成后，打印处理结束信息，以及处理耗时
    log.Printf("write list STL file response finished successfully, cost time %s\n",
-start.Sub(time.Now())))
}

func SaveSTLMongo(w http.ResponseWriter, r *http.Request) {
    //start 用于记录处理请求的开始时间
    start := time.Now()
    status := ""
    //允许跨域请求
    //w.Header().Set("Access-Control-Allow-Origin", "*")
    //只接收 POST 方法
    if r.Method != "POST" {
        status = time.Now().Format("2006-01-02 15:04:05") +
            "server only accept 'POST' method"
        //调用标准库的 json.Marshal 序列化 ResponseStatus 结构体变量
        response, _ := json.Marshal(ResponseStatus{Status: status})
        _, err := w.Write(response)
```

```
        if err != nil {
            log.Println("handler \"SaveSTLMongo\" write response status failed:", err)
            return
        }
        return
    }
    defer func() {
        //当发生可恢复致命错误时的处理
        if err := recover(); err != nil {
            log.Println("handler \"SaveSTLMongo\" list file error occurred:", err)
            //返回服务器时间和错误信息
            //Format()函数中的"2006-01-02 15:04:05"为 Go 语言格式化时间所使用的字符串
            status = time.Now().Format("2006-01-02 15:04:05") +
                //使用 fmt.Sprintf 拼接字符串
                fmt.Sprintf(", save stl file to MongoDB error:%s", err)
            //调用标准库的 json.Marshal 序列化 ResponseStatus 结构体变量
            response, _ := json.Marshal(ResponseStatus{Status: status})
            _, err = w.Write(response)
            if err != nil {
                log.Println("handler \"SaveSTLMongo\" write response status failed:", err)
                return
            }
        }
    }()
    body, err := io.ReadAll(r.Body)
    if err != nil {
        log.Println("handler \"SaveSTLMongo\" read request body error:", err)
        return
    }
    defer func() {
        //处理结束前关闭请求求体 r.Body
        err := r.Body.Close()
        if err != nil {
            log.Println("handler \"SaveSTLMongo\" close the request body error
occurred:", err)
            return
        }
    }()
    stlFileName := STLFileName{}
    if err = json.Unmarshal(body, &stlFileName); err != nil {
        log.Println("handler \"SaveSTLMongo\" unmarshal stlFileName error occurred:", err)
        return
    }
    //fmt.Println(stlFileName.Name)
    stlData, err := stl.ReadSTLFile(stlFileName.Name, "assets/upload")
    if err != nil {
        //当获取 STL 文件数据时发生错误，打印错误信息并立即返回
        log.Println("handler \"SaveSTLMongo\" read STL file data error occurred:", err)
```

```go
        return
    }
    err = stl.SaveSTLMongo(stlData,
        "gopher", "gopher2021",
        "127.0.0.1", 27017, "STL", "Binary", 10)
    if err != nil {
        log.Println("handler \"SaveSTLMongo\" save STL file data to MongoDB error
occurred:", err)
        return
    }
    status = time.Now().Format("2006-01-02 15:04:05") +
        fmt.Sprintf(", save stl file %s to MongoDB successfully", stlFileName.Name)
    //调用标准库的 json.Marshal 序列化 ResponseStatus 结构体变量
    response, _ := json.Marshal(ResponseStatus{Status: status})
    _, err = w.Write(response)
    if err != nil {
        //当给客户端返回响应信息时发生错误，打印错误信息并立即返回
        utils.ErrorHandler(err, "handler.GetSTLList write response")
        return
    }
    //在正确处理完成后，打印处理结束信息，以及处理耗时
    log.Printf("write STL file data to MongoDB finished successfully, cost time %s\n",
-start.Sub(time.Now()))
}

func QuerySTLMongo(w http.ResponseWriter, r *http.Request) {
    //start 用于记录处理请求的开始时间
    start := time.Now()
    status := ""
    //允许跨域请求
    w.Header().Set("Access-Control-Allow-Origin", "*")
    //只接收 POST 方法
    if r.Method != "POST" {
        status = time.Now().Format("2006-01-02 15:04:05") +
            "server only accept 'POST' method"
        //调用标准库的 json.Marshal 序列化 ResponseStatus 结构体变量
        response, _ := json.Marshal(ResponseStatus{Status: status})
        _, err := w.Write(response)
        if err != nil {
            log.Println("handler \"QuerySTLMongo\" write response status failed:", err)
            return
        }
        return
    }
    body, err := io.ReadAll(r.Body)
    if err != nil {
        log.Println("handler \"QuerySTLMongo\" read request body error:", err)
        return
```

```
    }
    defer func() {
        //处理结束前关闭请求体 r.Body
        err := r.Body.Close()
        if err != nil {
            log.Println("handler \"QuerySTLMongo\" close the request body error
occurred:", err)
            return
        }
    }()
    stlFileName := STLFileName{}
    defer func() {
        //当发生可恢复致命错误时的处理
        if err := recover(); err != nil {
            log.Println("handler \"QuerySTLMongo\" list file error occurred:", err)
            //返回服务器时间和错误信息
            //Format()函数中的"2006-01-02 15:04:05"为 Go 语言格式化时间所使用的字符串
            status = time.Now().Format("2006-01-02 15:04:05") +
                //使用 fmt.Sprintf 拼接字符串
                fmt.Sprintf(", query stl data(name=%s) in MongoDB error:%s",
stlFileName.Name, err)
            //调用标准库的 json.Marshal 序列化 ResponseStatus 结构体变量
            response, _ := json.Marshal(ResponseStatus{Status: status})
            _, err = w.Write(response)
            if err != nil {
                log.Println("handler \"QuerySTLMongo\" write response status failed:",
err)
                return
            }
        }
    }()
    if err = json.Unmarshal(body, &stlFileName); err != nil {
        log.Println("handler \"QuerySTLMongo\" unmarshal stlFileName error occurred:",
err)
        return
    }
    //fmt.Println(stlFileName.Name)
    modelSTL, err := stl.QuerySTLMongo(stlFileName.Name,
        "gopher", "gopher2021",
        "127.0.0.1", 27017, "STL", "Binary", 10)
    if err != nil {
        //当获取文件列表时发生错误，打印错误信息并立即返回
        log.Println("handler \"QuerySTLMongo\" read STL file data error occurred:",
err)
        return
    }
    response, _ := json.Marshal(modelSTL)
    _, err = w.Write(response)
```

```
if err != nil {
    //当给客户端返回响应信息时发生错误，打印错误信息并立即返回
    utils.ErrorHandler(err, "handler.GetSTLList write response")
    return
}
//在正确处理完成后，打印处理结束信息，以及处理耗时
log.Printf("write STL file data to MongoDB finished successfully, cost time %s\n",
-start.Sub(time.Now()))
}
```

在上述代码中，关键技术点如下。

- 在 HTTP 路由函数中，均有一个 defer 关键字修饰的匿名函数中包裹了 Go 语言内置的故障恢复函数 recover()，目的是防止某些非严重性错误导致整个 HTTP 服务"挂掉"。

- 使用 time.Now().Format("2006-01-02 15:04:05")获取服务器时间字符串，其中的"2006-01-02 15:04:05"格式化字符串不能被修改，因为其对应了不同时间单位的格式化位置和值。

- 使用 json.Unmarshal 和 json.Marshal 对 JSON 或结构体类型的数据进行反序列化和序列化。所谓的序列化，就是将其他类型的数据内容（如字符串或字节）转换为标准 JSON 数据的过程，其逆过程为反序列化。

- 调用 utils 包和 stl 包中的函数，降低路由函数本身的复杂性。在 Web 开发过程中，我们应避免将一个 HTTP 路由函数写得过长。为了便于读者理解和体会 HTTP 服务的开发过程，本实战项目未采用第三方 Web 框架，而是采用 Go 语言内置的 http 包进行开发。

- 代码中通过设置响应头即 w.Header()，将其键"Access-Control-Allow-Origin"值设置为"*"，以允许跨域请求。所谓"跨域请求"，好比域名为"https://a.cn"的网站发起"https://a.cn/get-info"的请求，因为请求的协议、域名及端口号完全一致，所以该请求没有跨域。但是当该网站发起"https://b.cn/get-info"请求时，由于域名不一致，会产生跨域情况，此时请求会受到同源策略的限制。

14.5　开发项目入口文件 main.go 并测试项目

经过前面 4 节内容的学习，恭喜你来到本项目的收官环节。本节将开发 main.go 文件作为整个项目的入口，同时为了模拟客户端的访问请求，这里简单起见，使用 Web 开发领域常用的 Postman 来发送 HTTP 请求。为此，我们首先前往 Postman 官网的下载页面，在下载完成后进行安装，其运行界面如图 14.15 所示。至此，本节的准备工作完成。

图 14.15　Postman 运行界面

14.5.1　开发 main.go 文件

打开项目根目录下的 main.go 文件，代码如下：

```
package main

import (
    "GoBook/code/chapter14/handler"
    "GoBook/code/chapter14/utils"
    "fmt"
    "net/http"
    "time"
)

func main() {
    //创建一个名称为 mux 的 http multiplexer(多路复用器)
    //不使用 http.DefaultServerMux
    mux := http.NewServeMux()

    //定义服务器的 IP 地址
    //当使用 "127.0.0.1" 时，服务器程序只能被本机访问
    //当使用 "0.0.0.0" 时，服务器程序可被所在网络上的任意计算机访问
    ip := "0.0.0.0"
    //定义服务器程序的运行端口，端口范围为 0~65535，建议使用大于 8000 的非活动端口
    port := "8888"

    //当用户访问"127.0.0.1:8888/"或"127.0.0.1:8888/ping"两个路由地址时
    //调用 handler 包中的 Ping()函数进行处理
    mux.HandleFunc("/", handler.Ping)
    mux.HandleFunc("/ping", handler.Ping)
    //当用户访问"127.0.0.1:8888/get-stl-list"时，调用 handler 包中的 GetSTLList()函数进行处理
    mux.HandleFunc("/get-stl-list", handler.GetSTLList)
    //当用户访问"127.0.0.1:8888/save-stl-mongo"时，调用 handler 包中的 SaveSTLMongo()函数进行处理
```

```go
mux.HandleFunc("/save-stl-mongo", handler.SaveSTLMongo)
//当用户访问"127.0.0.1:8888/query-stl-mongo"时，调用 handler 包中的 QuerySTLMongo()函数进行处理
mux.HandleFunc("/query-stl-mongo", handler.QuerySTLMongo)

//使用 Go 语言标准库的 http 包创建 server 对象
server := &http.Server{
    Addr:              ip + ":" + port,   //服务器程序运行的 IP 地址和端口
    Handler:           mux,               //服务器程序使用的 http multiplexer
    TLSConfig:         nil,
    //定义读超时为 150 秒，读者可灵活调整
    ReadTimeout:       time.Duration(150 * int64(time.Second)),
    ReadHeaderTimeout: 0,
    //定义写超时为 150 秒，读者可灵活调整
    WriteTimeout:      time.Duration(600 * int64(time.Second)),
    IdleTimeout:       0,
    MaxHeaderBytes:    0,
    TLSNextProto:      nil,
    ConnState:         nil,
    ErrorLog:          nil,
    BaseContext:       nil,
    ConnContext:       nil,
}
fmt.Println("server started at " + ip + ":" + port)
err := server.ListenAndServe()
if err != nil {
    //定义一个字符串型变量，用来存储错误信息
    waitStr := ""
    //当 server 对象在调用 ListenAndServe()方法时发生错误，应强制退出程序
    //使用 fmt.Scanf()函数会将程序运行过程卡住，在按 Enter 键后，程序继续执行
    //主要目的是防止程序退出前命令行窗口一闪而过
    _, _ = fmt.Scanf("panic error %s occurred, press \"Enter\" key to exit...\n",
&waitStr)
    //使用 utils 包中定义的 panic 错误处理函数，程序强制退出
    utils.PanicHandler(err, "main.go")
}
}
```

在上述代码中，我们首先定义了一个 http.NewServeMux 类型的多路复用器变量 mux，这里为了预防安全问题而不使用默认的 http.DefaultServerMux。然后使用 mux.HandleFunc()方法为 mux 变量的 5 个路由模式"/"、"/ping"、"/get-stl-list"、"/save-stl-mongo"和"/query-stl-mongo"匹配了相应的路由函数。接下来将&http.Server 类型的 server 变量传入 mux 变量中，同时设置 IP 地址、端口、读超时和写超时等字段，最后启动服务器即可。

在 GoLand 中，可以参照图 14.16 完成整个项目的编译参数配置。运行项目，编译输出的可执行文件名称为 server.exe（Go tool arguments 中的-o 参数设置）。另外，Go tool arguments 中的-ldflags "-

w -s"代表删除编译过程中的符号表，可以缩小可执行文件 server.exe 的体积。如果读者使用 Linux，则编译目标为 server，无须使用 exe 扩展名。

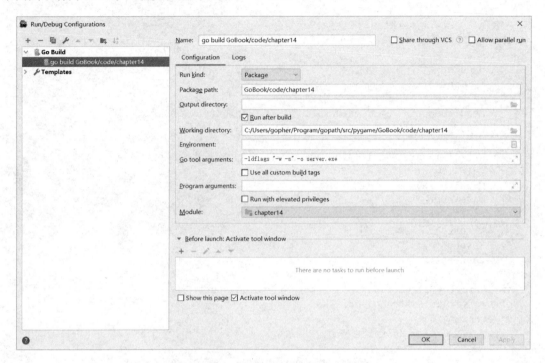

图 14.16　在 GoLand 中配置项目的编译参数

14.5.2　使用 Postman 测试整个项目

按照 14.5.1 节的设置启动项目，并按照前文中配置的 MongoDB 启动数据库后，我们就可以使用 Postman 进行项目测试了。

1．测试服务器程序的连通性

在 Postman 运行界面左侧的"Collection"菜单下的"New Collection"中，单击三个圆圈的按钮，选择"Add request"选项，在请求类型箭头所指位置处设置请求类型为"GET"，在请求地址的地址栏中输入"127.0.0.1:8888/ping"，单击"Send"按钮，即可发送请求。请求成功后，Postman 的显示结果如图 14.17 所示，GoLand 中 server.exe 文件的命令行输出，即响应信息如图 14.18 所示。读者可以试验一下，将地址栏中的内容修改为"127.0.0.1:8888/"，输出结果也与此相同，因为我们设置了"/"，路由函数也由同一个 HTTP 路由函数来处理。

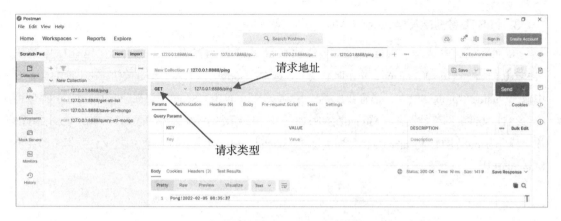

图 14.17　Postman 的显示结果

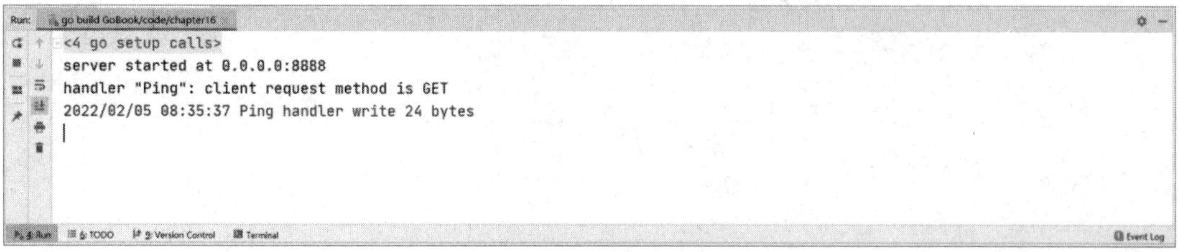

图 14.18　GoLand 中的响应信息

2. 获取 STL 文件列表

与前文类似，继续在 Postman 中添加新的请求类型，选择 "Add request" 选项，设置请求类型为 "POST"，在地址栏中输入 "127.0.0.1:8888/get-stl-list"，单击 "Send" 按钮，可以获取服务器端的 "assets/upload" 文件夹中的 STL 文件列表，如图 14.19 所示。

图 14.19　获取 STL 文件列表

3. 将 STL 数据存入 MongoDB 中

在 Postman 中选择"Add request"选项，设置请求类型为"POST"，在地址栏中输入
"127.0.0.1:8888/save-stl-mongo"，并在地址栏下方选中"Body"→"raw"单选按钮，在下面的文本框
中输入{"name":"probe.STL"}，设置数据类型为"JSON"，单击"Send"按钮，可以通过服务器端将
probe.STL 文件的网格数据存入 MongoDB 中，如图 14.20 所示。读者继续将 JSON 数据中的"probe.STL"
依次替换为"cube.STL"和"tube.STL"，即可将"assets/upload"目录下的 3 个 STL 文件数据全部存入
MongoDB 中。

图 14.20　将 STL 数据存入 MongoDB 中

另外，这里设置了路由"127.0.0.1:8888/save-stl-mongo"只接收 POST 方法。读者可以将请求类
型从"POST"修改为"GET"或其他类型，再试验一下测试结果。

4. 获取 MongoDB 中的 STL 数据

在 Postman 中选择"Add request"选项，设置请求类型为"POST"，在地址栏中输入
"127.0.0.1:8888/query-stl-mongo"，并在地址栏下方选中"Body"→"raw"单选按钮，在下面的文
本框中输入{"name":"probe.STL"}，设置数据类型为"JSON"，单击"Send"按钮，即可获取 MongoDB
中 name 为 probe 的 JSON 数据，如图 14.21 所示。读者继续将 JSON 数据中的"probe.STL"依次替
换为"cube.STL"和"tube.STL"，即可分别测试其运行结果。

至此，本项目测试完成。

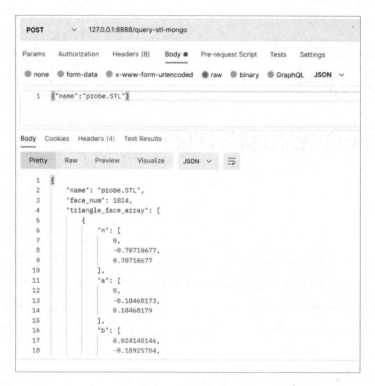

图 14.21　获取 MongoDB 中的 STL 数据

14.6　项目总结

在本实战项目中，我们首先学习了如何解析二进制编码格式的 STL 文件，以及如何连接 MongoDB。然后根据不同的项目功能开发了相应的包，并使用相应的包来管理功能相近的数据类型和函数等，还了解了不同包之间的相互调用方法。需要注意的是，Go 语言禁止包之间的循环调用。例如：包 A 调用了包 B，包 B 又调用了包 A。最后，我们使用 Go 语言内置的 HTTP 标准库开发了服务器程序，同时使用 Postman 测试了整个项目。至此，读者应当大致了解了开发一个实际业务背景需求下的 Web 后台项目的思路和流程，为今后的深入学习和开发打下了良好的技术基础。

第 15 章

开发文件加密和解密程序

通过对文件的字节进行混淆或使用密码表变换来实现加密，我们可以加深对文件的理解。

我们知道，计算机以二进制编码格式来存储各类文件，如常用的电影.avi 文件、音乐.mp3 文件、Word 文档.docx 文件等。然而，在一般的个人计算机上，程序是按照字节（Byte）对文件进行操作的，而不是按照位（bit）对文件进行操作的。一般而言，大多数人通常接触不到能够直接按照位对文件进行操作的计算机。

那么，按照字节来操作文件，具体是什么样的一个过程呢？在个人计算机（也就是我们常说的 PC）上，1 字节（Byte）对应 8 位（bit）二进制数，1 位二进制数可以有两个值，即 0 或 1。下面我们思考一个在中学阶段学过的排列组合问题，8 位二进制数可以表示多大范围内的整数呢？其实计算起来很简单，1 位二进制数的取值要么是 0 要么是 1，所以 8 位二进制数（也就是 1 字节）可以表示 2^8 个数，而 $2^8=256$，也就是从 0 至 255 范围内的总共 256 个数。在使用 Go 语言或其他编程语言读/写文件时，如果每次只读取文件的 1 字节，那么该字节本质上就是一个 byte 类型数据，取值范围为 0 至 255。每个文件按照字节的顺序读取，本质上就是读取一个个 0 至 255 范围内的 byte 类型数据。

在本章中，我们将通过混淆和构造随机的字节映射表来实现文件的加密，同时设计和实现相应的解密程序，以及文件散列值校验程序，用于检验文件加密和解密过程的正确性。

15.1 实现思路及功能设计

在本章中，我们将考虑一种比较简单的加密和解密方式：（1）在文件的某些特定位置，放入一些随机的字节进行混淆。（2）基于用户输入的 6 位随机数字密码，构造一个字节映射表，将原始字节随机地映射为新的 byte 类型值。通过基础部分的学习可以知道，byte 类型的底层数据类型是 uint8，本质上就是将 0 至 255 范围内的 byte 类型值映射为新的字节，用于文件加密。（3）基于前两点，用户在解密过程中需要先排除混淆的无用字节，根据得到的 6 位数字随机密码，将加密后的字节还原为原始的字节。（4）编写计算文件散列值的程序，通过比对加密和解密前后的文件散列值，校验加密和解密过程的正确性。

15.1.1　加密和解密过程的实现思路

对于加密和解密过程的实现，我们遵循如下几个步骤。

（1）在原始文件的头部和尾部两端，各插入一段固定长度的随机字节，用于混淆。在本章中，我们在文件的头部插入长度为 77 字节的混淆字节，在文件的尾部插入长度为 66 字节的混淆字节，当然，长度数值 77 和 66 是随意取的，读者可以根据需要自行调整，如图 15.1 所示。

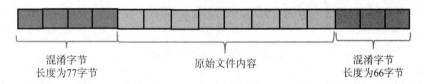

图 15.1　在文件的两端插入混淆字节

为什么需要插入混淆字节呢？可以想象，如果有一个我们不希望其获取正确文件内容的第三方，在拿到被加密的文件后试图破译文件内容，假设他已经猜到文件的字节是通过一定的映射关系重新得到的，那么文件头部和尾部中随机长度和随机取值的字节对破译无疑会形成障碍，因为这些字节是完全无意义的，试图解读这些字节的内容完全是徒劳的。

（2）使用一个用户设定的 6 位数字密码，将原始文件内容中的所有字节对应的 byte 类型值映射为一个新的 byte 类型值，并且保证映射后两者绝不可能相等。具体来讲，我们可以将原始文件字节的低 128 位（即 0～127）随机地映射为高 128 位（即 128～255）中的某个值；将原始文件字节的高 128 位（即 128～255）随机地映射为低 128 位（即 0～127）中的某个值，如图 15.2 所示。这样可以保证，原始文件中的某个 byte 类型值被随机地替换为不同的 byte 类型值。从数学意义上来看，这种映射方式实际上就是"错位排列"。

对于解密过程，实际上就是上述加密过程的逆过程。

（3）去掉加密引入的混淆字节，即将文件头部和尾部的混淆字节去掉，实际上就是取加密后的文件中的一段字节切片，这个切片仅包含有效的文件内容，如图 15.3 所示。

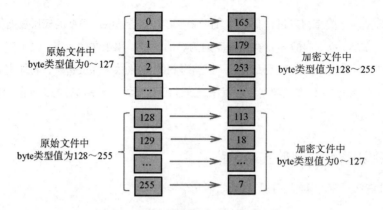

图 15.2　将原始文件字节进行映射变换

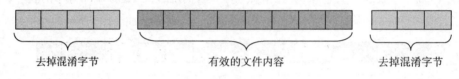

图 15.3　获取有效的文件内容

（4）根据用户设定的 6 位数字密码，得到原始文件字节与加密文件字节的映射表，将有效文件内容中的所有字节根据映射表进行变换，还原为原始字节，从而得到原始文件内容，如图 15.4 所示。

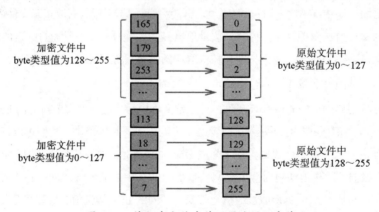

图 15.4　将加密文件字节还原为原始字节

当实现上述 4 个步骤后，我们已经完成了文件的加密和解密过程。但是，由于我们在加密和解密过程中进行了大量的文件字节变换操作，此时如何保证这些操作能够使解密后的文件与加密前的原始文件完全一致呢？因此，我们还需要对文件内容进行比对。

（5）基于 SHA256 散列算法比对文件内容。什么是散列算法？散列算法又称哈希函数（Hash Function），是一种从任意类型的数据中创建小的数字"指纹"的方法。散列算法将消息或数据压缩成摘要，使得数据量变小，并固定数据的格式。其原理是将数据打乱、混合，重新创建一个叫作散列值的"指纹"。根据具体实现方法和途径的不同，散列算法可以分为 MD5、SHA-1、SHA-2 等。本章使用 SHA256 散列算法（由美国国家安全局研发，属于 SHA 算法之一，是 SHA-1 的后继者）来计算文件的散列值。文件的散列值一般采用十六进制数来表示，即 0～9 和英文字母 A～F 构成的十六进制数，每一个十六进制数本质上由对应的 4 位二进制数构成（因为 2^4=16）。因为使用 SHA256 散列算法计算得到的十六进制数的长度为 64 位，因此对应了一个 256 位的二进制数。

🔊 **注意**

> 　　散列算法的一个重要特征是：当原始文件发生一个小的变化时，其对应的散列值会产生非常大的变化。因此，一般而言，如果两个文件的散列值相同，我们可以认为这两个文件相同。当然，也存在文件的散列值相同但文件不同的可能性，俗称"撞库"。采用散列算法计算的散列值位数越多，发生"撞库"的可能性越小。

15.1.2　功能设计

根据前述内容，我们在本章拟开发 3 个命令行程序，如果在 Linux 或 macOS 系统下，则无须使用 exe 扩展名。

（1）用于加密的程序 encrypt.exe：用于文件的加密，接收一个 6 位数字密码参数，以及一个待加密的文件名参数，将文件加密后会输出 encrypt.enp 文件。

（2）用于解密的程序 decrypt.exe：用于文件的解密，接收一个数字密码参数，默认解密同一目录下的 encrypt.enp 文件。

（3）计算文件 SHA256 散列值的程序 sha256.exe：计算文件的 SHA256 散列值，接收一个待计算 SHA256 散列值的文件名参数。

15.2　加密和解密程序的设计与实现

本节我们将从项目初始化、项目开发，以及项目关键函数测试等方面进行加密和解密程序的设计与实现。

15.2.1 初始化项目

打开 GoLand，新建合适的项目路径，在 GoLand 的 Terminal 命令行窗口中输入 "go mod init GoBook/code/chapter15"命令，启用gomod模式并初始化项目。其中，项目的名称为GoBook/code/chapter15。单击工具栏中的刷新按钮，会在项目根目录下生成 go.mod 文件，其文件内容如下：

```
module GoBook/code/chapter15

go 1.16
```

在项目根目录下，在 GoLand 左侧文件树视图中新建 go 文件，在弹出的对话框中选择 "Simple Application" 选项，依次新建 encrypt.go、decrypt.go 和 sha256.go 这 3 个包含 main()函数的文件，用来创建 15.1.2 节中 3 个程序对应的可执行文件。

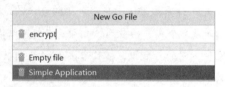

图 15.5 新建 3 个包含 main()函数的 go 文件

15.2.2 开发项目的 utils 包

"工欲善其事，必先利其器"，与前面的实战项目类似，我们首先开发项目所需要的核心函数。在项目根目录下，新建 utils 文件夹作为项目的工具包 utils。在 utils 包下新建 enigma.go 文件，用于编写加密字节和解密字节的核心函数；在 utils 包下新建 rand.go 文件，用于开发生成混淆字节的函数；在 utils 包下新建 sha256.go 文件，用于开发计算文件散列值的函数；在 utils 包下新建 shuffle.go 文件，用于开发构建字节映射变换的函数。然后新建 enigma_test.go、rand_test.go、sha256_test.go、shuffle_test.go 文件，用于单元测试。

根据前文的思路，我们需要将产生的随机字节放在文件的头部和尾部，用于进行文件内容的混淆，给非授权的破译者造成干扰。在 rand.go 文件中编写两个函数，即 GenRand()和 GenConfuseBytes()，分别用于产生随机字节和随机字节切片，代码如下：

```
package utils

import (
    crand "crypto/rand"
    "log"
    "math/big"
)
```

```
//maxInt 为最大整数范围的上界（不包含）
//接收一个用户输入的整数作为随机数种子，这里将用户设置的密码作为随机数种子
//可以将用户设置的密码作为命令行参数读入，并将其转换为 big 包中的 int 类型
//当输入值为 256 时，GenRand()函数会产生 0~255 之间的随机数，可以认为是一个随机字节
//因为 0~255 之间的随机数，恰好是 Go 语言 byte 类型的取值范围
func GenRand(maxInt int64) (b byte, err error) {
    //fmt.Println(big.NewInt(maxInt))
    //Int returns a uniform random value in [0, max). It panics if max <= 0.
    //标准库中约定 maxInt 必须为正整数
    r, err := crand.Int(crand.Reader, big.NewInt(maxInt))
    //将得到的随机数转换为 byte 类型
    b = byte(r.Int64())
    return
}

//根据需要的字节长度，生成随机 byte 类型值构成的切片，用于进行文件内容的混淆
func GenConfuseBytes(n uint) (cb []byte, err error) {
    cb = make([]byte, n, n)
    for i, _ := range cb {
        //当输入值为 256 时，GenRand()函数会产生一个 byte 类型的随机数，也就是随机字节
        b, errByte := GenRand(256)
        if errByte != nil {
            log.Println("utils/rand.go/GenConfuseBytes:generate random bytes error:",
errByte)
            err = errByte
            return
        }
        cb[i] = b
    }
    return
}
```

结合代码注释内容，GenRand()函数主要用于产生随机字节，这里用到了 Go 语言的 big 包，将输入的整数作为随机数种子，返回一个随机的 byte 类型值。需要注意的是，输入的随机数种子一定是正整数，否则会引发 panic 错误（可以查看标准库 big 包中的注解）。GenConfuseBytes()函数主要利用 GenRand()函数产生的一个个 byte 类型的随机值（每个随机值的取值范围为 0~255），生成一个给定长度的切片，并插入文件头部和尾部，用于进行文件内容的混淆。

编写 shuffle.go 文件，在其中实现字节映射的关键函数 GenByteMap()，代码如下：

```
package utils

import (
    "math/rand"
    )
```

```go
//设定一个固定的偏移量，可以根据需要修改此数值
    const seedOffset int64 = 10077

//输入一个 n 值，返回[0,n)区间内数值的一个伪随机排列
func ShuffleN(n int, seed int64) (res []int) {
    randSource := rand.New(rand.NewSource(seed))
    //fmt.Println("randSource=", randSource)
    //Go 语言标准库中对 randSource.Perm()方法的解释
    //randSource.Perm(n)函数返回由 0 至 n-1 共计 n 个数组成的一个随机排列
    res = randSource.Perm(n)
    return
    }

//输入一个 int 类型的切片，将切片内的元素进行随机的重新排列并返回新的切片
func Shuffle(origin []int, seed int64) (res []int) {
    randSource := rand.New(rand.NewSource(seed))
    l := len(origin)
    res = make([]int, l, l)
    perm := randSource.Perm(l)
    //fmt.Println("perm=", perm)
    for i, randIndex := range perm {
        res[i] = origin[randIndex]
    }
    return
    }

//根据随机数种子，对 0~255 范围内的 byte 类型值进行映射
//将 0~127 范围内的数映射为 128~255 范围内的数
//将 128~255 范围内的数映射为 0~127 范围内的数
//因此，不会出现某个数被映射为自身的情况，从而得到一个完全随机的映射表
//基于这个映射表，我们通过将原始文件的字节进行变换，得到一个新文件，从而实现加密
func GenByteMap(seed int64) (m map[byte]byte) {
    m = make(map[byte]byte, 256)
    //原始的字节在 0~255 范围内的 byte 类型值所对应的切片
    origin := make([]byte, 256, 256)
    for i, _ := range origin {
        origin[i] = byte(i)
    }
    //fmt.Println("origin=", origin)
    //将 0~127 范围内的数进行重新排列，得到一个切片
    permTop := rand.New(rand.NewSource(seed)).Perm(128)
    //fmt.Println("permTop=", permTop)
    for i, _ := range permTop {
        //将切片中的每个值增加 128 的偏移量
        //将每个值变换为 128~255 范围内的数，作为原始字节的低 128 位映射值
        permTop[i] += 128
    }
    //fmt.Println("permTop=", permTop)
```

```
        //得到原始字节的高 128 位映射值, 取值范围为 0~127
        permTail := rand.New(rand.NewSource(seed + seedOffset)).Perm(128)
        //fmt.Println("permTail=", permTail)
        //合并映射后的两个切片, 将其作为一个新的切片
        perm := append(permTop, permTail...)
        //fmt.Println("perm=", perm)
        for i, v := range perm {
            //将 0~255 范围内的所有字节及映射后的切片, 构造为一个映射表 m
            //这个表用于文件字节的改变
            m[origin[i]] = byte(v)
        }
        return
}

//反转 map 类型的键 key 和值 value
func ReverseByteMap(m map[byte]byte) (n map[byte]byte) {
        n = make(map[byte]byte, len(m))
        for k, v := range m {
            n[v] = k
        }
        return
}
```

在 shuffle.go 文件中，分别实现了 ShuffleN()和 Shuffle()两个洗牌函数，主要用于对切片类型变量中的每个元素进行重新排列，其主要目的是让读者理解 Go 语言标准库 rand 包中的伪随机排列函数。结合注释内容，读者可以较为轻松地理解代码。下面重点讲解一下 GenByteMap()函数。在图 15.2 中，我们需要将 0~127 及 128~255 范围内的 byte 类型值分别映射为 128~255 及 0~127 范围内的 byte 类型值，即将原始文件字节的低 128 位和高 128 位分别映射为加密文件字节的高 128 位和低 128 位，从而保证不会出现诸如将 5 映射为 5 的情况（15.1.1 节中提到的"错位排列"），因为那样将失去加密的意义。在代码实现上，主要用到了 rand 包中 Rand 类型变量所拥有的 Perm()方法，其他代码主要用于操作切片和进行其他相关操作。

下面编写用于计算文件散列值的 sha256.go 文件中的 CalcSha256()函数，代码如下：

```
package utils

import (
    "crypto/sha256"
    "fmt"
    "io"
    "log"
    "os"
    "path/filepath"
    )
```

```go
func CalcSha256(inputFile, inputPath, outputPath, hashFileName string) (err error) {
    fp, err := os.Open(filepath.Join(inputPath, inputFile))
    if err != nil {
        log.Println("utils/sha256.go/CalcSha256,while check hash sha256 read input file
error:", err)
        return
    }
    defer func() {
        if err := fp.Close(); err != nil {
            log.Println("utils/sha256.go/CalcSha256,while check hash sha256 close
input file error:", err)
            return
        }
    }()
    //生成 Go 语言标准库 hash 包中的 Hash 类型变量
    hashSha256 := sha256.New()
    //使用 io.Copy()函数可以较为高效地将文件内容 fp 读入 hashSha256 变量中
    if _, err = io.Copy(hashSha256, fp); err != nil {
        log.Println("utils/sha256.go/CalcSha256,while check hash sha256 copy input
file bytes error:", err)
        return
    }
    //当 hashSha256 变量读取完字节内容后，使用 Sum()方法传入(nil)
    //使用 fmt.Sprintf()函数将计算得到的值转换为十六进制数表示，"%x" 占位符表示格式化为十六进制数
    hashSha256String := fmt.Sprintf("%x", hashSha256.Sum(nil))
    fmt.Println("input file hash sha256 code is:", hashSha256String)

    //将计算得到的文件散列值写入一个文件中并保存
    hashCodeFileFP, err := os.Create(filepath.Join(outputPath, hashFileName))
    if err != nil {
        log.Println("utils/sha256.go/CalcSha256,create hash file error:", err)
        return
    }
    fileContent := "file name:" + inputFile + "\r\n" + "sha256 code:" +
hashSha256String + "\r\n"
    _, err = hashCodeFileFP.Write([]byte(fileContent))
    if err != nil {
        log.Println("utils/sha256.go/CalcSha256,write hash file error:", err)
        return
    }
    defer func() {
        if err = hashCodeFileFP.Close(); err != nil {
            log.Println("utils/sha256.go/CalcSha256,close hash file error:", err)
            return
        }
    }()
    return
}
```

在 CalcSha256()函数中，主要用到了 Go 语言标准库中的 hash 包，通过 io 包的 Copy()函数将读取的文件字节像水流一样传递给 hashSha256 变量，并利用格式化字符串的"%x"占位符输出以十六进制数表示的散列值。同时，将散列值保存在文件中，以便授权的解密用户用来比对文件解密后的散列值是否正确。

在以上 3 个文件的基础上，下面我们来编写最为关键的，用来存放加密和解密函数的文件 enigma.go，其中加密文件的函数为 EncryptByte()，解密文件的函数为 DecryptByte()，代码如下：

```go
package utils

import (
    "log"
    "os"
    "path/filepath"
    )

//△为混淆字节，■为真实文件的字节
//当前使用77byte△ + ■ + 66byte△
func EncryptByte(inputFile, inputPath, outputFile, outputPath string, seed int64)
(err error) {
    //打开给定路径下的文件
    fileBytes, err := os.ReadFile(filepath.Join(inputPath, inputFile))
    if err != nil {
        log.Println("utils/enigma.go/EncryptByte:read input file error:", err)
        return
    }
    //构造加密文件内容的字节切片
    outputFileBytes := make([]byte, 0)
    //seed 即随机数种子，也就是程序在运行时读取命令行用户输入的参数
    //返回用于存放低 128 位和高 128 位字节对应的 map 对象 m，m 就是加密前后的字节映射表
    m := GenByteMap(seed)
    //fmt.Println("m=",m)
    //按照字节映射表 m 中的对应关系，逐字节变换原始文件的字节切片 outputFileBytes
    for i, _ := range fileBytes {
        //fmt.Println("fileBytes[i]",fileBytes[i])
        outputFileBytes = append(outputFileBytes, m[fileBytes[i]])
    }
    //生成放在文件头部的混淆字节
    confuseBytesTop, err := GenConfuseBytes(77)
    if err != nil {
        //log.Println("utils/encrypt.go/EncryptByte:gen confuse bytes error:", err)
        return
    }
    //生成放在文件尾部的混淆字节
    confuseBytesTail, err := GenConfuseBytes(66)
    if err != nil {
```

```go
        //log.Println("utils/encrypt.go/EncryptByte:gen confuse bytes error:", err)
        return
    }
    //合并头部的混淆字节切片和加密后的字节切片
    outputFileBytes = append(confuseBytesTop, outputFileBytes...)
    //合并加密后的字节切片和尾部的混淆字节切片
    outputFileBytes = append(outputFileBytes, confuseBytesTail...)
    //将合并后的字节切片输出到文件中
    outputFP, err := os.Create(filepath.Join(outputPath, outputFile))
    if err != nil {
        log.Println("utils/enigma.go/EncryptByte,create output file error:", err)
        return
    }
    _, err = outputFP.Write(outputFileBytes)
    if err != nil {
        log.Println("utils/enigma.go/EncryptByte,write output file error:", err)
        return
    }
    //计算原始文件的散列值并保存
    hashFileName := "sha256_origin.txt"
    CalcSha256(inputFile, inputPath, outputPath, hashFileName)
    return
    }

func DecryptByte(inputFile, inputPath, outputFile, outputPath string, seed int64)
(err error) {
    //读取加密后的文件
    fileBytes, err := os.ReadFile(filepath.Join(inputPath, inputFile))
    if err != nil {
        log.Println("utils/enigma.go/DecryptByte,read input file error:", err)
    }
    l := len(fileBytes)
    //首先去掉头部和尾部用于混淆的字节
    fileBytesCore := fileBytes[77 : l-66]
    //初始化一个用于存放解密文件字节的切片
    outputFileBytes := make([]byte, l-77-66, l-77-66)
    //根据密码得到字节映射表
    m := GenByteMap(seed)
    //fmt.Println("m=",m)
    //反转 map 的 key 和 value
    n := ReverseByteMap(m)
    //fmt.Println("n=",n)
    //逐字节还原原始的文件字节内容
    for i, _ := range fileBytesCore {
        outputFileBytes[i] = n[fileBytesCore[i]]
    }
    //将还原后的字节切片输出到文件中
    outputFP, err := os.Create(filepath.Join(outputPath, outputFile))
```

```
    if err != nil {
        log.Println("utils/enigma.go/DecryptByte,create output file error:", err)
        return
    }
    _, err = outputFP.Write(outputFileBytes)
    if err != nil {
        log.Println("utils/enigma.go/DecryptByte,write output file error:", err)
        return
    }
    hashFileName := "sha256_decode.txt"
    //计算解密后的散列值，用于和原始文件的散列值进行比较
    CalcSha256(outputFile, outputPath, outputPath, hashFileName)
    return
}
```

在 EncryptByte()函数中，首先调用 GenByteMap()函数生成字节映射表，然后逐字节地按照字节映射表变换，得到加密后的字节切片，并在加密后的字节切片头部和尾部插入混淆字节，这样一个加密后的字节切片对象就被我们"组装"好了。接下来写入文件，计算原始文件的散列值并保存为文件，以便用户解密后进行散列值的比对。读者仔细阅读图 15.1 和图 15.2，即可形象地理解加密过程。与加密类似，解密本质上是加密的逆过程。对解密函数 DecryptByte()而言，首先剥离首尾两端的混淆字节，这里通过获取切片中子切片的方法来实现，然后根据设定的密码（即 seed）构造字节映射表，也就是 map 类型数据，接着反转 map 类型数据，将加密后的字节一一还原为原始文件的字节，同时输出解密后文件的 SHA256 散列值，以便与原始文件的散列值进行比对。至此，解密完成。

15.2.3　对 utils 包中的关键函数进行测试

为了检验 utils 包中关键函数的正确性，本书在附带的源码中编写了相应的 test 文件，并根据函数的定义和使用背景，分别进行了测试。下面在 rand_test.go 文件中对 GenRand()和 GenConfuseBytes()函数编写测试用例，代码比较简单，读者可以运行测试用例，观察结果。其余的测试文件与此类似，均比较简单，此处不再赘述，请读者自行阅读并运行，观察输出结果是否和预期的一致。具体代码如下：

```
package utils

import "testing"

func TestGenRand(t *testing.T) {
    r, err := GenRand(256)
    if err != nil {
        t.Log(err)
    }
    t.Log("r=", r)
}
```

```
func TestGenConfuseBytes(t *testing.T) {
    cb, err := GenConfuseBytes(10)
    if err != nil {
        t.Log("error:", err)
        return
    }
    t.Log(cb)
}
```

15.3 开发加密、解密和散列值计算的可执行程序

在 15.2 节中，我们构建并测试了 utils 包中的关键函数。有了前面的基础，就相当于我们有了一台汽车的发动机、车身、方向舵等部件，而有了这些部件，并经过装配线的"组装"，就可以生产出一台具有完整功能的汽车了。这个"组装"过程本质上就是将 utils 包中相应的函数通过合理的组织放在对应的 main()函数中，从而编译出预期的可执行程序。下面我们针对在 15.2 节中初始化的 encrypt.go、decrypt.go 和 sha256.go 三个包含 main()函数的文件进行开发。

15.3.1 实现加密程序

在 encrypt.go 文件中，仅需要输入以下几行简单代码，并对其进行编译后，即可得到加密程序：

```
package main

import (
    "GoBook/code/chapter15/utils"
    "os"
    "strconv"
    )

func main() {
    //os.Args 为命令行参数，第 1 个参数也就是 os.Args[0]，是可执行程序自身的名称，如 encrypt.exe
    //读取程序运行时的第 2 个命令行参数，用户可以输入 6 位数字，也就是混淆字节所用的 seed
    secretNum, _ := strconv.ParseInt(os.Args[1], 10, 64)
    //读取程序运行时的第 2 个命令行参数，也就是文件名
    fileName := os.Args[2]
    //for i, v := range os.Args {
    //    fmt.Println(i, "=", v)
    //}
    //fmt.Printf("secretNum=%v\n", secretNum)
    //调用 EncryptByte()函数对文件进行加密
    utils.EncryptByte(fileName, "./", "encrypt.enp", "./", secretNum)
}
```

Go 语言标准库中 os 包的 Args 为命令行参数。所谓"命令行参数"，好比在 Windows 下的 cmd 窗口中输入"encrypt.exe 123456 a.zip"时，Go 语言运行时会获取 123456 为 os.Args[1]，a.zip 为 os.Args[2]。这里需要注意的是，在获取命令行参数后，会将其当作字符串存储在 os.Args 这个字符串切片（数据类型为[]string）中，如果将"123456"转换为 int 类型，还需要调用 strconv.ParseInt()函数对其进行类型转换。另外，os.Args[0]为可执行程序本身的名称，这里就是"encrypt.exe"这个字符串。

为了方便程序运行，我们在项目根目录下创建一个文本文件，利用记事本程序输入一些内容，并将其压缩成名称为"a.zip"的文件。

另外，在 GoLand 中，单击 encrypt.go 文件中 main()函数所在行号位置上的绿色按钮，可以运行 main()函数，单击工具栏中的"Start Run/Debug Configuration"按钮，可以配置 encrypt.go 文件的编译运行参数，如图 15.6 所示。其中，在"Run kind"下拉列表中选择"File"选项，在"Files"右侧单击文件夹按钮，选择 encrypt.go 文件，在"Output directory"右侧单击文件夹按钮，选择项目的根路径，表示将可执行程序编译到这里，在"Go tool arguments"文本框中输入"-ldflags "-w -s" -o encrypt.exe"，表示去除可执行文件的符号表，并编译输出名称为"encrypt.exe"的可执行程序，在"Program arguments"文本框中输入"10088 a.zip"，表示可执行程序的两个命令行参数为"10088"和"a.zip"。在配置完成后，单击"OK"按钮，运行程序，可以编译得到 encrypt.exe 文件，运行结果如图 15.7 所示，同时在项目根目录中输出名称为"encrypt.enp"的加密文件。

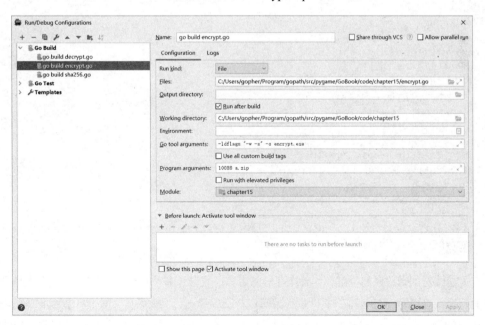

图 15.6　配置 encrypt.go 文件的编译运行参数

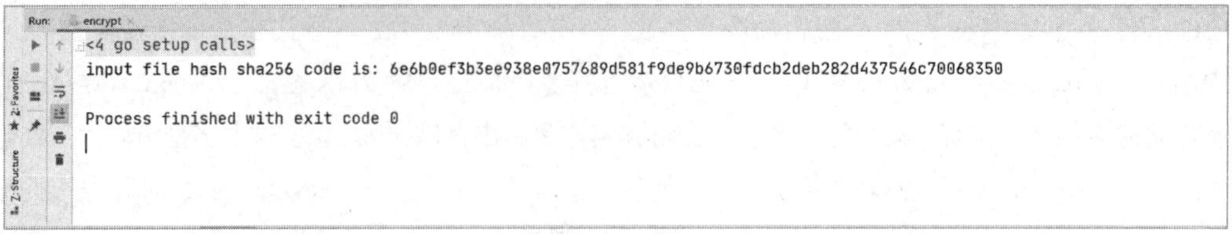

图 15.7　运行结果

15.3.2　实现解密程序

与加密程序类似，在 decrypt.go 文件中输入以下几行简单代码，并对其进行编译后，即可得到解密程序：

```
package main

import (
    "GoBook/code/chapter15/utils"
    "fmt"
    "os"
    "strconv"
    )

func main() {
    //fileName := "b.zip"
    seed, _ := strconv.ParseInt(os.Args[1], 10, 64)
    encryptFile := "encrypt.enp"
    outputFile := "b.zip"
    if len(os.Args) == 4 {
        encryptFile = os.Args[2]
        outputFile = os.Args[3]
    }

    //fmt.Println("seed=",seed)
    err := utils.DecryptByte(encryptFile, "./", outputFile, "./", seed)
    if err != nil {
        panic(err)
    }
    fmt.Printf("decrypt the encrypted file \"%s\" to normal file \"%s successfully:
\n", encryptFile, outputFile)
}
```

有了前文对加密程序的讲解，读者在理解解密程序时应该非常轻松。按照图 15.8 完成编译运行参数的配置，可以对 decrypt.go 文件进行编译运行，编译运行参数的含义与上一节中的类似。调用 utils 包中的 DecryptByte()函数，可以得到解密后的文件，同时输出解密后文件的散列值，如图 15.9

所示。由于在文本文件中输入的内容不同，读者运行得到的散列值与图中的散列值很可能不同，但是只要图 15.7 和图 15.9 中的两个运行结果所对应的散列值完全一致，就代表加密和解密过程正确。因为散列值相当于文件的"指纹"，而文件不同，"指纹"当然不同了。

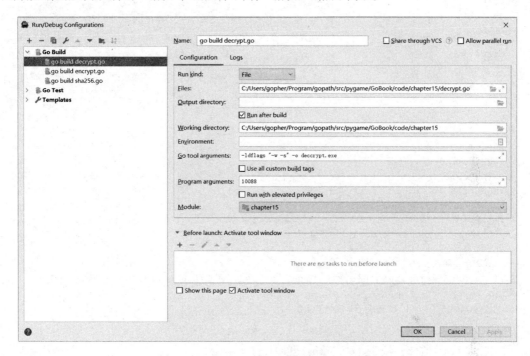

图 15.8　配置 decrypt.go 文件的编译运行参数

```
Run:    decrypt ×
    <4 go setup calls>
    input file hash sha256 code is: 6e6b0ef3b3ee938e0757689d581f9de9b6730fdcb2deb282d437546c70068350
    decrypt the encrypted file "encrypt.enp" to normal file "b.zip successfully:

    Process finished with exit code 0
```

图 15.9　运行结果

15.3.3　实现独立的散列值计算程序

我们经常会在网络上下载文件，例如，在 Go 语言的国内镜像网站上下载 Go 语言的编译器时，网站上会同时提供编译器文件所对应的 SHA256 散列值。当文件下载成功后，我们可以计算文件的 SHA256 散列值，若计算结果与网站提供的十六进制数一致，则代表下载的文件没有错误或者没有被篡改。因此，我们可以开发一个独立的计算文件的 SHA256 散列值的小工具。

在 sha256.go 文件中输入以下代码：

```go
package main

import (
"GoBook/code/chapter15/utils"
"fmt"
"log"
"strings"
"time"
)

func main() {
inputPath := "./"
outputPath := "./"
inputFile := "a.zip"
hashFileName := "sha256.txt"
fmt.Println("Please input the file name you need to calc hash value of
sha256(default name is \"a.zip\"):")
text1 := ""
//获取用户输入的文件名，默认为 a.zip
if _, err := fmt.Scanln(&text1); err != nil && err.Error() != "unexpected
newline" {
    log.Println("input text error:", err)
    return
}
//fmt.Println("byte text=", []byte(text))
//fmt.Println(len([]byte(text)) == 0)
//fmt.Println("byte space=", []byte(" "))
if len([]byte(strings.TrimSpace(text1))) != 0 {
    inputFile = text1
}
fmt.Println("Please input the file name to store the sha256 value(default name
is \"sha256.txt\"):")
text2 := ""
//获取用户输入的用于存储 SHA256 散列值的文件名，默认为 sha256.txt
_, err := fmt.Scanf("%s\n", &text2)
if err != nil && err.Error() != "unexpected newline" {
    log.Println("input text error:", err)
    return
}
if len([]byte(strings.TrimSpace(text2))) != 0 {
    hashFileName = text2
}
start := time.Now()
//计算文件的 SHA256 散列值
```

```
    err = utils.CalcSha256(inputFile, inputPath, outputPath, hashFileName)
    if err != nil {
        log.Println("check hash value of sha256 error:", err)
        return
    }
    fmt.Printf("calc the sha256 value of file \"%s\" cost time:%v\n", inputFile,
time.Since(start))
}
```

在以上代码中，我们使用了 fmt.Scanln() 函数获取用户输入。同时计算散列值的默认文件名为 "a.zip"，存储散列值的默认文件名为 "sha256.txt"，如果需要使用默认值，则用户仅需要按 Enter 键即可。

在 GoLand 中对 sha256.go 文件进行编译配置，如图 15.10 所示，运行结果如图 15.11 所示。

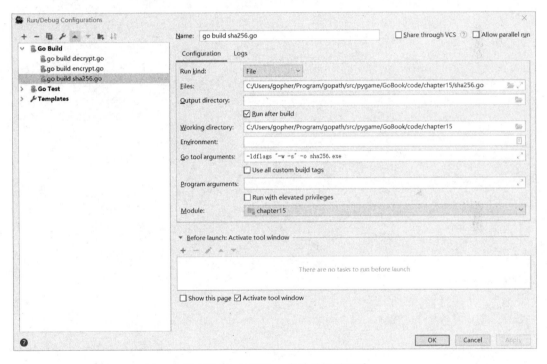

图 15.10　sha256.go 文件的编译配置

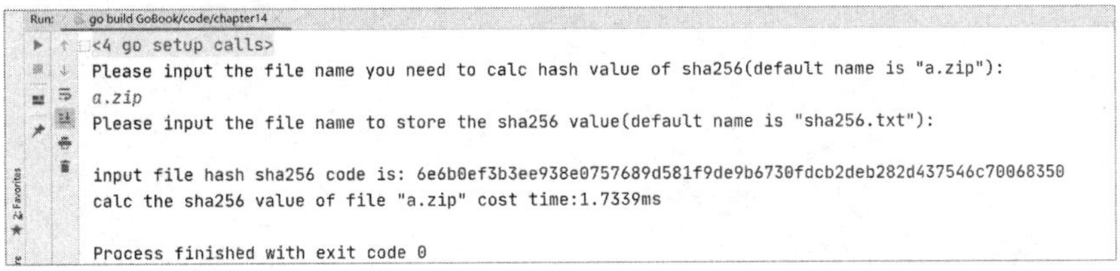

图 15.11　运行结果

至此，我们对文件进行加密、解密、计算 SHA256 散列值的预期目标已经达成，且运行成功。读者可以基于这个实战项目继续进行完善和修改，以更好地理解文件读/写和加密/解密过程。

15.4　项目总结

本实战项目设计了一套较为简单的文件加密和解密方案，并基于 Go 语言标准库实现了预期的目标。通过本章的学习，我们可以加深对文件按照字节读/写的理解，以及掌握产生随机数、计算文件散列值的方法，因为这些都是在今后的开发过程中经常遇见的业务，希望读者继续深入学习和掌握。

附录 A

使用 fmt.printf()函数格式化字符串

在 Go 语言中，使用 fmt.printf()函数可以按照自定义的格式输出字符串，使用方式如下：

```
fmt.Sprintf(格式化样式, 参数列表...)
```

其中，格式化样式表示输出的格式，通常以"%"开头，具体如表 A.1 所示；参数列表表示保存原始数据的变量。格式化样式与参数列表都允许有多个，但要求逐一对应，否则将引发运行时错误。

表 A.1　字符串格式化符号

样　　　式	输　出　格　式
%v	按值的本来值输出
%+v	在%v 基础上，展开结构体字段名和值
%#v	输出 Go 语言语法格式的值
%T	输出 Go 语言语法格式的类型和值
%%	输出%本体
%b	整型，以二进制形式显示
%o	整型，以八进制形式显示
%d	整型，以十进制形式显示
%x	整型，以十六进制形式显示
%X	整型，以十六进制、大写字母形式显示
%U	Unicode 字符
%f	浮点数
%p	指针，以十六进制形式显示

附录 B

ASCII 编码

ASCII（American Standard Code for Information Interchange，美国信息互换标准代码）是一套基于拉丁字母的字符编码规范，共收录了 128 个字符，可以用 1 字节存储，等同于国际标准 ISO/IEC 646。

ASCII 规范第一次发布于 1967 年，最后一次更新于 1986 年，它包含了 33 个控制字符（具有某些特殊功能但是无法显示的字符）和 95 个可显示字符。

在 ASCII 编码中，第 0~31 个字符（开头的 32 个字符）及第 127 个字符（最后一个字符）都是不可见的（无法显示），但是它们都具有一些特殊功能，所以被称为控制字符（Control Character）或者功能码（Function Code）。具体如表 B.1 所示。

表 B.1 ASCII 编码

二进制	十进制	十六进制	字符/缩写	解　释
00000000	0	00	NUL（NULL）	空字符
00000001	1	01	SOH（Start Of Heading）	标题开始
00000010	2	02	STX（Start Of Text）	正文开始
00000011	3	03	ETX（End Of Text）	正文结束
00000100	4	04	EOT（End Of Transmission）	传输结束
00000101	5	05	ENQ（Enquiry）	请求
00000110	6	06	ACK（Acknowledge）	回应/响应/收到通知
00000111	7	07	BEL（Bell）	响铃
00001000	8	08	BS（Backspace）	退格符
00001001	9	09	HT（Horizontal Tab）	水平制表符
00001010	10	0A	LF/NL（Line Feed/New Line）	换行符

续表

二进制	十进制	十六进制	字符/缩写	解　释
00001011	11	0B	VT（Vertical Tab）	垂直制表符
00001100	12	0C	FF/NP（Form Feed/New Page）	换页符
00001101	13	0D	CR（Carriage Return）	回车符
00001110	14	0E	SO（Shift Out）	禁用切换
00001111	15	0F	SI（Shift In）	启用切换
00010000	16	10	DLE（Data Link Escape）	数据链路转义
00010001	17	11	DC1/XON（Device Control 1/Transmission On）	设备控制 1/传输开始
00010010	18	12	DC2（Device Control 2）	设备控制 2
00010011	19	13	DC3/XOFF（Device Control 3/Transmission Off）	设备控制 3/传输中断
00010100	20	14	DC4（Device Control 4）	设备控制 4
00010101	21	15	NAK（Negative Acknowledge）	无响应/非正常响应/拒绝接收
00010110	22	16	SYN（Synchronous Idle）	同步空闲
00010111	23	17	ETB（End of Transmission Block）	传输块结束/块传输终止
00011000	24	18	CAN（Cancel）	取消
00011001	25	19	EM（End of Medium）	已到介质末端/介质存储已满/介质中断
00011010	26	1A	SUB（Substitute）	替补/替换
00011011	27	1B	ESC（Escape）	逃离/取消
00011100	28	1C	FS（File Separator）	文件分割符
00011101	29	1D	GS（Group Separator）	组分隔符/分组符
00011110	30	1E	RS（Record Separator）	记录分离符
00011111	31	1F	US（Unit Separator）	单元分隔符
00100000	32	20	（Space）	空格符
00100001	33	21	!	
00100010	34	22	"	
00100011	35	23	#	
00100100	36	24	$	
00100101	37	25	%	
00100110	38	26	&	
00100111	39	27	'	
00101000	40	28	(	
00101001	41	29	)	

二进制	十进制	十六进制	字符/缩写	解　　释
00101010	42	2A	*	
00101011	43	2B	+	
00101100	44	2C	,	
00101101	45	2D	–	
00101110	46	2E	.	
00101111	47	2F	/	
00110000	48	30	0	
00110001	49	31	1	
00110010	50	32	2	
00110011	51	33	3	
00110100	52	34	4	
00110101	53	35	5	
00110110	54	36	6	
00110111	55	37	7	
00111000	56	38	8	
00111001	57	39	9	
00111010	58	3A	:	
00111011	59	3B	;	
00111100	60	3C	<	
00111101	61	3D	=	
00111110	62	3E	>	
00111111	63	3F	?	
01000000	64	40	@	
01000001	65	41	A	
01000010	66	42	B	
01000011	67	43	C	
01000100	68	44	D	
01000101	69	45	E	
01000110	70	46	F	
01000111	71	47	G	
01001000	72	48	H	
01001001	73	49	I	
01001010	74	4A	J	
01001011	75	4B	K	

续表

二进制	十进制	十六进制	字符/缩写	解　释
01001100	76	4C	L	
01001101	77	4D	M	
01001110	78	4E	N	
01001111	79	4F	O	
01010000	80	50	P	
01010001	81	51	Q	
01010010	82	52	R	
01010011	83	53	S	
01010100	84	54	T	
01010101	85	55	U	
01010110	86	56	V	
01010111	87	57	W	
01011000	88	58	X	
01011001	89	59	Y	
01011010	90	5A	Z	
01011011	91	5B	[	
01011100	92	5C	\	
01011101	93	5D	]	
01011110	94	5E	^	
01011111	95	5F	_	
01100000	96	60	`	
01100001	97	61	a	
01100010	98	62	b	
01100011	99	63	c	
01100100	100	64	d	
01100101	101	65	e	
01100110	102	66	f	
01100111	103	67	g	
01101000	104	68	h	
01101001	105	69	i	
01101010	106	6A	j	
01101011	107	6B	k	
01101100	108	6C	l	
01101101	109	6D	m	

续表

二进制	十进制	十六进制	字符/缩写	解　　释
01101110	110	6E	n	
01101111	111	6F	o	
01110000	112	70	p	
01110001	113	71	q	
01110010	114	72	r	
01110011	115	73	s	
01110100	116	74	t	
01110101	117	75	u	
01110110	118	76	v	
01110111	119	77	w	
01111000	120	78	x	
01111001	121	79	y	
01111010	122	7A	z	
01111011	123	7B	{	
01111100	124	7C	|	
01111101	125	7D	}	
01111110	126	7E	~	
01111111	127	7F	DEL（Delete）	删除

附录 C

本书配套代码文件

将本书配套代码文件按照章序号排列，如表 C.1 所示。

表 C.1　本书配套代码文件

章　序　号	代码包名称	代　码　文　件	示例或案例名称
第 2 章	/chapter02/	const.go	单一常量声明及使用/批量常量声明及使用/iota 批量连续赋值
		variable.go	全局变量与局部变量
		integer.go	int 类型的基本使用
		floatMax.go	获取浮点型最大值
		floatCalc.go	浮点型运算
		floatMaxPrecise.go	保持精度的浮点型运算
		complexDefine.go	复数型变量的声明和赋值
		stringDefine.go	字符串型变量的声明和赋值
		stringLengthIndex.go	字符串总长度及特定位置字符的获取
		stringSplit.go	获取字符串中最后 3 个中文字符
		stringMultiLine.go	使用制表符和换行符输出多行多列字符串
		operatorArithmetic.go	算术运算符的使用
		operatorRelational.go	关系运算符的使用
		operatorLogical.go	逻辑运算符的使用
		operatorBitwise.go	位运算符的使用
		operatorAssignment.go	赋值运算符的使用
		operatorPointer.go	指针运算符的使用
		operatorPriority.go	运算符的优先级
		2_4_8_example.go	2.4.8 节案例工程

章 序 号	代码包名称	代 码 文 件	示例或案例名称
第 3 章	/chapter03/	pointer.go	指针类型
		3_1_7_example.go	3.1.7 节案例工程
		array.go	数组类型
		3_2_5_example.go	3.2.5 节案例工程
		slice.go	切片类型
		map.go	集合类型
		struct.go	结构体类型
第 4 章	/chapter04/	if.go	分支结构
		switch.go	switch…case…分支结构
		for.go	循环结构
		process_control.go	跳转控制语句
		for_range.go	for-range 结构
		4_6_example.go	4.6 节案例工程
		4_7_example.go	4.7 节案例工程
第 5 章	/chapter05/	5_2_3_example.go	5.2.3 节案例工程
		fibonacci.go	斐波那契数列生成
		anonymous_func.go	匿名函数
		custom_func.go	函数的声明/函数的调用
		5_4_5_example.go	5.4.5 节案例工程
		closure.go	闭包
		defer.go	函数的延迟调用
		panic.go	运行时宕机处理
		5_8_example.go	5.8 节案例工程
第 6 章	/chapter06/	type.go	类型
		constructor_method.go	构造函数与方法
		struct_nest.go	结构体的嵌套
		6_5_example.go	6.5 节案例工程
第 7 章	/chapter07/	interface_basic.go	接口的定义和使用
		interface_empty.go	空接口的定义和使用
		type_assert.go	类型断言
第 8 章	/chapter08/	main/main.go model/person.go	创建包的示例
		fmt.go	fmt 包的使用示例（文本格式化输出）
		os.go	os 包的使用示例（磁盘文件读/写）

续表

章　序　号	代码包名称	代 码 文 件	示例或案例名称
第 8 章	/chapter08/	net.go	net 包的使用示例（网络服务）
		time.go	time 包的使用示例（时间和日期）
		log.go	log 包的使用示例（日志服务）
		strconv.go	strconv 包的使用示例（类型转换）
		8_5_example.go	8.5 节案例工程
		8_6_example.go	8.6 节案例工程
第 9 章	/chapter09/	goroutine.go	Goroutine 的使用示例
		runtime.go	runtime 包的使用示例
		channel.go	Channel 的使用示例
		atomic.go	atomic 包的使用示例
		time.go	time 包的使用示例
		9_9_example*.go	9.9 节案例工程
第 10 章	/chapter10/	reflect_variable.go	使用反射访问变量
		reflect_elem.go	使用反射访问指针表示的变量
		reflect_field.go	使用反射访问结构体
		reflect_modify.go	使用反射修改值
		reflect_call_func.go	使用反射调用函数
		reflect_create_variable.go	使用反射创建变量
第 12 章	/chapter12/	mysql/mysql.go	MySQL 数据库相关工程代码
		redis.zip	Redis 数据库相关工程代码
		Redis-x64-3.2.100.zip	配置好的 Redis 服务器引擎
第 13 章	/chapter13/	chapter13/matrix	matrix 包
		chapter13-use/	matrix 包的使用工程
第 14 章	/chapter14/	assets/	存放 STL 模型文件
		handler/	存放服务器路由文件
		utils/	存放项目的工具包函数
		main.go	项目的入口文件
第 15 章	/chapter15/	utils/	存放项目的工具包函数
		decrypt.go	解密程序的入口文件
		encrypt.go	加密程序的入口文件
		sha256.go	计算文件 SHA256 散列值程序的入口文件